21世纪高职高专创新精品规划教材

计算机应用基础（基于 Office 2010）

主 编 柳 青

副主编 李 竺 付 军

中国水利水电出版社
www.waterpub.com.cn

<h2 style="text-align:center">内 容 提 要</h2>

本书主要包括计算机基本知识、Windows 7 系统的资源管理、基于 Word 2010 的文字处理、基于 Excel 2010 的电子表格软件应用、基于 PowerPoint 2010 的演示文稿制作、计算机网络与 Internet 应用、多媒体软件应用等内容。本书采用"任务引领"方式，从任务目标和案例入手，将计算机应用基础的知识点融入到案例的分析和操作过程中，使学生在学习过程中不仅掌握独立的知识点，而且提高综合分析问题和解决问题的能力。本书结构新颖，并且每章后面都有习题（包括上机操作题），实用性强。

本书根据教育部关于高等学校非计算机专业计算机基础课程教学的要求编写，可作为应用型本科院校、高职高专以及成人高校各专业计算机基础课程的教材，也可供参加计算机操作员技能鉴定、全国计算机等级考试（一级）的读者或计算机初学者自学使用。

本书配有免费的电子教案，读者可以从中国水利水电出版社网站和万水书苑上下载，网址为：http://www.waterpub.com.cn/softdown/和http://www.wsbookshow.com。

图书在版编目（C I P）数据

计算机应用基础：基于Office 2010 / 柳青主编
. -- 北京：中国水利水电出版社，2013.2（2018.7重印）
21世纪高职高专创新精品规划教材
ISBN 978-7-5170-0525-4

Ⅰ. ①计… Ⅱ. ①柳… Ⅲ. ①电子计算机－高等职业教育－教材 Ⅳ. ①TP3

中国版本图书馆CIP数据核字(2012)第320131号

策划编辑：陈宏华　　责任编辑：杨元泓　　加工编辑：郭 赏　　封面设计：李 佳

书　名	21世纪高职高专创新精品规划教材 **计算机应用基础（基于 Office 2010）**
作　者	主　编 柳 青 副主编 李 竺 付 军
出版发行	中国水利水电出版社 （北京市海淀区玉渊潭南路 1 号 D 座　100038） 网址：www.waterpub.com.cn E-mail：mchannel@263.net（万水） 　　　　sales@waterpub.com.cn 电话：（010）68367658（发行部）、82562819（万水）
经　售	北京科水图书销售中心（零售） 电话：（010）88383994、63202643、68545874 全国各地新华书店和相关出版物销售网点
排　版	北京万水电子信息有限公司
印　刷	三河市铭浩彩色印装有限公司
规　格	184mm×260mm　16 开本　20 印张　500 千字
版　次	2013 年 2 月第 1 版　2018 年 7 月第 7 次印刷
印　数	21001—23000 册
定　价	34.00 元

前　言

随着计算机应用深入到社会的各个领域，计算机在人们工作、学习和生活的各个方面正发挥着越来越重要的作用。操作计算机已经成为社会各行各业劳动者必备的工作技能。计算机应用的普及加快了社会信息化的进程，计算机应用的基础知识应当成为现代社会人们必修的基础文化课程，已经得到社会各界的普遍认同。加强学校的计算机基础教育，在全社会普及计算机应用技术，是一项十分重要的任务。

"计算机应用基础"课程的任务是培养学生利用计算机获取信息、处理信息和解决问题的能力，增强学生在本专业和相关领域中的计算机应用能力。随着计算机技术的不断发展和教学改革的不断深入，迫切需要更新教材的内容，在教学内容、教材结构等方面进行改革，突出应用技能的培养，强调实践性和实用性。

本书以计算机的基本知识和基本能力的培养为主要内容，力求将成熟的最新成果引入到教材中，突出重点，突出应用能力的培养。教材采用"任务引领"方式，从任务目标和案例入手，将计算机应用基础的知识点融入到案例的分析和操作过程中，使学生在学习过程中不仅掌握独立的知识点，而且提高综合分析问题和解决问题的能力。通过案例教学和实践教学环节，让学生体验和领悟利用计算机解决问题的思路和方法，通过应用实践进一步加深对有关概念的理解和有关技术的掌握，培养大学生综合应用计算机的素质，提高大学生的创新能力。为此，我们精心设计了各个案例，由浅入深、由简及繁，尽可能多地涉及应用软件中必要的知识点，具有实用性和代表性。每个任务完成后，加入相关知识点的思考和技能的实训，帮助读者更好地掌握课程的教学内容。

在教材结构上，每章按教学内容分为若干节，每节设计了若干个任务。每个任务中设计了以下几个模块：

- 任务描述：说明本任务学习的内容和能力目标。
- 案例：提出任务，描述任务完成的效果（根据具体任务可选）。
- 相关知识与技能：分析解决任务的思路，讲解任务涉及的知识与技能等。
- 方法与步骤：讲解完成任务的操作步骤（与案例配套，可选）。
- 知识拓展：讲解学生非常有必要了解，但任务未涉及的知识与技能（可选）。
- 思考与练习：根据教学需要引导学生进一步思考或实践。

本书突出应用能力的培养。书中图文并茂，读者可参照案例边学边实践，侧重于使读者掌握使用计算机进行信息处理的基本技术。

本书可作为应用型本科、高职高专以及成人高校各专业计算机基础课程的教材，也可供各类计算机培训班和个人自学使用。

本书的主要内容包括计算机的基本知识、Windows 7 系统资源管理、基于 Word 2010 的文字处理、基于 Excel 2010 的电子表格软件应用、基于 PowerPoint 2010 的演示文稿制作、计算机网络与 Internet 应用、多媒体软件应用等，每章后面都有习题（包括上机操作题）。各章内容基本上独立，可根据实际情况进行选择。在教学中尽量采用先进的教学手段，尽可能采用计算机教学网络或多媒体投影设备边讲解边演示进行教学。

本书由柳青任主编，李竺、付军任副主编。其中，第 1、3、6 章由柳青教授编写，第 5、7 章由李竺教授编写，第 2、4 章由付军编写。全书由柳青负责统稿和定稿。韩红宇、李峰、骆金维、王少应、李新燕等老师参加了教材的策划和编写工作，广东创新科技职业学院对教材的编写给予了大力支持，在此表示衷心的感谢。

鉴于作者的水平有限，书中难免有错漏或不当之处，敬请广大同行及读者批评指正。

编 者
2012 年 12 月

目　　录

第1章 计算机基本知识

本章导读

什么是计算机？计算机是如何工作的？计算机是如何发展来的？计算机初学者常常提出这样的问题。本章简要介绍了电子计算机的发展与应用、计算机中信息的表示、计算机系统的组成、计算机信息安全等内容，帮助初学者掌握计算机的基本知识，为学习后续章节的内容打下基础。

1.1 计算机的发展与应用

概括地说，电子计算机是一种高速进行操作、具有内部存储能力、由程序控制操作过程的电子设备。电子计算机最早的用途是用于数值计算，随着计算机技术和应用的发展，电子计算机已经成为人们进行信息处理的一种必不可少的工具。

任务 1 电子计算机的发展

【任务描述】

自 1946 年第一台电子计算机诞生以来，计算机的研究、生产和应用得到迅猛的发展，计算机信息处理已成为当今世界上发展最快和应用最广的科技领域之一。电子计算机的飞速发展和广泛应用，有力地推动着工农业生产、国防和科学技术的发展，对整个社会产生了深刻的影响，这是历史上任何一种科学技术和成果所无法比拟的。本任务学习计算机的发展历程，了解影响计算机发展的关键人物。

【相关知识与技能】

1. 第一台数字电子计算机 ENIAC 的诞生

1946 年 2 月 15 日，在美国宾夕法尼亚大学莫尔学院举行了人类历史上第一台数字电子计算机的揭幕典礼。这台机器命名为"电子数字积分计算机"（Electronic Numerical Integrator and Calculator，ENIAC），如图 1-1 所示。

图 1-1 ENIAC 计算机

ENIAC 计算机总共安装了 16 种型号的 18000 个真空管，1500 个电子继电器，70000 个电阻器，18000 个电容器，占地面积 170 平方米，总重量达 30 吨，耗电 140 千瓦，堪称为"巨型机"。ENIAC 能在 1 秒钟内完成 5000 次加法运算，在 3/1000 秒内完成两个 10 位数的乘法运算，其运算速度至少超出马克 1 号 1000 倍以上。例如，计算炮弹发射到进入轨道的 40 个点，手工操作机械计算机需 7～10 小时，ENIAC 仅用 3 秒钟，速度提高了 8400 倍以上。因此，ENIAC 的问世具有划时代的意义，预示着计算机时代的到来。

2. 约翰·冯·诺依曼（John Von Neumann，1903～1957）

图 1-2 冯·诺依曼

美籍匈牙利人约翰·冯·诺依曼（见图 1-2）是美国国家科学院、秘鲁国立自然科学院和意大利国立科学院等院的院士。1954 年任美国原子能委员会委员；1951～1953 年任美国数学会主席。冯·诺依曼首先提出了在计算机内存储程序的概念，使用单一处理部件来完成计算、存储及通信工作。"存储程序"成了现代计算机的重要标志。

1944 年，ENIAC 还未竣工，人们已经意识到 ENIAC 计算机存在着明显的缺陷：没有存储器；用布线接板进行控制，甚至要搭接电线，极大地影响了计算速度。

从 1944 年 8 月到 1945 年 6 月，在共同讨论的基础上，由冯·诺依曼撰写的存储程序通用电子计算机方案——EDVAC（Electronic Discrete Variable Automatic Computer）报告详细阐述了新型计算机的设计思想，奠定了现代计算机的发展基础。该报告直到现在仍被人们视为计算机科学发展史上里程碑式的文献。

冯·诺依曼在 EDVAC 报告中提出了以下三点：

（1）新型计算机采用二进制（原来采用十进制）。采用二进制可使运算电路简单、体积小，由于实现两个稳定状态的机械或电器元件容易找到，机器的可靠性明显提高。

（2）采用"存储程序"的思想。程序和数据都以二进制的形式统一存放在存储器中，由机器自动执行。不同的程序解决不同的问题，实现了计算机通用计算的功能。

（3）把计算机从逻辑上划分为 5 个部分：运算器、控制器、存储器、输入设备和输出设备。

由于种种原因，EDVAC 机器无法被立即研制。直到 1951 年，EDVAC 计算机才宣告完成，不仅可以应用于科学计算，还可以应用于信息检索领域。EDVAC 只用了 3563 只电子管和 10000 只晶体二极管，采用 1024 个 44 比特水银延迟线装置来存储程序和数据，耗电和占地面积也只有 ENIAC 的 1/3，速度比 ENIAC 提高了 240 倍。

1946 年 6 月，冯·诺依曼等人在 EDVAC 方案的基础上，提出了一个更加完善的设计报告——《电子计算机逻辑设计初探》。以上两份文件的综合设计思想，即著名的"冯·诺依曼机"（或存储程序式计算机），中心是存储程序原则——程序和数据一起存储。这个概念被誉为计算机发展史上的一个里程碑，标志着电子计算机时代的真正开始，指导着以后的计算机设计。

1949 年 5 月，由英国剑桥大学威尔克斯（M.V.Wilkes）制成投入运行的 EDSAC（电子延迟存储自动计算器），是真正实现存储程序的第一台电子计算机。由于存储程序工作原理是冯·诺依曼提出的，至今人们把存储程序工作原理的计算机称为"冯·诺依曼式计算机"。

至今为止，大多数计算机采用的仍然是冯·诺依曼式计算机的组织结构。人们把"冯·诺依曼式计算机"当作现代计算机的重要标志。并把冯·诺依曼誉为"计算机之父"。

图 1-3 图灵

3. 阿兰·图灵（Alan Turing）

阿兰·图灵（见图 1-3）1912 年 6 月 23 日出生于英国伦敦，是世界上公认的计算机科学奠基人。

1936 年，图灵发表论文《论可计算数及其在判定问题中的应用》，其中论述的"图灵机"是一种假想的计算机。图灵认为："只要为它编好程序，它就可以承担其他机器能作的任何工作。"在理论上证明了通用计算机存在的可能性。1950 年，图灵在论文《机器能思考吗》中首次提出检验机器智能的"图灵测试"，从而奠定了人工智能的基础，使他荣膺"人工智能之父"称号。

图灵机把程序和数据都以数码的形式存储在纸带上，即"存储程序"。通用图灵机实际上是现代通用数字计算机的数学模型。图灵机的思想奠定了整个现代计算机发展的理论基础。

为了纪念阿兰·图灵在计算机领域奠基性的贡献，1966 年，美国计算机协会（ACM，Association for Computing Machinery）决定设立"图灵奖"。图灵奖是计算机领域的最高奖，相当于该领域的诺贝尔奖，专门奖励在计算机科学与技术发展中做出卓越贡献的杰出科学家。

4. 计算机发展的四个阶段

根据使用的逻辑元件来划分，电子计算机的发展经历了电子管、晶体管、集成电路、大规模和超大规模集成电路四个发展阶段。在这个过程中，电子计算机不仅在体积、重量和消耗功率等方面显著减少，而且在硬件、软件技术方面有极大的发展，在功能、运算速度、存储容量和可靠性等方面都得到极大的提高。表 1-1 列出了计算机发展中各个阶段的主要特点比较。

表 1-1 各个发展阶段计算机的主要特点比较

发展阶段 性能指标	第一代 （1946～1958 年）	第二代 （1958～1964 年）	第三代 （1964～1971 年）	第四代 （1971 年至今）
逻辑元件	电子管	晶体管	中、小规模集成电路	大规模、超大规模集成电路
主存储器	磁芯、磁鼓	磁芯、磁鼓	半导体存储器	半导体存储器
辅助存储器	磁鼓、磁带	磁鼓、磁带、磁盘	磁带、磁鼓、磁盘	磁带、磁盘、光盘
处理方式	机器语言、汇编语言	作业连续处理、编译语言	实时、分时处理多道程序	实时、分时处理网络结构
运算速度 （次/秒）	几千～几万	几万～几十万	几十万～几百万	几百万～百亿
主要特点	体积大，耗电大，可靠性差，价格昂贵，维修复杂	体积较小，重量轻，耗电小，可靠性较高	小型化，耗电少，可靠性高	微型化，耗电极少，可靠性很高

5. 微型计算机的发展

1969 年，美国 Intel 公司的工程师马西安·霍夫（M.E.Hoff）大胆地提出了一个设想：把计算机的全部电路做在 4 个芯片上，即中央处理器芯片、随机存储器芯片、只读存储器芯片和寄存器电路芯片，从而制造出了世界上第一片 4 位微处理器，又称 Intel 4004，并由此组成了第一台微型计算机 MCS-4。1971 年诞生的这台微型计算机揭开了世界微型计算机发展的序幕。

微机系统的中央处理器（CPU）由大规模或超大规模集成电路构成，做在一个芯片上，又称为微处理器 MPU（MicroProcessing Unit）。

微型计算机的发展历程，从根本上说也就是微处理器的发展历程。微型计算机的换代，通常以其微处理器的字长和系统组成的功能来划分。从 1971 年以来，微型计算机经历了 4 位、8 位、16 位、32 位和 64 位微处理器的发展阶段。

微型计算机（Microcomputer）又称个人计算机（Personal Computer），是以微处理器芯片为核心构成的计算机。微型计算机除具有电子计算机的普遍特性外，还有一般电子计算机所无法比拟的特性，如体积小、线路先进、组装灵活、使用方便、价廉、省电、对工作环境要求不高等，深受用户的喜爱。

微型计算机的诞生推动了计算机的普及和应用，加快了信息技术革命，使人类进入信息时代。多媒体计算机技术的应用，实现了文字、数据、图形、图像、动画、音响的再现和传输；Internet 把世界联成一体，形成信息高速公路，令人真正感到"天涯咫尺"。

6. 计算机的发展趋势

21 世纪将是人类走向信息社会的世纪，是网络和多媒体的时代，也是超高速信息公路建设取得实质性进展并进入应用的时代。计算机科学技术的迅速发展，特别是网络技术和多媒体技术的迅速发展，推动着计算机不断地拓展新的应用领域。未来的计算机将以超大规模集成电路为基础，向巨型化、微型化、网络化与智能化的方向发展。

从发展趋势来看，计算机的发展将趋向超高速、超小型、并行处理和智能化。随着计算机技术的迅猛发展，传统计算机的性能受到挑战，开始从基本原理上寻找计算机发展的突破口，新型计算机的研发应运而生。未来的计算机将是计算机技术、微电子技术、光学技术、超导技术和电子仿生技术相互结合的产物；集成光路、超导器件、电子仿生技术等将进入计算机；新型的量子计算机、光子计算机、分子计算机、纳米计算机等，将会在 21 世纪走进我们的生活，遍布各个领域。计算机将发展到一个更高、更先进的水平。

目前，计算机已在各个领域、各行各业中得到广泛的应用，其应用范围已渗透到科研、生产、军事、教学、金融银行、交通运输、农业林业、地质勘探、气象预报、邮电通信等各行各业，并且深入到文化、娱乐和家庭生活等各个领域，其影响涉及社会生活的各个方面。

【思考与练习】

1. 查找资料，了解不同发展阶段的计算机各有哪些特点？

2. 到网络上查找有关计算机技术发展的资料，了解未来计算机的发展趋势。

任务 2　计算机的特点和分类

【任务描述】

本任务学习计算机的主要特点与分类方法。

【相关知识与技能】

1. 计算机的主要特点

（1）运算速度快。计算机的运算速度指计算机在单位时间内执行指令的平均速度，可以用每秒钟能完成多少次操作（如加法运算），或每秒钟能执行多少条指令来描述。

（2）精确度高。计算机中的精确度主要表现为数据表示的位数，一般称为字长，字长越长精度越高。微型计算机字长一般有 8 位、16 位、32 位、64 位等。计算机一般都可以有十几位有效数字，因此能满足一般情况下对计算精度的要求。

（3）具有"记忆"和逻辑判断能力。计算机不仅能进行计算，而且还可以把原始数据、中间结果、运算指令等信息存储起来，供使用者调用。这是电子计算机与其他计算装置的一个重要区别。计算机还能在运算过程中随时进行各种逻辑判断，并根据判断的结果自动决定下一步执行的命令。

（4）程序运行自动化。由于计算机具有"记忆"能力和逻辑判断能力，所以计算机内部的操作运算都是自动控制进行的。使用者在把程序送入计算机后，计算机就在程序的控制下自动完成全部运算并输出运算结果，不需要人的干预。

2．计算机的分类

随着计算机技术的不断更新，尤其是微处理器的迅猛发展，计算机的类型越来越多样化。

根据用途及其使用范围，计算机可以分为通用计算机与专用计算机。通用计算机的特点是通用性强，具有很强的综合处理能力，能够解决各种类型的问题；专业计算机的功能单一，配备了解决特定问题的软、硬件，能够高速、可靠地解决特定的问题。

根据计算机的运算速度、字长、存储容量、软件配置等多方面的综合性能指标，计算机可以分为巨型机、大型机、小型机、微型机、工作站、服务器、网络计算机等。

（1）巨型机（Supercomputer）。巨型机又称超级计算机，是指目前速度最快、处理能力最强、造价最昂贵的的计算机。巨型机的结构是将许多微处理器以并行架构的方式组合在一起，可以达到每秒几万亿次浮点运算，且容量相当大。巨型机的主要用途是处理超标量的资料，如人口普查、天气预报、人体基因排序、武器研制等，主要使用者为大学研究单位、政府单位、科学研究单位等。我国研制的"银河"和"曙光"等代表国内最高水平的巨型机属于这类计算机。

（2）大型机（Mainframe）。大型机比巨型机的性能指标略低，其特点是大型、通用，具有较快的处理速度和较强的综合处理能力，速度可达每秒数千万次。大型机强调的重点在于多个用户同时使用，一般作为大型"客户机/服务器"系统的服务器，或者"终端/主机"系统中的主机，主要用于大银行、大公司、规模较大的高等学校和科研单位，用来处理日常大量繁忙的业务，如科学计算、数据处理、网络服务器和大型商业管理等。

（3）小型机（Minicomputer）。小型机规模小、结构简单、设计研制周期短、便于采用先进工艺、易于操作、便于维护和推广，因而比大型机更易于推广和普及。小型机的应用范围很广，如用于工业自动控制、大型分析仪器、测量仪器、医疗设备中的数据采集、分析计算等，也可以用作大型机、巨型机的辅助机，并广泛用于企业管理以及大学和研究机构的科学计算等。

（4）微型机（Microcomputer）。微型机又称个人计算机（Personal Computer，PC），简称微机，俗称电脑，是大规模集成电路的产物。微型计算机以微处理器为核心，再配上存储器、接口电路等芯片组成。微型计算机以其体积小、重量轻、功耗小、价格低廉、适应性强和应用面广等一系列优点，迅速占领了世界计算机市场并得到广泛的应用，成为现代社会不可缺少的重要工具。

（5）工作站（Workstation）。工作站是一种介于小型机和微型机之间的高档微型计算机。工作站有大容量的主存、大屏幕显示器，特别适合于计算机辅助工程。例如，图形工作站一般包括主机、数字化仪、扫描仪、鼠标器、图形显示器、绘图仪和图形处理软件等，可以完成对各种图形的输入、存储、处理和输出等操作。

（6）服务器（Server）。服务器具有强大的处理能力、容量很大的存储器，以及快速的输入输出通道和联网能力，是一种在网络环境中为多个用户提供服务的共享设备。根据其提供的服务，可以分为文件服务器、邮件服务器、WWW 服务器、FTP 服务器等。

目前，微型计算机与工作站、小型计算机乃至大型计算机之间的界限已经越来越模糊。由于计算机技术的不断发展，计算机的分类标准也不断变化，以上分类只能适应某个时期。

任务3 信息化社会与计算机的应用

【任务描述】

现代信息技术的应用已经渗透到人类社会生活和各行各业中，本任务了解如何认识信息化的社会？计算机在信息化社会中扮演什么角色？

【相关知识与技能】

1. 计算机在信息化社会中扮演的角色

信息技术是在信息的获取、整理、加工、传递、存储和利用中所采取的技术和方法。信息技术也可以看作是代替、延伸、扩展人的感官及大脑信息功能的技术。

现代信息技术采用先进的技术手段和科学方法，使信息的采集、处理、传输、存储、利用建立在最先进的科学技术基础上，其主要特征是：各种信息的数字化和信息传递、信息处理的计算机化和网络化。现代信息技术是以微电子技术为基础，以计算机技术、通信技术和控制技术为核心，以信息应用为目标的科学技术群。

构成信息化社会主要靠计算机技术、通信技术和网络技术三大支柱。计算机技术的迅速发展加速了信息化社会的发展。当今社会，计算机无处不在，已经成为人们生产和生活乃至学习的必备工具。计算机就在人们的身边，在学习、工作和生活的各个领域。

在信息化社会中，计算机的存在总是和信息的加工、处理、检索、识别、控制和应用等分不开。可以说，没有计算机就没有信息化，没有计算机、通信和网络技术的综合利用，就没有日益发展的信息化社会。因此，计算机是信息化社会必备的工具。

2. 计算机的应用领域

计算机以其卓越的性能和强大的生命力，在科学技术、国民经济、社会生活等各个方面都得到了广泛的应用，并且取得了明显的社会效益和经济效益。计算机的应用几乎包括人类的一切领域。根据计算机的应用特点，可以归纳为以下几大类。

（1）科学计算。利用计算机来解决科学研究和工程设计等方面的数学计算问题，称为科学计算或数值计算。科学计算的特点是计算量大，要求精确度高、结果可靠。利用计算机的高速性、大存储容量、连续运算能力，可以实现人工无法实现的各种科学计算问题。例如，建筑设计中的计算；各种数学、物理问题的计算；气象预报中气象数据的计算；地震预测；用计算机进行多种设计方案的比较，选择最佳的设计方案等。

（2）信息处理。信息处理又称数据处理，指对大量信息进行存储、加工、分类、统计、查询等操作，从而形成有价值的信息。信息处理的计算方法比较简单，但涉及的数据量比较大，包括数据的采集、记载、分类、排序、存储、计算、加工、传输、统计分析等方面的工作，结果一般以表格或文件的形式存储或输出，常常泛指非科学计算方面的、以管理为主的所有应用。例如，企业管理、财务会计、统计分析、仓库管理、商品销售管理、资料管理、图书检索等。

（3）实时控制（或称过程控制）。实时控制指用计算机及时地采集、检测被控对象运行情况的数据，通过计算机的分析处理后，按照某种最佳的控制规律发出控制信号，控制对象过程的进行。由于这类控制对计算机的要求并不高，通常使用微控制器芯片或低档微处理器芯片，并做成嵌入式的装置。只有在特殊情况下，才使用高级的独立计算机进行控制。实时控制在机械、冶金、石油化工、电力、建筑、轻工等各个部门都得到了广泛的应用，在卫星、导弹发射等国防尖端科学技术领域，更是离不开计算机的实时控制。

（4）计算机辅助系统。计算机辅助包括计算辅助设计（CAD）、计算机辅助制造（CAM）、计算机辅助教学（CAI）和计算机辅助测试（CAT）等。

计算机辅助设计（CAD）：利用计算机帮助设计人员进行设计，广泛应用于船舶、飞机、建筑工程、大规模集成电路、机械零件、电路板布线等设计工作中，使得设计工作实现自动化或半自动化。

计算机辅助制造（CAM）：利用计算机进行生产设备的管理、控制和操作过程。例如，在产品的制造过程中，用计算机来控制机器的运行，处理生产过程中所需要的数据，控制和处理材料的流动，对产品进行产品测试和检验等。

计算机辅助教学（CAI）：利用计算机代替教师去进行教学，把教学内容编成各种"课件"，学生可以选择不同的内容学习，使教学内容多样化、形象化。如各种教学软件、试题库、专家系统等。

计算机辅助测试（CAT）：利用计算机进行测试。例如，在生产大规模集成电路的过程中，由于逻辑电路复杂，用人工测试往往比较困难，不但效率低，而且容易损坏产品。利用计算机进行测试，可以自动测试集成电路的各种参数、逻辑关系等，并且可以实现产品的分类和筛选。

将 CAD、CAM、CAT 技术有效地结合起来，就可以使设计、制造、测试全部由计算机来完成，大大减轻了科技人员和工人的劳动强度。

（5）系统仿真。系统仿真是利用模型来模仿真实系统的技术。通过仿真模型可以了解实际系统或过程在各种因素变化的条件下，其性能的变化规律。例如，将反映自动控制系统的数学模型输入计算机，利用计算机研究自动控制系统的运行规律；利用计算机进行飞行模拟训练、航海模拟训练、发电厂供电系统模拟训练等。

（6）办公自动化。办公自动化（OA）是指以计算机或数据处理系统来处理日常例行的各种事务工作，应具有完善的文字和表格处理功能，较强的资料、图像处理能力和网络通信能力，可以进行各种文档的存储、查询、统计等工作。例如，起草各种文稿，收集、加工、输出各种资料信息等。办公自动化设备除计算机外，一般还包括复印机、传真机、通信设备等。

（7）人工智能。人工智能又称智能模拟，利用计算机系统模仿人类的感知、思维、推理等智能活动，是计算机智能的高级功能。人工智能研究和应用的领域包括模式识别、自然语言理解与生成、专家系统、自动程序设计、定理证明、联想与思维的机理、数据智能检索等。例如，用计算机模拟人脑的部分功能进行学习、推理、联想和决策；模拟医生给病人诊病的医疗诊断专家系统；机械手与机器人的研究和应用等。人工智能的研究已取得了一些成果，如自动翻译、战术研究、密码分析、医疗诊断等，但距真正的智能还有很长的路要走。

（8）电子商务和电子政务。通过计算机网络进行的商务和政务活动，是 Internet 技术与传统信息技术相结合产生的在 Internet 上开展网上相互关联的动态商务活动和政务活动。

目前，计算机已在各个领域、各行各业中得到广泛的应用，其应用范围已渗透到科研、生产、军事、教学、金融银行、交通运输、农业林业、地质勘探、气象预报、邮电通信等各行各业，并且深入到文化、娱乐和家庭生活等各个领域，其影响涉及到社会生活的各个方面。

【思考与练习】

到网络上查找有关信息化与信息技术发展的资料，了解国内外信息化发展和信息技术应用的情况。

1.2　计算机中信息的表示

任务 4　数字化信息编码的概念

【任务描述】

信息必须经过数字化编码，才能进行传送、存储和处理。本任务学习数据与信息的关系，理解信息编码的意义。

【相关知识与技能】

1. 数据与信息

数据是用人类能够识别或计算机能够处理的符号，是对客观事物的具体表示。如商品的名称、价格、出厂日期、颜色等。这里讲的数据是广义的概念，它不仅仅指数字、符号，也可以是声音、图像、文件等。

经过加工处理后用于人们决策或具体应用的数据称作信息。例如，人们通过对商品的各个特征数据的分析，得出该商品的应用价值，作为是否购买的依据。

信息是人们用以对客观世界直接进行描述、可以在人们之间进行传递的一些知识或事实，它与承载信息的物理设备无关。数据是信息的具体表现形式，是各种各样的物理符号及其组合，它反映了信息的内容。数据的形式要随着物理设备的改变而改变。数据是信息在计算机内部的表现形式，计算机的最主要功能便是处理信息。在现实生活中，信息的表现形式是多种多样的，如数值、字符、声音、图形、图像、动画等。在计算机中处理的任何形式的信息，都要首先对信息进行数字化编码，然后才能在计算机间进行传送、存储和处理。

2. 信息编码的意义

使用电子计算机进行信息处理，首先必须要使计算机能够识别信息。信息的表示有两种形态：一种是人类可识别、理解的信息形态；一种是电子计算机能够识别和理解的信息形态。电子计算机只能识别机器代码，即用 0 和 1 表示的二进制数据。用计算机进行信息处理时，必须将信息进行数字化编码后，才能方便地进行存储、传送、处理等操作。

所谓编码，是采用有限的基本符号，通过某一个确定的原则对这些基本符号加以组合，用来描述大量的、复杂多变的信息。信息编码的两大要素是基本符号的种类及符号组合的规则。日常生活中常遇到类似编码的实例，例如用 26 个英文基本符号，通过不同的组合得到含义各异的英文单词。

冯·诺依曼计算机采用二进制编码形式，即用"0"和"1"两个基本符号的组合表示各种类型的信息。虽然计算机的内部采用二进制编码，但是计算机与外部的信息交流还是采用大家熟悉和习惯的形式。

任务 5　进位计数制

【任务描述】

按进位的原则进行计算，称为进位计数制。本任务学习进位计数制的基本特点，掌握其表示方法。

【相关知识与技能】

按进位的原则进行计算，称为进位计数制。常用的进位计数制有十进制、二进制、八进制和十六进制等。

1. 进位计数制的基本特点

（1）逢 N 进一。N 是指进位计数制表示一位数所需要的符号数目，称为基数。例如十进制数由 0，1，2，3，4，5，6，7，8，9 十个数字符号组成，需要的符号数目是 10 个，基数为十，逢十进一。二进制由 0 和 1 两个数字符号组成，需要的符号数目是 2 个，基数为二，逢二进一。

（2）采用位权表示法。处于不同位置上的数字代表的数值不同，某一个数字在某个固定位置上所代表的值是确定的，这个固定的位置称为位权或权。各种进位制中位权的值恰好是基数的若干次幂，每一位的数码与该位"位权"的乘积表示该位数值的大小。根据这一特点，任何一种进位计数制表示的数都可以写成按位权展开的多项式之和。

位权和基数是进位计数制中的两个要素。在计算机中常用的进位计数制是二进制、八进制和十六进制，其中二进制用得最广泛。

2. 进位计数制的表示方法

在十进制计数制中，333.33 可以表示为：

$$333.33 = 3 \times (10)^2 + 3 \times (10)^1 + 3 \times (10)^0 + 3 \times (10)^{-1} + 3 \times (10)^{-2}$$

一般来说，任意一个十进制数 N 可表示为：

$$N = \pm[(K_{n-1} \times (10)^{n-1} + K_{n-2} \times (10)^{n-2} + \cdots K_1 \times (10)^1 + K_0 \times (10)^0$$
$$+ K_{-1} \times (10)^{-1} + K_{-2} \times (10)^{-2} + \cdots + K_{-m} \times (10)^{-m}]$$
$$= \pm \sum_{i=-m}^{n-1} [K_i \times (10)^i]$$

式中 m、n 均为正整数，K_i 可以是 1、2、…、9 十个数字符号中的任何一个，由具体的数来决定；圆括号中的 10 是十进制数的基数。

对于任意进位计数制，基数可用正整数 R 来表示。这时，数 N 可表示为：

$$N = \pm \sum_{i=-m}^{n-1} K_i R^i$$

式中 m、n 均为正整数，K_i 则是 0、1、…、(R-1) 中的任何一个，R 是基数，采用"逢 R 进一"的原则进行计数。

（1）二进制数。数值、字符、指令等信息在计算机内部的存放、处理和传递等，均采用二进制数的形式。对于二进制数，R=2，每一位上只有 0、1 两个数码状态，基数为"2"，采用"逢二进一"的原则进行计数。为便于区别，可在二进制数后加"B"，表示前边的数是二进制数。

（2）八进制数。对于八进制数，R=8，每一位上有 0、1、2、3、4、5、6、7 八个数码状态，基数为"8"，采用"逢八进一"的原则进行计数。为便于区别，可在八进制数后加"Q"，表示前边的数是八进制数。

（3）十六进制数。微型机中内存地址的编址、可显示的 ASCII 码、汇编语言源程序中的地址信息、数值信息等都采用十六进制数表示。对于十六进制数，R=16，每一位上有 0、1、…、9、A、B、C、D、E、F 等 16 个数码状态，基数为"16"，采用"逢十六进一"的原则进行计数。为便于区别，可在十六进制数后加"H"，表示前边的数是十六进制数。

常用的几种进位计数制表示数的方法及其对应关系如表 1-2 所示。

表 1-2　四种进制对照表

十进制	二进制	八进制	十六进制	十进制	二进制	八进制	十六进制
1	1	1	1	9	1001	11	9
2	10	2	2	10	1010	12	A
3	11	3	3	11	1011	13	B
4	100	4	4	12	1100	14	C
5	101	5	5	13	1101	15	D
6	110	6	6	14	1110	16	E
7	111	7	7	15	1111	17	F
8	1000	10	8	16	10000	20	10

【知识拓展】

1. R 进制数（如二、八、十六进制数）与十进制数之间的转换

（1）R 进制数（如二、八、十六进制数）转换成十进制数。如上所述，一个 R 进制数 N 可表示为：

$$N = \pm \sum_{i=-m}^{n-1} K_i R^i$$

上式提供了将 R 进制数转换成十进制数的方法。例如，将二进制数转换为相应的十进制数，只要将二进制数中出现 1 的位权相加即可。

例 1-1　$(1011)_2$ 可表示为：

$$(1011)_2 = 1 \times (2)^3 + 0 \times (2)^2 + 1 \times (2)^1 + 1 \times (2)^0$$

例 1-2　$(10011.101)_2$ 可表示为：

$$(10011.101)_2 = 1 \times 2^4 + 0 \times 2^3 + 0 \times 2^2 + 1 \times 2^1 + 1 \times 2^0 + 1 \times 2^{-1} + 0 \times 2^{-2} + 1 \times 2^{-3}$$
$$= 16 + 2 + 1 + 0.5 + 0.125$$
$$= (19.625)_{10}$$

例 1-3　$(207)_8$ 可表示为：

$$(207)_8 = 2 \times (8)^2 + 0 \times (8)^1 + 7 \times (8)^0$$

例 1-4　$(125.3)_8$ 可表示为：

$$(125.3)_8 = 1 \times 8^2 + 2 \times 8^1 + 5 \times 8^0 + 3 \times 8^{-1}$$
$$= 64 + 16 + 5 + 0.375 = (85.375)_{10}$$

例 1-5　$(12F)_{16}$ 可表示为：

$$(12F)_{16} = 1 \times (16)^2 + 2 \times (16)^1 + 15 \times (16)^0$$
$$= 256 + 32 + 15 = (303)_{10}$$

例 1-6　$(1CF.A)_{16}$ 可表示为：

$$(1CF.A)_{16} = 1 \times 16^2 + 12 \times 16^1 + 15 \times 16^0 + 10 \times 16^{-1}$$
$$= 256 + 192 + 16 + 0.625$$
$$= (464.625)_{10}$$

（2）十进制数转换成 R 进制数。整数部分和小数部分的转换方法是不相同的，需要分别进行转换。

①整数部分的转换。把一个十进制整数转换成 R 进制整数，通常采用除 R 取余法。所谓除 R 取余法，就是将该十进制数反复除以 R，每次相除后，得到的余数为对应 R 进制数的相应位。首次除法得到的余数是 R 进制数的最低位，最末一次除法得到的余数是 R 进制数的最高位；从低位到高位逐次进行，直到商是 0 为止。若第一次除法得到的余数为 K_0，最后一次为 K_{n-1}，则 $K_{n-1}K_{n-2}\cdots K_1K_0$ 即为所求之 R 进制数。

例如，将 $(35)_{10}$ 转换成二进制数，其转换全过程可表示如下：

```
2 | 35        余数
  2 | 17       1      K₀=1
    2 | 8      1      K₁=1
      2 | 4    0      K₂=0
        2 | 2  0      K₃=0
          2 | 1 0     K₄=0
              0  1    K₅=1
```

因此，$(35)_{10}=(K_5K_4K_3K_2K_1K_0)_2=(100011)_2$

根据同样的道理，可将十进制整数通过"除 8 取余"和"除 16 取余"法转换成相应的八、十六进制整数。注意的是，对被转换的十进制整数进行除 8（或除 16）后所得的第一个余数是转换后八（或十六）进制整数的最低位；所得的最后一个余数是转换后八（或十六）进制整数的最高位。

②小数部分转换。把一个十进制纯小数转换成 R 进制纯小数，通常采用乘 R 取整法。所谓乘 R 取整法，就是将十进制纯小数反复乘以 R，每次乘 R 后，所得新数的整数部分为 R 进制纯小数的相应位。从高位向低位逐次进行，直到满足精度要求或乘 R 后的小数部分是 0 为止；第一次乘 R 所得的整数部分为 K_{-1}，最后一次为 K_{-m}；转换后，所得的纯 R 进制小数为 $0.K_{-1}K_{-2}\cdots K_{-m}$。

例如，将 $(0.6875)_{10}$ 转换成相应的二进制数，其转换过程可表示如下：

```
        0.6875     整数
    ×      2
        1.3750      1      K₋₁=1
        0.3750
    ×      2
        0.7500      0      K₋₂=0
        0.7500
    ×      2
        1.5000      1      K₋₃=1
        0.5000
    ×      2
        1.0000      1      K₋₄=1
```

因此，$(0.6875)_{10}=(0.1011)_2$

逐次乘 2 的过程可能是有限的，也可能是无限的。因此，十进制纯小数不一定都能转换成完全等值的二进制纯小数。当乘 2 后能使代表小数的部分等于零时，转换即告结束。当乘 2 后小数部分总是不等于零时，转换过程将是无限的。遇到这种情况时，应根据精度要求取近似值。

根据同样的道理，可将十进制小数通过"乘 8（或 16）取整"法转换成相应的八（或十六）进制小数。需要注意的是，对被转换的十进制小数进行乘 8（或 16）所得的第一个整数是转换后八（或十六）进制小数的最高位；所得的最后一个整数（相对于精度要求）是转换后八（或十六）进制小数的最低位。

③十进制混合小数转换成 R 进制数。混合小数由整数和小数两部分组成。只要按照上述方法分别进行转换，然后将转换结果组合起来，即可得到所要求的混合二进制小数。

例如，将$(135.6875)_{10}$转换为二进制数。

其中：$(135)_{10}=(10000111)_2$

$(0.6875)_{10}=(0.1011)_2$

因此，$(135.6875)_{10}=(10000111.1011)_2$。

2. 非十进制数之间的转换

（1）二进制数转换成八进制数。由于$2^3=8$，八进制数的 1 位相当于 3 位二进制数。因此，将二进制数转换成八进制数时，只需以小数点为界，分别向左、向右，每 3 位二进制数分为一组，不足 3 位时用 0 补足 3 位（整数在高位补零，小数在低位补零）。然后将每组分别用对应的一位八进制数替换，即可完成转换。

例如：把$(11010101.0100101)_2$转换成八进制数，则

$$\underline{(011 \quad 010 \quad 101 \;.\; 010 \quad 010 \quad 100)}_2$$
$$(\; 3 \qquad 2 \qquad 5 \;.\; 2 \qquad 2 \qquad 4 \;)_8$$

因此，$(11010101.0100101)_2=(325.224)_8$

（2）八进制数转换成二进制数。由于八进制数的一位数相当于 3 位二进制数，因此，只要将每位八进制数用相应的 3 位二进制数替换，即可完成转换。

例如：把八进制数$(652.307)_8$转换成二进制数，则

$$(\; 6 \qquad 5 \qquad 2 \;.\; 3 \qquad 0 \qquad 7 \;)_8$$
$$\underline{(110 \quad 101 \quad 010 \;.\; 011 \quad 000 \quad 111)}_2$$

因此，$(652.307)_8=(110101010.011000111)_2$

（3）二进制数与十六进制数之间的转换。由于$2^4=16$，一位十六进制数相当于 4 位二进制数。对于二进制数转换成十六进制数，只需以小数点为界，分别向左、向右，每 4 位二进制数分为一组，不足 4 位时用 0 补足 4 位（整数在高位补零，小数在低位补零）。然后将每组分别用对应的 1 位十六进制数替换，即可完成转换。

例如：把$(1011010101.0111101)_2$转换成十六进制数，则

$$\underline{(0010 \quad 1101 \quad 0101 \;.\; 0111 \quad 1010)}_2$$
$$(\; 2 \qquad D \qquad 5 \;.\; 7 \qquad A \;)_{16}$$

因此，$(1011010101.0111101)_2=(2D5.7A)_{16}$

对于十六进制数转换成二进制数，只要将每位十六进制数用相应的 4 位二进制数替换，即可完成转换。

例如：把十六进制数$(1C5.1B)_{16}$转换成二进制数，则

$$\underline{(1}\quad \underline{C}\quad \underline{5}\ .\ \underline{1}\quad \underline{B})_{16}$$
$$(0001\quad 1100\quad 0101\ .\ 0001\quad 1011)_2$$

因此，$(1C5.1B)_{16}=(111000101.00011011)_2$

任务6　字符的二进制编码

【任务描述】

字符是不可以进行算术运算的数据，包括西文字符（各种字母、数字、各种符号）和中文字符。字符是计算机的主要处理对象，由于计算机中的数据都是以二进制的形式存储和处理，字符也必须按特定的规则进行二进制编码才能进入计算机。本任务学习计算机中对字符进行编码的概念。

【相关知识与技能】

1．ASCII 码

字符是计算机的主要处理对象，在计算机中也是以二进制代码的形式来表示字符的。ASCII 码（American Standard Code for Information Interchange，美国标准信息交换码）是目前在微型计算机中最普遍采用的字符编码。

ASCII 码以 7 位二进制数进行编码，可以表示 128 个字符。其中包括 10 个数码（0～9），52 个大、小写英文字母（A～Z，a～z），32 个标点符号、运算符和 34 个控制码等。ASCII 码字符表见附录 A。

若要确定一个数字、字母、符号或控制字符的 ASCII 码，在 ASCII 码表中先查出其位置，然后确定所在位置对应的列和行。根据列确定所查字符的高 3 位编码，根据行确定所查字符的低 4 位编码，将高 3 位编码与低 4 位编码连在一起，即是所要查字符的 ASCII 码。

例如字母 A 的 ASCII 码为 1000001（相当于十进制数 65），字母 a 的 ASCII 码为 1100001（相当十进制数 97），数字 3 的 ASCII 码为 0110011（相当于十进制数 51）等。

2．汉字编码

用计算机处理汉字时，必须先将汉字代码化，即对汉字进行编码。由于汉字种类繁多，编码比拼音文字困难，而且在一个汉字处理系统中，输入、内部存储和处理、输出等各部分对汉字代码的要求不尽相同，使用的代码也不尽相同。因此，在处理汉字时，需要进行一系列的汉字代码转换。

为了在计算机内部处理汉字信息，必须先将汉字输入到计算机。由于中文的字数繁多，字形复杂，字音多变。为了能直接使用英文标准键盘进行汉字输入，必须为汉字设计相应的输入码。汉字输入码主要分为三类：区位码（数字编码）、拼音码和字形码（详见第 2 章中有关汉字输入方法的介绍）。无论采用何种方式输入汉字，所输入的汉字都在计算机内部转换为机内码，从而把每个汉字与机内的一个代码唯一地对应起来，便于计算机进行处理。

如前所述，ASCII 码采用 7 位编码，一个字节中的最高位总是 0。因此，可以用一个字节表示一个 ASCII 码。汉字数量大，无法用一个字节来区分汉字。因此，汉字通常采用两个字节来编码。采用双字节可有 256×256=65536 种状态。如用每个字节的最高位来区别是汉字编码还是 ASCII 编码，则每个字节还有 7 位可供汉字编码使用。采用这种方法进行汉字编码，共有 128×128=16384 种状态。又由于每个字节的低 7 位中不能再用控制字符位，只能有 94 个可编码。因此，只能表示 94×94=8836 种状态。

我国于 1981 年公布了国家标准 GB2312-80，即信息交换用汉字编码字符基本集。这个基本集收录的汉字共 6763 个，分为两级。第一级汉字为 3755 个，属常用字，按汉语拼音顺序排列；第二级汉字为 3008 个，属非常用字，按部首排列。汉字编码表共有 94 行（区）、94 列（位）。其行号称为区号，列号称为位号。用第一个字节表示区号，第二个字节表示位号，一共可表示 6763 个汉字，加上一般符号、数字和各种字母，共计 7445 个。

为了使中文信息和西文信息相互兼容，用字节的最高位来区分西文或汉字。通常字节的最高位为 0 时表示 ASCII 码；为 1 时表示汉字。可以用第一字节的最高位为 1 表示汉字，也可以用两个字节的最高位都为 1 表示汉字。目前采用较多的是用两个字节的最高位都为 1 时表示汉字。

汉字的国标码是 GB2312-80 图形字符分区表规定的汉字信息交换用的基本图形字符及其二进制编码，是一种用于计算机汉字处理和汉字通信系统的标准代码。国标码是直接把第一字节和第二字节编码拼起来得到的，通常用十六进制表示。在一个汉字的区码和位码上分别加十六进制数 20H，即构成该汉字的国标码。例如，汉字"啊"的区位码为十进制数 1601D（即十六进制数 1001H），位于 16 区 01 位；对应的国标码为十六进制数 3021H。其中"D"表示十进制数，"H"表示十六进制数。

汉字的内码（机内码）是在计算机内部进行存储、传输和加工时所用的统一机内代码，包括西文 ASCII 码。在一个汉字的国标码上加十六进制数 8080H，就构成该汉字的机内码（内码）。例如，汉字"啊"的国标码为 3021H，其机内码为 B0A1H（3021H+8080H=B0A1H）。

汉字字形码是表示汉字字形的字模数据（又称字模码），是汉字输出的形式，通常用点阵、矢量函数等方式表示。根据输出汉字的要求不同，点阵的多少也不同，常见有 16×16 点阵、24×24 点阵、32×32 点阵、48×48 点阵等。字模点阵所需占用的存储空间很大，只能用来构成汉字字库，不能用于机内存储。汉字字库中存储了每个汉字的点阵代码，只有在显示输出汉字时才检索字库，输出字模点阵得到汉字字形。

【知识拓展】

计算机内所有的信息，无论是程序还是数据（包括数值数据和字符数据），都是以二进制形式存放的。数据的最小单位是位（Bit）。CPU 处理信息一般是以一组二进制数码作为一个整体进行的。这一组二进制数码称为一个字（word）。一个字的二进制位数称为字长。不同计算机系统内部的字长是不同的，计算机中常用的字长有 8 位、16 位、32 位、64 位等。一个字可以表示许多不同的内容，较长的字长可以处理更多的信息。字长是衡量计算机性能的一个重要指标。

一般用字节（Byte）作为基本单位来度量计算机存储容量，一个字节由 8 位二进制数组成。在计算机内部，一个字节可以表示一个数据，也可以表示一个英文字母或其他特殊字符；一个或几个字节还可以表示一条指令；两个字节可以表示一个汉字等。

1024 个字节称为 1 千字节（1KB），1024K 个字节称为 1 兆字节（1MB），1024M 个字节称为 1 吉字节（1GB）。

为了便于对计算机内的数据进行有效的管理和存取，需要对内存单元编号，即给每个存储单元一个地址。每个存储单元存放一个字节的数据。如果需要对某一个存储单元进行存储，必须先知道该单元的地址，然后才能对该单元进行信息的存取。应当注意，存储单元的地址和存储单元中的内容是不同的。

1.3　计算机系统基本组成

任务 7　计算机硬件与软件系统的组成

【任务描述】

计算机本质上是一种能按照程序对各种数据和信息进行自动加工和处理的电子设备。计算机依靠硬件和软件的协同工作来执行给定的工作任务。本任务学习计算机硬件与软件系统的组成，理解计算机硬件与软件系统之间的关系。

【相关知识与技能】

一个完整的计算机系统由硬件系统和软件系统两大部分组成。

1. 计算机的硬件系统

硬件系统是构成计算机系统的物理实体或物理装置，是计算机工作的物质基础。硬件系统包括组成计算机的各种部件和外部设备。

从功能角度而言，一个完整的计算机硬件系统一般由运算器、控制器、存储器、输入设备和输出设备 5 个核心部分组成，每个功能部件各尽其职、协调工作。其中：

（1）运算器（Arithmetic Logical Unit，ALU）。运算器负责数据的算术运算和逻辑运算，是对数据进行加工和处理的主要部件。

（2）控制器（Control Unit，CU）。控制器是计算机的神经中枢和指挥中心，负责统一指挥计算机各部分协调地工作，能根据事先编制好的程序控制计算机各部分协调工作，完成一定的功能。例如，控制从存储器中读出数据，将数据写入存储器中，按照程序规定的步骤进行各种运算和处理等，使计算机按照预定的工作顺序高速进行工作。

运算器与控制器组成计算机的中央处理单元（Central Processing Unit，CPU）。在微型计算机中，一般都是把运算器和控制器集成在一片半导体芯片上，制成大规模集成电路。因此，CPU 常常又被称为微处理器。

（3）存储器（Memory）。存储器是计算机的记忆部件，负责存储程序和数据，并根据命令提供这些程序和数据。存储器通常分为内存储器和外存储器两部分。

① 内存储器简称为内存，可以与 CPU、输入设备和输出设备直接交换或传递信息。内存一般采用半导体存储器。

根据工作方式的不同，内存分为只读存储器和随机存储器两部分。我们常把向存储器存入数据的过程称为写入，而把从存储器取出数据的过程称为读出。

- 只读存储器（Read Only Memory，ROM）里的内容只能读出，不能写入。所以 ROM 的内容是不能随便改变的，即使断电也不会改变 ROM 所存储的内容。
- 随机存储器（Random Access Memory，RAM）在计算机运行过程中可以随时读出所存放的信息，又可以随时写入新的内容或修改已经存入的内容。RAM 容量的大小对程序的运行有着重要的意义。因此，RAM 容量是计算机的一个重要指标。断电后，RAM 中的内容全部丢失。

② 外存储器简称为外存，主要用来存放用户所需的大量信息。外存容量大，存取速度慢，常用的外存有软磁盘、硬磁盘、磁带机和光盘等。

（4）输入设备（Input Device）。输入设备是计算机从外部获得信息的设备，其作用是把程序和数据信息转换为计算机中的电信号，存入计算机中。常用的输入设备有键盘、鼠标、光笔、扫描仪等。

（5）输出设备（Output Device）。输出设备是将计算机内的信息以文字、数据、图形等人们能够识别的方式打印或显示出来的设备。常用的输出设备有显示器、打印机等。

外存储器、输入设备、输出设备等组成计算机的外部设备，简称为外设。

以微处理器芯片为核心，加上存储器芯片和输入/输出接口芯片等部件组成微型计算机，简称微机。只用一片大规模或超大规模集成电路构成的微机，又称为单片微型计算机，简称单片机。外部设备通过接口与微型计算机连接。微机配以输入/输出设备构成了微型计算机的硬件系统，其组成框图如图 1-4 所示。

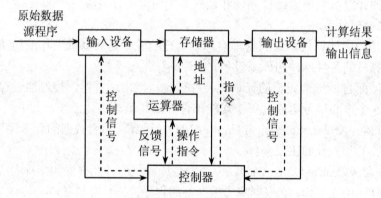

图 1-4　微型计算机硬件系统组成示意图

2．计算机的软件系统

硬件和软件结合起来构成计算机系统。硬件是软件工作的基础，计算机必须配置相应的软件才能应用于各个领域，人们通过软件控制计算机各种部件和设备的运行。

软件系统是指计算机系统所使用的各种程序及其文档的集合。从广义上讲，软件是指为运行、维护、管理和应用计算机所编制的所有程序和数据的总和。计算机软件一般可分为系统软件和应用软件两大类，每一类又有若干种类型。

（1）系统软件。系统软件是管理、监控和维护计算机各种资源，并使其充分发挥作用，提高工作效率，方便用户的各种程序的集合。系统软件是构成微机系统的必备软件，在购置微机系统时应根据用户需求进行配置。系统软件主要包括以下几个方面：

①操作系统（Operating System，OS）。操作系统是计算机系统软件的重要组成部分，是控制程序运行和管理计算机系统资源，为用户提供人机交互式操作界面的所有软件集合。操作系统是系统软件的核心，是整个计算机系统的"管家"，是用户与计算机之间的接口。

目前在微型计算机上使用的操作系统主要有 DOS、Windows、UNIX、Linux 等。其中，基于图形界面、多任务的 Windows 操作系统使用最为广泛，而支持多用户、多进程、多线程、实时性较好、功能强大且稳定的 Linux 操作系统，在网络中得到了广泛的应用。

②各种程序设计语言的处理程序。语言处理程序是用来对各种程序设计语言程序进行翻译，使之产生计算机可以直接执行的目标程序（用二进制代码表示的程序）的各种程序的集合。计算机硬件系统只能直接识别以数字代码表示的指令序列，即机器语言。机器语言难以记忆和

编程，对其符号化后产生了高级语言和汇编语言。汇编语言一般与机器硬件直接相关，是不可移植的语言。高级语言相对于机器语言和汇编语言而言，一般具有较好的可移植性。计算机系统一般都配有机器语言、汇编语言、多种高级语言的解释程序或编译程序，如 C、C++、Java 等。

用高级语言或汇编语言编写的程序称为源程序，源程序不能被计算机直接执行，必须转换成机器语言才能被计算机执行。有两种转换方法：一种是编译方法，即源程序输入计算机后，用特定的编译程序将源程序编译成由机器语言组成的目标程序，然后连接成可执行文件。另一种是解释方法，即源程序运行时由特定的解释程序对源进行解释处理，解释程序将源程序中语句逐条翻译成计算机所能识别的机器代码，解释一条，执行一条，直到程序执行完毕。

③服务性程序。服务性程序又称实用程序，是支持和维护计算机正常处理工作的一种系统软件。这些程序在计算机软、硬件管理工作中执行某个专门功能，如文本编辑程序、诊断程序、装配连接程序、系统维护程序等。

④数据库管理系统（DBMS）。数据库管理系统主要是面向解决数据处理的非数值计算问题，目前主要用于财务管理、图书资料管理、仓库管理、档案管理等数据处理。这类数据的特点是数据量比较大，数据处理的主要内容为数据的存储、修改、查询、排序、分类和统计等。数据库技术是针对这类数据的处理而产生发展起来的，至今仍在不断地发展、完善，是计算机科学中发展最快的领域之一。

常见的数据库管理系统有 Oracle、DB2、Informix、SQL Server、Sybase 等。

（2）应用软件。应用软件是为了解决各种实际问题而编写的计算机程序，由各种应用软件包和面向问题的各种应用程序组成。例如用户编制的科学计算程序、企业管理系统、财务管理系统、人事档案管理系统、人工智能专家系统以及计算机辅助设计（CAD）等各类软件包。比较通用的应用软件由专门的软件公司研制开发形成应用软件包，投放市场供用户选用；比较专用的应用软件则由用户组织力量研制开发使用。

综上所述，计算机系统的组成如图 1-5 所示。硬件系统和软件系统是相辅相成、缺一不可的。计算机硬件构成了计算机系统的物理实体，而各种软件充实了它的智能，使得计算机能够完成各种工作任务。用户通过软件系统与硬件系统发生关系，软件系统是人与计算机硬件系统交换信息、通信对话、按人的思维对计算机系统进行控制与管理的工具。只有在完善的硬件结构基础上配以先进的软件系统，才能充分发挥计算机的效能，构成一个完整的计算机系统。

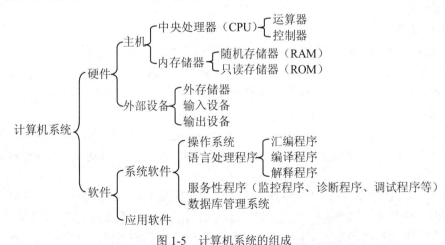

图 1-5　计算机系统的组成

任务 8 解剖微型计算机的主机

【任务描述】

本任务通过解剖一台微型计算机的主机，熟练掌握微型计算机主机的硬件组成，掌握各组成部分的功能与作用。

【相关知识与技能】

微型计算机是大规模集成电路技术与计算机技术相结合的产物。从外观看，微型计算机由主机箱、显示器、键盘和鼠标等组成。根据需要还可以增加打印机、扫描仪、音箱等外部设备。主机机箱有卧式和立式两种，主机箱中有系统主板、外存储器、输入/输出接口电路、电源等。

微型计算机使用大规模集成电路技术，将运算器和控制器集成在一个体积小但功能强大的微处理器芯片上，主机的各部件之间通过总线相连接，而外部设备则通过相应的接口电路再与总线相连。图 1-6 从总线结构的角度表示微型计算机硬件系统的逻辑结构。

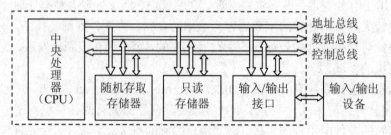

图 1-6 微型机硬件系统的逻辑结构

1. 总线

计算机由若干功能部件组成，各功能部件通过总线连接起来，组成一个有机的整体。各种总线通过总线控制器控制其使用。

总线是计算机中传送信息的一组导线。采用总线结构可简化系统各部件之间的连接，使接口标准化，便于系统的扩充（如扩充存储器容量、增加外部设备等）。总线是计算机系统中传送信息的通路，由若干条通信线构成。总线是整个微型计算机系统的"大动脉"，对微型计算机系统的功能和数据传送速度有极大的影响。在一定时间内可传送的数据量称作总线的带宽，数据总线的宽度与计算机系统的字长有关。

2. 系统主板

系统主板（Mainboard）又称系统板、母板等，是微型计算机的核心部件。主板安装在主机机箱内，是一块多层印刷电路板，外表两层印刷信号电路，内层印刷电源和地线。主板上布置各种插槽、接口、电子元件，系统总线也集成在主板上。主板的性能好坏对微机的总体指标将产生重要的影响。

微型计算机主板一般都集成了串行口、并行口、键盘与鼠标接口、USB 接口，以及软驱接口和增强型（EIDE）硬盘接口，用于连接硬盘、IDE 光驱等 IDE 设备，并设有内存插槽等，如图 1-7 所示。

主板上有 CPU 插座。除 CPU 以外的主要功能一般都集成到一组大规模集成电路芯片上，这组芯片的名称也常用来作为主板的名称。芯片组与主板的关系就像 CPU 与整机一样，芯片组提供了主板上的核心逻辑，主板使用的芯片组类型直接影响主板甚至整机的性能。

图 1-7　微型计算机的系统主板

主板上一般有多个扩展插槽，这些扩展插槽是主机通过总线与外部设备连接的部分。扩展插槽的多少反映了微机系统的扩展能力。

3. 微处理器

微处理器又称作中央处理器（CPU），如图 1-8 所示。微处理器是微型计算机的核心部件，负责完成指令的读出、解释和执行。CPU 主要由运算器、控制器、寄存器组等组成，有的还包含了高速缓冲存储器。

美国 Intel 公司是世界上最大的 CPU 制造厂家，其他较著名的微处理器生产厂家还有 AMD 公司、Cyrix 公司、IBM 公司等。

4. 内存储器

内存储器简称内存，用来存放 CPU 运行时需要的程序和数据。内存分为只读存储器（ROM）和随机存取存储器（RAM）两类，人们平时所说的内存一般指 RAM。RAM 中保存的数据在电源中断后将全部丢失。由于内存直接与 CPU 进行数据交换，所以内存的存取速度要求与 CPU 的处理速度相匹配。

目前微型计算机的主板大多采用内存条（SIMM）结构，如图 1-9 所示。采用该结构的主板上提供有内存插槽。

图 1-8　微处理器　　　　　　　　　图 1-9　微机内存条

5. 高速缓冲存储器

高速缓冲存储器（Cache Memory）是内存与 CPU 交换数据提供缓冲区。Cache 与 CPU 之间的数据交换速度比内存与 CPU 之间的数据交换速度快得多。为了解决内存与 CPU 速度的不匹配问题，在 CPU 与内存之间增加了 Cache。

6. 输入/输出接口

输入/输出接口是微型计算机中 CPU 和外部设备之间的连接通道。由于微型机的外设品种繁多且工作原理不尽相同，同时 CPU 与外设之间存在着信号逻辑、工作时序、速度等不匹配问题，因而输入/输出设备必须通过输入/输出接口电路与系统总线相连，然后才能通过系统总线与 CPU 进行信息交换。输入/输出接口在系统总线和输入/输出设备之间传输信息，提供数据缓冲，以满足接口两边的时序要求。

微型计算机的输入/输出接口一般采用大规模、超大规模集成电路技术，以电路板的形式插在主机板的扩展槽内，常称作适配器或"卡"，如显示卡、声卡等。

7. 机箱（Case）和电源（Power）

机箱是微型机的外壳，用于安装微型机系统的所有配件，一般有卧式和立式两种。机箱内有安装、固定软盘驱动器和硬盘驱动器的支架和一些紧固件。机箱面板上有电源开关（Power）、变速开关（Turbo）、复位开关（Reset）、键盘锁（Lock）等按钮和 LED 指示灯（硬盘、电源）。机箱内的电源安装在用金属屏蔽的方形盒内，盒内装有通风用的电风扇。电源将220V 交流电隔离和转换成微型机需要的低电压直流电，负责给主板、软盘驱动器、硬盘驱动器、键盘等部件供电。

【知识拓展】

1. BIOS

所谓 BIOS，实际上是微机的基本输入输出系统（Basic Input-Output System，BIOS），其内容集成在主板上的一个 ROM 芯片上，主要保存有关微机系统最重要的基本输入输出程序、系统信息设置、开机上电自检程序和系统启动自举程序等。主要功能是为计算机提供最底层的、最直接的硬件设置和控制。BIOS 设置程序存储在 BIOS 芯片中，只有在开机时才可以进行设置。

BIOS ROM 安装在主板上，BIOS 的管理功能很大程度上决定了主板性能。BIOS 管理功能主要包括：

（1）BIOS 中断服务程序：实质是微机系统中软件与硬件之间的一个可编程接口，主要用于程序软件功能与硬件之间的衔接。例如，Windows 操作系统对硬盘、光驱、键盘、显示器等外设的管理，直接建立在 BIOS 系统中断服务程序的基础上，操作人员可以通过访问 INT 5、INT 13 等中断点直接调用 BIOS 中断服务程序。

（2）BIOS 系统设置程序：微机部件配置记录存放在一块可读写的 CMOS RAM 芯片中，包括系统基本情况、CPU 特性、软硬盘驱动器显示器、键盘等部件的信息。BIOS 的 ROM 芯片装有"系统设置程序"，主要用来设置 CMOS ROM 的各项参数，开机时按 Del 键可进入设置状态。CMOS RAM 芯片中微机配置信息不正确时，将导致系统故障。

（3）POST 上电自检：微机接通电源后，首先由 POST（Power On Self Test，上电自检）程序对系统内部各设备进行检查。完整的 POST 自检包括对 CPU、内存、ROM 主板、CMOS存储器、串/并行接口、显示卡、硬盘子系统及键盘进行测试，一旦在自检中发现问题，系统将给出提示信息或鸣笛警告。

（4）BIOS 系统启动自举程序：系统完成 POST 自检后，ROM BIOS 首先按照 CMOS 设置中保存的启动顺序，搜寻硬盘驱动器与 CD-ROM、网络服务器等有效的启动驱动器，读入操作系统引导记录，然后将系统控制权交给引导记录，由引导记录完成系统的启动。

2. CMOS

CMOS 是主板上一块可读写的 RAM 芯片，主要保存当前系统的硬件配置和操作人员对某些参数的设定。CMOS RAM 芯片通过一块后备电池供电，无论关机状态或遇到系统掉电，CMOS 信息都不会丢失。由于 CMOS ROM 芯片是一块存储器，只具有保存数据的功能，因而对其中各项参数的设定要通过专门的程序。CMOS 设置程序一般放置在 BIOS 芯片中，开机时根据屏幕提示按某个键进入 CMOS 设置程序，可方便地对系统进行设置。因此，CMOS 设置通常又称 BIOS 设置。

3. BIOS 设置和 CMOS 设置的区别与联系

BIOS 是主板上一块 EPROM 或 EEROM 芯片，里面装有系统的重要信息和系统参数的设置程序（BIOS Setup）；CMOS 是主板上一块可读写的 RAM 芯片，里面装有系统配置的具体参数，其内容可通过设置程序进行读写。CMOS RAM 芯片靠后备电池供电，即使系统掉电信息也不会丢失。BIOS 与 CMOS 既相关又不同：BIOS 中的系统设置程序是完成 CMOS 参数设置的手段；CMOS RAM 是 BIOS 设定系统参数的结果。因此，完整的说法是"通过 BIOS 设置程序对 CMOS 参数进行设置"。

4. 何时需要对 BIOS 或 CMOS 进行设置

（1）新购微机。即使系统带有 PnP（即插即用）功能，也只能识别一部分外设。软硬盘参数、日期、时钟等基本数据，必须由操作人员进行设置。

（2）新增设备。系统不一定都能认识新增的设备，必须通过 CMOS 设置来告诉它。另外，一旦新增设备与原有设备发生了 IRQ、DMA 冲突，也需要通过 BIOS 设置进行排除。

（3）CMOS 数据意外丢失。在系统后备电池失效、病毒破坏了 CMOS 数据程序、意外清除了 CMOS 参数等情况下，常常会造成 CMOS 数据意外丢失。此时，需通过 BIOS 设置程序重新完成 CMOS 参数设置。

（4）系统优化。BIOS 中的预置对系统不一定是最优的，往往需要经过多次试验才能找到系统优化的最佳参数组合。

【思考与练习】

1. 到电脑市场去观察经销商组装微型计算机的过程，认识主机中的各个部件。

2. 启动微型计算机，观察屏幕提示如何进入 BIOS 设置程序。

任务 9　微型计算机的存储设备

【任务描述】

本任务通过学习微型计算机的存储设备，进一步熟悉微型计算机系统的硬件组成，掌握主要存储设备的功能与作用。

【相关知识与技能】

外存储器不能被 CPU 直接访问，其中存储的信息必须调入内存后才能为 CPU 使用。外存储器的存储容量比内存大得多，目前常见的有硬盘、光盘和优盘（U 盘）等。

1. 硬磁盘存储器

硬磁盘由硬质合金材料构成的多张盘片组成，硬磁盘与硬盘驱动器作为一个整体被密封在一个金属盒内，合称为硬盘，硬盘通常固定在主机箱内。硬盘具有使用寿命长、容量大、存取速度快等优点。

硬盘由多个同样大小的盘片组成，盘片的每一面都有一个读写磁头。硬盘经过格式化后，盘片的每一面都被划分成若干磁道，每个磁道划分成若干扇区，每个扇区存储空间为 512 字节，每个存储表面的同一磁道形成一个圆柱面，称为柱面。硬盘容量的计算公式为：

硬盘容量=每扇区字节数（512）×磁头数×柱面数×每磁道扇区数

影响存取速度的因素有盘片旋转速度、数据传输率、平均寻道时间等。目前微型机硬盘盘片的转速可达 7200 转/分钟。

2. 光盘存储器

光盘存储器由光盘和光盘驱动器组成，光盘驱动器使用激光技术实现对光盘信息的写入和读出。光盘具有体积小、容量大、信息保存长久等特点，是多媒体技术获得快速推广的重要因素。光盘按读/写方式分为只读型光盘、一次写入型光盘和可重写型光盘三类。

①只读型光盘：存放的信息只能读出，不能写入，如目前普遍使用的 CD-ROM。

②一次写入型光盘：可以写入信息，写入的信息只能读出，不能修改或删除。通常用于存储重要档案、历史资料和文献等需长久保存又不需要修改的信息。

③可重写型光盘：可以对信息进行重复读写操作，存储能力大大超过软磁盘和硬盘。由于价格偏高、速度不及硬盘等原因，在微型计算机中使用得还不普及。

3. 优盘（U盘）

优盘（闪存盘）是一种移动存储产品，可用于存储任何格式数据文件和在电脑间方便地交换数据，如图 1-10 所示。优盘采用闪存（Flash Memory）技术和通用串行总线（Universal Serial Bus，USB）接口，可以使数据存储到只有拇指大小的存储盘中，具有轻巧精致、使用方便、便于携带、容量较大、安全可靠等特征。

优盘采用 USB 接口直接连接计算机，不需要驱动器，没有机械设备，抗震性能强。目前使用的优盘在 Windows 2000 及以上版本（或 Linux 2.4.x 及以上版本）操作系统上不需要安装驱动程序，而使用操作系统本身自带的驱动程序（USB Mass Storage 类设备），可以实现即插即用。Windows 98（及以下版本）操作系统不带 USB Mass Storage 类设备的驱动程序，使用优盘时还需要安装驱动程序。

提示： 闪存是一种新型的 EEPROM 内存（电可擦可写可编程只读内存），存储的数据在主机掉电后不会丢失，记录速度非常快，广泛应用于数码相机、MP3 与移动存储设备。

4. 移动硬盘

移动硬盘是以硬盘为存储介质，强调便携性的存储产品，主要用于计算机之间交换数据或进行大量数据备份。市场上绝大多数的移动硬盘都是以标准硬盘为基础，只有很少部分采用微型硬盘即 1.8 英寸硬盘。图 1-11 是爱国者（USB＋IEEE1394）双接口移动硬盘。

图 1-10　优盘（闪存盘）　　　　　图 1-11　爱国者（USB+IEEE1394）双接口移动硬盘

随着计算机技术的发展，各种文件数据的体积也变得越来越大，体积较小的优盘已远不能胜任动辄上 GB 的文件存储和交换任务。各种刻录光盘使用起来比较烦琐和复杂。因此，相对于其他移动存储方式，移动硬盘以其使用方便、存储容量大等优势成为用户的首选移动存储方式。

5. 磁盘驱动器接口

磁盘驱动器通过一根扁平电缆线连接到磁盘驱动器接口上，再通过磁盘驱动器接口与系统主板相连。

IDE（Intelligent Drive Electronics，集成驱动器电路）接口标准（AT BUS 接口标准）又称

IDE 接口。硬盘与 IDE 接口之间用一条 40 芯的扁平电缆连接。电缆的一端有两个插头，可同时连接两个硬盘驱动器。IDE 接口一般还包括两个串行接口插座（COM1、COM2）和两个并行接口。目前的主板一般集成了两个 IDE 接口，可连接四个硬盘（包括光盘驱动器 CD-ROM）。

　　SCSI（Small Computer System Interface，小型计算机系统接口）是另一种接口标准，硬盘通过一根 50 芯的扁平电缆与 SCSI 接口连接。SCSI 接口比 IDE 接口速度更快，智能化程度更高，能配接硬盘的最大容量也更大，但是价格也比较贵，一般用在网络服务的硬盘接口、扫描仪接口等场合。

　　【知识拓展】

　　计算机系统的主要技术指标如下：

　　1. 字长

　　字长是指计算机能直接处理的二进制数据的位数。字长直接关系到计算机的功能、用途和应用范围，是计算机的一个重要技术指标。首先，字长决定了计算机运算的精度，字长越长，运算精度越高；其次，字长决定了计算机的寻址能力，字长越长，存放数据的存储单元越多，寻找地址的能力越强。不同计算机系统内的字长是不同的，如字长为 32 位和 64 位的微机。

　　2. 存储器容量

　　容量是衡量存储器所能容纳信息量多少的指标，度量单位是字节、K 字节或 M 字节。

　　寻址能力是衡量微处理器允许最大内存容量的指标。内存容量的大小决定了可运行的程序大小和程序运行效率。外存容量的大小决定了整个微机系统存取数据、文件和记录的能力。存储容量越大，所能运行的软件功能越丰富，信息处理能力也就越强。

　　3. 时钟频率（主频）

　　时钟频率又称为主频，在很大程度上决定了计算机的运算速度。时钟频率的单位是兆赫兹（MHz）。各种微处理器的时钟频率不同。时钟频率越高，运算速度越快。

　　4. 运算速度

　　运算速度是衡量计算机进行数值计算或信息处理的快慢程度，用计算机 1 秒钟所能执行的运算次数来表示，度量单位是"次/秒"。

　　5. 存取周期

　　存储器完成一次读（取）或写（存）信息所需的时间称为存储器的存取（访问）时间。连续两次读（或写）所需的最短时间，称为存储器的存取周期。存取周期是反映内存储器性能的一项重要技术指标，直接影响微机运算的速度。存取周期越短，则存取速度越快。

　　此外，微型计算机经常用到的技术指标还有兼容性（Compatibility）、可靠性（Reliability）、可维护性（Maintainability）、输入/输出数据的传输率等。综合评价微型计算机系统性能的一个指标是性能/价格比，其中性能是包括硬件、软件的综合性能，价格是指整个系统的价格。

　　【思考与练习】

　　电脑市场调查：观察市场上销售的各种微机存储设备，了解主流存储设备的品牌、型号、功能和外观，认识微型计算机常用的存储设备。

任务 10　微型计算机的输入/输出设备

　　【任务描述】

　　本任务通过学习微型计算机的输入/输出设备，进一步熟悉微型计算机系统的硬件组成，掌握常见输入/输出设备的功能与作用。

【相关知识与技能】

1. 输入设备

输入设备是将程序和数据送入计算机进行处理的外部设备。键盘和鼠标器是微型计算机中使用的最基本的输入设备，常见的输入设备还有图形扫描仪、光笔、触摸屏等。

（1）键盘和鼠标器。见第 1 章任务 4。

（2）扫描仪。扫描仪（见图 1-12）是一种捕获图像的设备，可将捕获的图像转换为计算机可以显示、编辑、存储和输出的数字格式。自 1984 年第一台平板式扫描仪面世至今，扫描仪已经发展成为除键盘和鼠标之外被广泛应用于计算机的输入设备。随着扫描仪的降价，计算机外设中除打印机外，扫描仪也逐渐进入办公及家庭中，成为用户不可缺少的计算机外部设备。

图 1-12　明基 Q50 扫描仪

①扫描仪的种类。扫描仪可分为滚筒式扫描仪、平板式扫描仪和便携式扫描仪。平板式扫描仪作为目前的主流机型得到了广泛的应用。

②扫描仪的性能指标。

- 分辨率：有光学分辨率和插值分辨率两种。光学分辨率是扫描部件所能达到的最大分辨率，插值分辨率通过软件在像素之间再加入更多的像素，以达到提高分辨率的目的。一般扫描仪标称的插值分辨率要比光学分辨率高得多，但这个指标没有实际意义，不能作为购买时的参考。

- 色彩位数：能够反映扫描出来的图像色彩逼真度，位数越高，扫描还原的色彩越好。市面上扫描仪色彩位数一般是 30 位和 36 位，高的可以达到 42 位。

- 扫描幅面：一般可以达到 A4，即可以扫描一本 16 开杂志。大一点的还有 A3 幅面的。

- 接口：主要类型分为 EPP、USB、SCSI 等。采用 SCSI 接口的传输速度快，但价格偏高、设置相对复杂，一般应用在设计领域；常见的扫描仪主要用 USB 接口，最大特点是速度较快，安装方便，支持热拔插，安装简便。

2. 输出设备

微型计算机的主机通过输出设备将处理结果显示或打印出来。微型机最基本的输出设备是显示器和打印机，此外，常见的输出设备还有绘图仪、音箱等。

（1）显示器。显示器分为阴极射线管（CRT）显示器和液晶（LCD）显示器两类。

①CRT 显示器。工作原理与电视机相似，主要参数有分辨率、颜色数等。屏幕上显示的字符或图形由一个个称作像素的显示点组成，像素的多少决定了显示的效果。显示分辨率是指屏幕垂直方向和水平方向可显示的像素点数，分辨率越高，显示的图像越清晰。例如，分辨率为 640×480，表示该显示器在水平方向可以显示 640 个像素，在垂直方向可以显示 480 个像素，即整个屏幕可以显示 640×480=307200 个像素。像素之间的距离（常称作点距，单位为 mm）越小，图像显示的清晰度就越好，常见显示器的点距有 0.31mm、0.28mm 等。显示器分辨率的提高受到显示器尺寸和刷新频率（指影像在显示器上更新的速度）等的限制。颜色数是指在当前分辨率下能同时显示的色彩数量。彩色显示器可以显示的颜色数与显示卡有关。

②液晶显示器（LCD）。分为平板显示器、双扫描液晶显示器、无源矩阵液晶显示器和有源矩阵液晶显示器。目前，LCD 显示器已成为市场的主流，液晶显示技术日趋成熟。

LCD 的主要技术指标是可视角度、对比度、亮度和响应时间。

- 可视角度：指能观看到可接收失真值的视线与屏幕法线的角度，数值越大越好。
- 亮度和对比度：亮度以 cd/m^2 为单位，亮度值越高，画面越亮丽；对比度是液晶显示器能否体现丰富色阶的参数，对比度越高，还原的画面层次感越好，即使在观看亮度很高的照片时，黑暗部位的细节也可以清晰体现。
- 响应时间：反应液晶显示器各像素点对输入信号反应的速度，愈小愈好。响应时间越小，运动画面不会使用户有尾影拖拽的感觉。

③显示卡。显示器通过显示卡与系统主板相连接。不同的显示器、不同的显示模式，要求有不同的显示卡。显示卡的主要性能指标有分辨率、颜色数、刷新频率等。另外，显示卡中显示内存的多少也对显示卡性能有直接影响。

（2）打印机。打印机是一种利用色带、墨水或碳粉，将电脑中的数据输出至纸张的设备。常见的打印机有点阵打印机、喷墨打印机和激光打印机。

①点阵打印机。点阵打印机打印的字符或图形以点阵的形式构成。打印机的打印头排列有很多钢针，钢针击打色带而在纸上打印出字符/图形。点阵打印机又名针式打印机，如图 1-13 所示。

②喷墨打印机。如图 1-14 所示，喷墨打印机的印字原理是使墨水在压力的作用下，从孔径或喷嘴喷出，成为飞行速度很高的墨滴。根据字符点阵的需要，对墨滴进行控制，使其在记录纸上形成文字或图形。

③激光打印机。激光印字机是激光技术与半导体电子照相技术相结合的产物，如图 1-15 所示。其成像原理与静电复印机相似，复印机的光源是用灯光，而激光打印机用的是激光。

图 1-13　针式打印机　　　　图 1-14　喷墨打印机　　　　图 1-15　激光打印机

【知识拓展】

购买微机时，供货商一般都已将主机组装好，包括在主机箱中安装主机板、CPU、内存条、显示卡、声卡、软盘驱动器、硬盘驱动器、光驱等。安装好主机箱中的设备后，再连接外部设备和电源、安装操作系统和需要的应用软件，用户即可使用微机正常工作了。

1. 标准外部硬件设备的安装

安装硬件设备之前，首先必须关掉所有电源，尤其主机的电源，以避免损坏系统部件和造成人员伤亡。

在主机箱背面有许多端口和插口，这是外部设备与相应接口电路相连接的部分。这些端口大多呈梯形，其目的是方便用户的连接操作，不至于将线路接反。

（1）连接显示器。显示器有两根电缆线：电源线和信号线。显示器的三芯电源线一般都连接到主机电源的相应插座中，由主机电源为显示器供电；也有一些显示器需要由外部电源单独供电，需要将其电源线连接到外部电源插座上。显示器的信号线带有一个 15 针的梯形插头，将信号线的插头插入主机箱背面显示卡的插座上，要注意插头与插座的梯形方向要一致，然后拧紧插头两端的螺丝固定住插头。

（2）连接键盘。键盘一般通过一根 6 英尺长的卷曲电缆与主机相连，电缆端头有一个五芯圆形插头，插头上有一个凹槽称作定位槽，连接时将定位槽向下，对准主机上键盘插座中的定位槽水平插入。若使用 USB 接口的键盘，可将键盘电缆端头的 USB 插头直接插到主机上的 USB 插座中。

（3）连接鼠标器。鼠标器与主机相连接的电缆线的端口有标准、PS/2 和 USB 等接口。标准接口呈梯形，接在主机背面的 COM1 或 COM2 端口上；PS/2 接口呈圆形，对准相应插孔插入；USB 接口呈扁平形，对准相应插孔插入。

（4）连接打印机。打印机也有两根电缆线：电源线和信号线。打印机的电源线直接连接到交流电源插座上。打印机的信号线是一根 6 英尺长 25 芯的电缆，两头各有一个梯形插头，将其一头连接到打印机上，一头连接到主机的打印机并行接口（LPT1）上，并拧紧固定螺丝。若使用 USB 接口，可将信号线一端的 USB 插头直接插到主机上的 USB 插座中。

（5）连接主机电源。将主机电源线一头插入主机电源的输入插座，另一头连接到交流电源的插座上。要注意交流电源的电压不要超过主机电源插座上标明的允许电压范围。

2. 设置系统配置

微型计算机的系统配置参数（如系统的日期和时间、硬盘型号等）一般存储在主机板上的 CMOS 芯片中，其内容可以通过程序进行设定。在系统关机后，由主机板上的后备电池供电。新买的微机或者系统的硬件配置改变了，都应进行配置参数的设定。大多数微型机在开机自检完毕时，按下 Del 键可进入系统配置参数的设定程序（Setup），通过该程序可以修改系统的配置参数。

3. 安装操作系统

操作系统是整个计算机系统的"管家"，是用户使用计算机的接口，用户必须在操作系统的支持下方可进行操作。安装操作系统之前应先将硬盘进行分区和格式化，正确安装好操作系统后，整个微型计算机系统即可进行正常工作了。这时，用户可以根据具体的需要再安装相应的应用程序，以实现特定的具体应用。

【思考与练习】

电脑市场调查：观察市场上销售的各种微机输入/输出设备，了解主流显示器、扫描仪、打印机的品牌、型号、功能和外观，认识微型计算机常用的输入/输出设备。

1.4　计算机信息安全

任务 11　认识计算机病毒

【任务描述】

随着计算机技术的发展和广泛应用，计算机病毒如同瘟疫对人的危害一样侵害计算机系统。计算机病毒会导致存储介质上的数据被感染、丢失和破坏，甚至整个计算机系统完全崩溃，近来更有损坏硬件的病毒出现。计算机病毒严重地威胁着计算机信息系统的安全，有效地预防和控制计算机病毒的产生、蔓延，清除入侵到计算机系统内的计算机病毒，是用户必须关心的问题。本任务帮助读者初步认识计算机病毒。

【相关知识与技能】

计算机病毒是一种为了某种目的而蓄意编制的，可以自我繁殖、传播，具有破坏性的计算机程序。计算机病毒通过不同途径潜伏或寄生在存储介质（如磁盘、内存）或程序中，当某种条件或时机成熟时，会自动复制并传播，使计算机系统受到严重的损害以至破坏。

计算机病毒一般具有以下特点：

（1）隐蔽性。计算机病毒为不让用户发现，都用尽一切手段将自己隐藏起来，一些广为流传的计算机病毒都隐藏在合法文件中。一些病毒以合法的文件身份出现，如电子邮件病毒，当用户接收邮件时，同时也收下病毒文件，一旦打开文件或满足发作的条件，将对系统造成影响。当计算机加电启动时，病毒程序从磁盘上被读到内存常驻，使计算机染上病毒并有传播的条件。

（2）传染性。计算机病毒能够主动地将自身的复制品或变种传到系统其他程序上。当用户对磁盘进行操作时，病毒程序通过自我复制而很快传播到其他正在执行的程序中，被感染的文件又成了新的传染源，再与其他计算机进行数据交换或是通过网络接触，计算机病毒会继续进行传染，从而产生连锁反应，造成了病毒的扩散。

（3）潜伏性。计算机病毒程序侵入系统后，一般不会马上发作，它可长期隐藏在系统中，不会干扰计算机的正常工作，只有在满足其特定条件时才执行其破坏功能。

（4）破坏性。计算机病毒只要入侵系统，都会对计算机系统及应用程序产生不同程度的影响。轻则降低计算机工作效率，占用系统资源，重则会破坏数据，删除文件或加密磁盘，格式化磁盘，系统崩溃，甚至造成硬件的损坏等。病毒程序的破坏性会造成严重的危害，因此不少国家包括我国都把制造和有意扩散计算机病毒视为一种刑事犯罪行为。

（5）寄生性。每一个计算机病毒一般不单独存在，它必须寄生在合法的程序上，这些合法程序包括引导程序、系统可执行程序、一般应用文件等。

【知识拓展】

通过网络获取和交换信息已成为当前信息沟通的主要方式之一，与此同时，网络提供的方便快捷服务也被不法分子利用在网络上进行犯罪活动，使信息的安全受到严重的威胁。例如，邮件炸弹、网络病毒、特洛伊木马、窃取存储空间、盗用计算资源、窃取和篡改机密数据、冒领存款、捣毁服务器等。人们日益担忧计算机信息的安全。

1．计算机信息安全面临的威胁

主要指信息资源的保密性、完整性、可用性在合法使用时可能面临的危害。影响信息安全的因素来自多方面，有意或是无意的，人为或是偶然的。归纳起来，主要来自以下几个方面：

（1）非授权访问：非授权用户对系统的入侵。即没有预先经过同意就使用网络或计算机资源；有意避开系统访问控制机制，对网络设备及资源非正常使用；或擅自扩大权限，越权访问信息。主要表现形式为：假冒身份攻击、非法用户进入系统违法操作、合法用户以未授权方式操作等。

（2）信息泄露：指有价值的和高度机密的信息泄露给了未授权实体。信息在传输过程中，黑客利用电磁泄露或搭线窃听等方式截获机密信息，或通过对信息流向、流通、通信频度和长度等参数的分析，推出用户口令、账号等重要信息。

（3）拒绝服务攻击：对系统进行干扰，改变其正常的作业信息流程，执行无关程序，使系统响应减慢甚至瘫痪，用户的合法访问被无条件拒绝和推迟。

（4）破坏数据完整性：以非法手段窃取对数据的使用权，使数据的一致性受到未授权的修改、创建、破坏而损害。

（5）利用网络传播病毒：通过网络传播病毒的破坏性远远高于单机系统，对信息安全造成的威胁极大，而且用户很难防范。

2. 信息安全的实现

要实施一个完整的网络安全系统，必须从法规政策、管理方法、技术水平三个层次上采取有效措施，通过多个方面的安全策略来保障信息安全。

建立局域网防病毒安全体系包括以下几个方面：

- 增加安全意识。用户应当提高安全意识，安装网络版杀毒软件，定时更新病毒库，利用补丁程序修补系统漏洞，对来历不明的文件运行前杀毒，定期对系统进行全面查毒，减少共享文件夹的数量，文件共享时尽量控制权限和增加密码。这些措施都可以有效地抑止病毒在网络上的传播。

- 在服务器上使用一些防病毒的技术。电子邮件是病毒的最大携带者，这些受感染的附件进入电子邮件服务器或网关时，将其拦截下来。定期使用新的杀毒软件进行扫描，对服务器所有数据进行全面查杀病毒，确保没有任何受感染的文件蒙混过关。对服务器的重要数据用备份和镜像技术定期存档，这些存档文件可以帮助恢复受感染的文件。

- 终端用户严格防范。严格执行身份鉴别和口令守则，不要随便下载文件，或下载后立即进行病毒检测。不要打开来源不明、可疑或不安全的电子邮件上的任何附件，对接受包含 Word 文档的电子邮件使用能清除宏病毒的软件检测。使用移动存储介质时加上写保护，使用外来磁盘前要进行杀毒处理。安装杀毒软件和个人防火墙定期查杀病毒。

任务 12　计算机病毒的预防、检测与清除

【任务描述】

本任务学习计算机病毒的防治、检测与清除的技能，进而认识计算机信息安全的相关知识。

【相关知识与技能】

1. 计算机病毒的预防

防治计算机病毒就好像人类防止传染病一样，堵塞计算机病毒传播渠道是防止计算机病毒传染的最有效方法。

网络时代的信息传送和交换非常频繁，十分容易传播病毒，但同时也便于用户通过网络及时了解新病毒的出现，从网络上更新、下载新的杀病毒软件。对计算机用户而言，预防病毒较好的方法是借助主流的防病毒卡或软件。国内外不少公司和组织研制出了许多防病毒卡和防病毒软件，对抑制计算机病毒的蔓延起很大的作用。在对计算机病毒的防治、检查和清除病毒这三个步骤中，防治是重点，检查是防的重要补充，而清除是亡羊补牢。

2. 计算机病毒的检测

堵塞计算机病毒的传播比较困难，我们应经常检查病毒，及早发现，及早根治。要想正确消除计算机病毒，首先必须对计算机病毒进行检测。一般说来，计算机病毒的发现和检测是一个比较复杂的过程，许多计算机病毒隐藏得很巧妙。不过，病毒侵入计算机系统后，系统常常会有一些外部表现，可以作为判断的依据。

3. 计算机病毒的消除

消除计算机病毒一般有两种方法：人工消除方法和软件消除方法。

（1）人工消除方法。一般只有专业人员才能进行。它是利用实用工具软件对系统进行检测，消除计算机病毒，其基本思路是：

①对传染引导扇区的病毒：用原有正常的分区表信息和引导扇区覆盖被病毒感染的分区表信息和引导扇区。用户可事先将这些信息提取并保存下来。

注意：对不同版本的操作系统和不同容量的磁盘，这些信息是不同的。这种方法需要预先备份原有正常的分区表信息和引导扇区备份。

②对传染可执行文件的病毒：恢复正常文件，消除链接的病毒。一般来说，攻击.com 文件和.exe 文件的病毒在传染过程中，要么链接于文件的头部，要么链接于文件的中部。编制链接于文件中部的病毒比较困难，所以也不常见。因此，删除可执行文件中链接的病毒，可以使程序恢复正常。

当一种病毒刚刚出现，而又没有相应的病毒清除软件能将其消除时，人工消除病毒方法是必要的。但是，用人工消除病毒容易出错，如果操作不慎会导致系统数据的破坏和丢失，而且这种方法要求用户对计算机系统非常熟悉。因此，只要有相应的病毒处理软件，应尽量地采用软件自动处理。

（2）软件消除方法。利用专门的防治病毒软件，对计算机病毒进行检测和消除。

常见的计算机病毒消除软件有：金山毒霸、瑞星杀毒软件、KV 系列杀毒软件、Norton AntiVirus 等。

【知识拓展】

1. 特洛伊木马病毒及其防范

（1）木马病毒的工作原理。特洛伊木马是一种恶意程序，可以直接侵入用户的计算机并进行破坏。它们悄悄地在用户机器上运行，在用户毫无察觉的情况下，让攻击者获得远程访问和控制系统的权限。木马程序常被伪装成工具程序、游戏或绑定到某个合法软件上，诱使用户下载运行。带有木马病毒的程序被执行后，计算机系统中隐藏一个可以在 Windows 启动时悄悄执行的程序。当用户连接到 Internet 时，这个程序通知攻击者，并报告用户的 IP 地址以及预先设定的端口。攻击者在收到信息后，利用这个潜伏在其中的程序修改用户计算机的参数设定、复制文件、窥视用户硬盘的内容等，以达到控制用户的计算机的目的。

（2）木马病毒的特点。

①隐蔽性。木马会隐藏自己的通信端口，即使管理员经常扫描端口也难以发现。

②伪装性。木马程序安装完成后，自动改变其文件大小或文件名，即使找到木马传播时所依附的文件，也不能轻易找到安装后的木马程序。

③自动运行。木马为了随时对服务端进行控制，在系统启动同时自动启动，因而会修改注册表或启动配置文件。

④自动恢复功能。木马程序可以多重备份、相互恢复，删除后会自动恢复。

⑤功能的特殊性。木马还具有十分特殊的功能，包括搜索 Cache 中的口令、设置口令、扫描目标机器的 IP 地址、进行键盘记录、远程注册表的操作以及锁定鼠标等。

（3）木马病毒的防范。对木马的防治要制定出一个有效的策略，通常可以采用以下方法：

①不要轻易地下载、运行不安全的程序。

②定期对系统进行扫描。可以采用专用的木马防治工具，如木马克星。

③使用防火墙。对现有硬盘的扫描是不够的，应该从根本上制止木马的入侵。

2. 邮件病毒及其防范

电子邮件是 Internet 上应用十分广泛的一种通信方式。E-mail 服务器向全球开放，很容易受到黑客的袭击。攻击者可以使用一些邮件炸弹软件或 CGI 程序向目标邮箱发送大量内容重复、无用的垃圾邮件，造成邮件系统正常工作缓慢甚至瘫痪。

（1）电子邮件攻击。电子邮件攻击主要表现为两种方式：

①邮件炸弹。用伪造的 IP 地址和电子邮件地址向同一信箱发送数以千计、万计甚至无穷多次的内容相同的垃圾邮件，大量占用系统的可用空间、CPU 时间和网络带宽，造成正常用户的访问速度迟缓，使机器无法正常工作，严重时可能造成电子邮件服务器瘫痪。

②电子邮件欺骗。攻击者佯称自己为系统管理员，给用户发送邮件，要求用户修改口令（口令可能为指定字符串），或在貌似正常的附件中加载病毒或其他木马程序。

（2）清除邮件炸弹的常用方法。

①取得 ISP 服务商的技术支持，清除电子邮件炸弹。

②使用邮件工具软件，设置自动删除垃圾邮件。

③借用 Outlook 的阻止发件人功能，删除垃圾邮件。

（3）用邮件程序的 Email-notify 功能，过滤信件。

任务 13　初步认识信息安全

【任务描述】

本任务学习计算机信息安全的基本概念和基本知识。

【相关知识与技能】

1. 信息安全的概念

信息安全是指为数据处理系统而采取的技术的和管理的安全保护，以保护计算机硬件、软件、数据不因偶然的或恶意的原因而遭到破坏、更改、显露。

2. 信息安全的主要内容

（1）硬件安全。即网络硬件和存储媒体的安全。要保护这些硬件设施不受损害，能够正常工作。

（2）软件安全。即计算机及其网络的各种软件不被篡改或破坏，不被非法操作或误操作，功能不会失效，不被非法复制。

（3）运行服务安全。即网络中的各个信息系统能够正常运行，并能正常地通过网络交流信息。通过对网络系统中的各种设备运行状况的检测，发现不安全因素能及时报警并采取措施改变不安全状态，保障网络系统正常运行。

（4）数据安全。即网络中存能及流通数据的安全。要保护网络中的数据不被篡改、非法增删、复制、解密、显示、使用等。这是保障网络安全最根本的目的。

3. 信息安全风险分析

（1）计算机病毒的威胁。

随着 Internet 技术的发展、企业网络环境的日趋成熟和企业网络应用的增多。病毒感染、传播的能力和途径也由原来的单一、简单变得复杂、隐蔽，尤其是 Internet 环境和企业网络环境为病毒传播、生存提供了环境。

（2）黑客攻击。黑客攻击已经成为近年来经常出现的问题。黑客利用计算机系统、网络协议及数据库等方面的漏洞和缺陷，采用后门程序、信息炸弹、拒绝服务、网络监听、密码破解等手段侵入计算机系统，盗窃系统保密信息，进行信息破坏或占用系统资源。

（3）信息传递的安全风险。企业和外部单位以及国外有关公司有着广泛的工作联系，许多日常信息、数据都需要通过互联网来传输。网络中传输的这些信息面临着各种安全风险，例如：①被非法用户截取从而泄露企业机密；②被非法篡改，造成数据混乱、信息错误从而造成工作失误；③非法用户假冒合法身份，发送虚假信息，给正常的生产经营秩序带来混乱，造成破坏和损失。因此，信息传递的安全性日益成为企业信息安全中重要的一环。

（4）身份认证和访问控制存在的问题。企业中的信息系统一般供特定范围的用户使用，信息系统中包含的信息和数据也只对一定范围的用户开放，没有得到授权的用户不能访问。为此，各个信息系统中都设计了用户管理功能，在系统中建立用户、设置权限、管理和控制用户对信息系统的访问。这些措施在一定程度上能够加强系统的安全性，但在实际应用中仍然存在一些问题。例如，部分应用系统的用户权限管理功能过于简单，不能灵活实现更详细的权限控制；各应用系统没有一个统一的用户管理，使用起来非常不方便，不能确保账号的有效管理和使用安全。

4. 信息安全的对策

（1）安全技术。为了保障信息的机密性、完整性、可用性和可控性，必须采用相关的技术手段。这些技术手段是信息安全体系中直观的部分，任何一方面薄弱都会产生巨大的危险。因此，应该合理部署、互相联动，使其成为一个有机的整体。

具体的技术包括：

①加密和解密技术。在传输过程或存储过程中进行信息数据的加密和解密，典型的加密体制可采用对称加密和非对称加密。

②VPN 技术。VPN 即虚拟专用网，通过公用网络（通常是因特网）建立一个临时的、安全的连接，是一条穿过混乱的公用网络的安全、稳定的隧道。通常，VPN 是对企业内部网的扩展，可以帮助远程用户、公司分支机构、商业伙伴及供应商同公司的内部网建立可信的安全连接，并保证数据的安全传输。

③防火墙技术。防火墙在某种意义上可以说是一种访问控制产品。它在内部网络与不安全的外部网络之间设置障碍，防止外界对内部资源的非法访问，以及内部对外部的不安全访问。

④入侵检测技术。入侵检测技术 IDS 是防火墙的合理补充，帮助系统防御网络攻击，可扩展系统管理员的安全管理能力，提高信息安全基础结构的完整性。入侵检测技术从计算机网络系统中的若干关键点收集信息，并进行分析，检查网络中是否有违反安全策略的行为和遭到袭击的迹象。

⑤安全审计技术。包含日志审计和行为审计。

日志审计协助管理员在受到攻击后查看网络日志，从而评估网络配置的合理性和安全策略的有效性，追溯、分析安全攻击轨迹，并能为实时防御提供手段。

通过对员工或用户的网络行为审计，可确认行为的规范性，确保管理的安全。

（2）安全管理。只有建立完善的安全管理制度。将信息安全管理自始至终贯彻落实于信息系统管理的方方面面，企业信息安全才能真正得以实现。

具体技术包括：

①开展信息安全教育，提高安全意识。员工信息安全意识的高低是一个企业信息安全体系是否能够最终成功实施的决定性因素。据不完全统计，信息安全的威胁除了外部的（占 20%），主要还是内部的（占 80%）。在企业中，可以采用多种形式对员工开展信息安全教育，例如：

- 通过培训、宣传等形式，采用适当的奖惩措施，强化技术人员对信息安全的重视，提升使用人员的安全观念；
- 有针对性地开展安全意识宣传教育，同时对在安全方面存在问题的用户进行提醒并督促改进，逐渐提高用户的安全意识。

②建立完善的组织管理体系。完整的企业信息系统安全管理体系首先要建立完善的组织体系，即建立由行政领导、IT 技术主管、信息安全主管、系统用户代表和安全顾问等组成的安全决策机构，完成制定并发布信息安全管理规范和建立信息安全管理组织等工作，从管理层面和执行层面上统一协调项目实施进程。克服实施过程中人为因素的干扰，保障信息安全措施的落实以及信息安全体系自身的不断完善。

③及时备份重要数据。实际的运行环境中，数据备份与恢复是十分重要的。即使从预防、防护、加密、检测等方面加强了安全措施，也无法保证系统不会出现安全故障，应该对重要数据进行备份，以保障数据的完整性。企业最好采用统一的备份系统和备份软件，将所有需要备份的数据按照备份策略进行增量和完全备份。要有专人负责和专人检查，保障数据备份的严格进行及可靠性、完整性，并定期安排数据恢复测试，检验其可用性，及时调整数据备份和恢复策略。目前，虚拟存储技术已日趋成熟，可在异地安装一套存储设备进行异地备份，不具备该条件的，则必须保证备份介质异地存放，所有的备份介质必须有专人保管。

5. 信息安全的方法

从信息安全属性的角度来看，每个信息安全层面具有相应的处置方法：

（1）物理安全：是指对网络与信息系统的物理装备的保护，主要的保护方式有干扰处理、电磁屏蔽、数据校验、冗余和系统备份等。

（2）运行安全：是指对网络与信息系统的运行过程和运行状态的保护，主要的保护方式有防火墙与物理隔离、风险分析与漏洞扫描、应急响应、病毒防治、访问控制、安全审计、入侵检测、源路由过滤、降级使用以及数据备份等。

（3）数据安全：是指对信息在数据收集、处理、存储、检索、传输、交换、显示和扩散等过程中的保护，使得在数据处理层面保障信息依据授权使用，不被非法冒充、窃取、篡改、抵赖，主要的保护方式有加密、认证、非对称密钥、完整性验证、鉴别、数字签名和秘密共享等。

（4）内容安全：是指对信息在网络内流动中的选择性阻断，以保证信息流动的可控能力，主要的处置手段是密文解析或形态解析、流动信息的裁剪、信息的阻断、信息的替换、信息的过滤以及系统的控制等。

（5）信息对抗：是指在信息的利用过程中，对信息真实性的隐藏与保护，或者攻击与分析，主要的处置手段是消除重要的局部信息、加大信息获取能力以及消除信息的不确定性等。

6. 信息安全的基本要求

（1）数据的保密性。由于系统无法确认是否有未经授权的用户截取网络上的数据，需要使用一种手段对数据进行保密处理。数据加密是用来实现这一目标的。加密后的数据能够保证在传输、使用和转换过程中不被第三方非法获取。数据经过加密变换后，将明文变成密文，只有经过授权的合法用户使用自己的密钥，通过解密算法才能将密文还原成明文。数据保密是许多安全措施的基本保证，它分为网络传输保密和数据存储保密。

（2）数据的完整性。数据的完整性是指只有得到允许的人才能修改数据，并且能够判断数据是否已被修改。存储器中的数据或经网络传输后的数据，必须与其最后一次修改或传输前的内容形式一模一样，目的是保证信息系统上的数据处于一种完整和未受损的状态，使数据不会因为存储和传输过程而被有意或无意的事件所改变、破坏和丢失。系统需要一种方法来确认数据在此过程中没有改变。这种改变可能来源于自然灾害、人的有意和无意行为。显然，保证数据的完整性仅用一种方法是不够的，应在应用数据加密技术的基础上，综合运用故障应急方案和多种预防性技术，诸如归档、备份、校验、崩溃转储和故障前兆分析等手段实现。

（3）数据的可用性。数据的可用性是可被授权实体访问并按需求使用的特征，即攻击者不能占用所有的资源而阻碍授权者的工作。如果一个合法用户需要得到系统或网络服务时，系统和网络不能提供正常的服务，这与文件资料被锁在保险柜里，开关和密码系统混乱而不能取出一样。

习　题

一、简答题

1. 被公认为世界第一台数字电子计算机的"ENIAC"是在何地、何时诞生的？

2. 冯·诺依曼对计算机科学的主要贡献是什么？

3. 图灵在计算机科学领域对人类的重大贡献有哪些？

4. 从世界第一台电子计算机诞生到今天，计算机经过了哪几代的演变？

5. 电子计算机有哪些特点？

6. 电子计算机系统由哪几部分组成？各部分功能是什么？

7. 计算机内存与外存有哪些区别？表示存储器存储容量的单位是什么？

8. 常见的微机系统包含哪些部件？

9. 微型计算机主要技术指标有哪些？各项技术指标的含义是什么？

10. 字长与字节有什么区别？计算机的存储容量是以什么来衡量的？

11. 名词解释：

硬件，软件，字节，字，主机，内存，总线，I/O 接口，微处理器，微型计算机，微型计算机系统，系统软件，应用软件，显示分辨率。

12. 指出以下 ASCII 码表示什么字符？

（1）0110000　　　（2）0100100　　　（3）1000001　　　（4）0111001

二、选择填空题

1. 完整的计算机系统包括（　　）。

　　A．硬件系统和软件系统　　　　　　　B．主机和外部设备

　　C．主机和实用程序　　　　　　　　　D．运算器、控制器和存储器

2. 操作系统是一种（　　）。

A．系统软件　　　B．应用软件　　　C．启动软件　　　D．通用软件

3．微机的内存储器比外存储器（　　）。

A．价格便宜　　　B．存储容量更大　　　C．存取速度快　　　D．容易保存信息

4．在微型机中，信息的最小单位是（　　）。

A．位　　　B．字节　　　C．字　　　D．字长

5．若一台微型机的字长为 4 个字节，意味着（　　）。

A．能处理的字符串最多由 4 个英文字符组成

B．能处理的数值最大为 4 位十进制数 9999

C．在微型机中作为一个整体加以传送和处理的二进制代码为 32 位

D．在微型机中运算结果最大为 2 的 32 次方

6．在计算机中，通常以（　　）为单位传送信息。

A．字　　　B．字节　　　C．位　　　D．字块

7．在计算机中，1KB 等于（　　）。

A．1000 个字节　　　　　　　　B．1024 个字节

C．1000 个二进制位　　　　　　D．1024 个二进制位

三、填空题

1．微型计算机由_____、_____和输入/输出接口组成，若把这三者集成在一片集成电路芯片上，则称为_____。微型计算机配上_____、_____和电源就组成了微型计算机系统。

2．微型计算机的总线由_____、_____和_____三种。

3．内存储器的每一个存储单元都被赋予一个唯一的序号，称作_____。

4．在微型计算机上用键盘输入一个程序时，首先存于_____的_____中，如果希望将这个程序长期保存，就应把它存储于_____中。

5．内存中，ROM 称为_____，对它只能进行_____操作；断电后数据_____；RAM 称为_____，对它可进行_____和_____两种操作，断电后数据_____。

6．微型计算机的外部设备包含_____、_____和_____，外存储器是指_____，常见的输入设备主要有_____和_____。

7．微型机的存储容量一般是以 KB 为单位，这里 1KB 等于_____字节，若内存容量为 640KB，则有_____字节。在容量大的场合，也常用 MB 为单位，1MB 等于_____字节。

第2章 Windows 7 系统的资源管理

Windows 7 是由微软公司（Microsoft）开发的操作系统（2009 年 10 月 22 日正式发布）。和旧版的 Windows 系列版本相比，Windows 7 在很多方面进行了重大的改进，例如，Windows 7 中新增了家长控制功能，以规范计算机使用者合理使用计算机资源；为了让计算机充分应用到娱乐和多媒体中，Windows 7 引入了 Windows 照片库、Windows 7 媒体中心；为了最大力度地保证计算机和数据的安全，增加了 Bit Locker 加密、Windows Defender、备份和还原等功能……。

本章内容包括 Windows 7 的图形界面、Windows 7 文件管理、Windows 7 的其他设置等。

2.1 Windows 7 的图形界面

任务 1 桌面的首次配置

【任务描述】

Windows 7 安装后，桌面上只有"回收站"图标，怎样才能将其他的系统图标显示出来呢？

【案例】 安装完成后初次启动，显示常用的系统图标。

【方法与步骤】

（1）在桌面上单击鼠标右键，在快捷菜单中选择"个性化"选项，如图 2-1 所示。

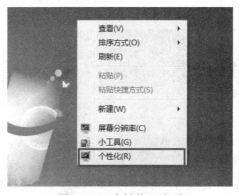

图 2-1 "个性化"选项

（2）在"个性化"窗口左侧单击"更改桌面图标"，如图 2-2 所示。

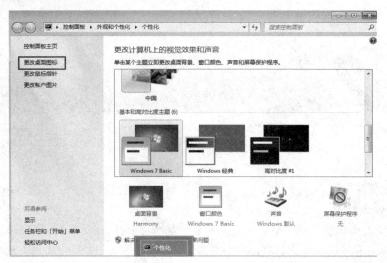

图 2-2   "个性化"窗口

（3）在"桌面图标设置"对话框中，选中需要显示的桌面图标，如图 2-3 所示；单击"确定"按钮，效果如图 2-4 所示。

图 2-3   "桌面图标设置"对话框

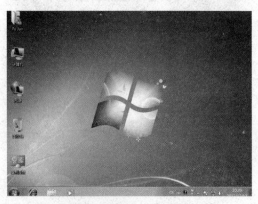

图 2-4   设置后的桌面图标

【相关知识与技能】

桌面是打开计算机并登录到 Windows 之后看到的主屏幕区域。就像实际的桌面一样，它是工作的区域。打开程序或文件夹即显示在桌面上。此外，还可以将一些项目（如文件和文件夹）放在桌面上，并且随意排列。

从更广义上讲，桌面有时包括任务栏。任务栏位于屏幕的底部，显示正在运行的程序，并可以在它们之间切换。任务栏还包含 🏵 按钮，使用该按钮可以访问程序、文件夹和计算机设置。

桌面主要包括桌面图标、桌面背景和任务栏。

（1）桌面图标。主要包括系统图标（见图 2-5）和快捷图标（见图 2-6）两部分。其中，系统图标指可执行与系统相关操作的图标；快捷图标指应用程序的快捷启动方式，其主要特征是图标左下角有一个小箭头标识，双击快捷图标可以快速启动相应的应用程序。

图 2-5　系统图标

图 2-6　快捷图标

（2）任务栏。任务栏主要包括"开始"按钮、快速启动区、语言栏、系统提示区与"显示桌面"按钮等部分。默认状态下，任务栏位于桌面的最下方。任务栏中包括：

- "开始"按钮：用于打开"开始"菜单。
- 中间部分：显示已打开的程序和文件，并可以在它们之间快速切换。
- 通知区域：包括时钟以及一些告知特定程序和计算机设置状态的图标（小图片）。

任务栏通常位于桌面的底部，可以将其移动到桌面的两侧或顶部。移动任务栏之前，需要解除任务栏锁定。

（3）解除任务栏锁定。右键单击任务栏上的空白空间。如果"锁定任务栏"旁边有复选标记，则任务栏已锁定。单击"锁定任务栏"（将删除该复选标记）可以解除任务栏锁定。

（4）移动任务栏。单击任务栏上的空白空间，然后按下鼠标按钮并拖动任务栏到桌面的四个边缘之一。当任务栏出现在所需位置时，释放鼠标按钮。

注意： 若要锁定任务栏，可右键单击任务栏上的空白空间，然后选择"锁定任务栏"选项，以便出现复选标记。锁定任务栏可防止无意中移动任务栏或调整任务栏大小。

（5）添加图标。

- 找到要创建快捷方式的项目。
- 右键单击该项目，选择"发送到"→"桌面快捷方式"选项，该快捷方式图标出现在桌面上。

（6）删除图标。右键单击桌面上的某个图标，选择"删除"选项，单击"是"按钮。如果系统提示输入管理员密码或进行确认，键入该密码或提供确认。

（7）添加或删除常用桌面图标。可以添加或删除特殊的 Windows 桌面图标，包括"计算机"文件夹、个人文件夹、"网络"文件夹、"回收站"和"控制面板"的快捷方式。如果从视图中删除这些特殊图标中的任何一个图标，可以随时将其还原回来。

（8）打开"个性化"对话框。

- 在左窗格中单击"更改桌面图标"选项。
- 在"桌面图标"下面选中想要添加到桌面的图标的复选框，或清除想要从桌面上删除的图标的复选框，单击"确定"按钮。

【知识拓展】

1. 显示、隐藏桌面图标，调整桌面图标的大小

利用桌面上的图标可以快速访问应用程序。可以选择显示所有图标，如果喜欢干净的桌面，也可以隐藏所有图标，还可以调整图标的大小。

（1）显示桌面图标。右键单击桌面，选择"查看→显示桌面图标"选项。

（2）隐藏桌面图标。右键单击桌面，选择"视图→显示桌面图标"选项，清除复选标记。

注意：隐藏桌面上的所有图标并不会删除它们，只是隐藏，直到再次选择显示它们。

（3）调整桌面图标的大小。右键单击桌面，选择"查看"选项，然后单击"大图标"、"中等图标"或"小图标"。

提示：也可使用鼠标上的滚轮调整桌面图标的大小。在桌面上，滚动滚轮的同时按住 Ctrl 键，可放大或缩小图标。

2. 用 Windows 7 家庭初级版和高级版显示桌面图标

（1）Windows 7 家庭初级版和高级版用户没有个性化设置功能，只能用其他方式进行修改。

①单击🟠按钮，在"搜索"框内输入：ico，如图 2-7 所示。

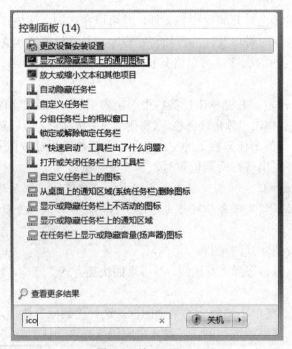

图 2-7　输入"ico"

②选择图中红色部分，结果如图 2-8 所示。

（2）Aero Peek。Aero Peek 功能可以在无需最小化所有窗口的情况下快速预览桌面，也可以通过指向任务栏上某个打开窗口的图标预览该窗口。

图 2-8 显示或隐藏桌面上通用图标结果

①快速查看桌面。"显示桌面"按钮已经从"开始"按钮移动到任务栏的另一端，这样可以更加轻松地单击或指向该按钮，避免出现意外打开"开始"菜单的情况。

除了单击"显示桌面"按钮显示桌面外，还可以通过将鼠标指向"显示桌面"按钮来临时查看或快速查看桌面。指向任务栏末端的"显示桌面"按钮时，所有打开的窗口都会淡出视图，以显示桌面。若要再次显示这些窗口，只需将鼠标移开"显示桌面"按钮，如图 2-9 所示。

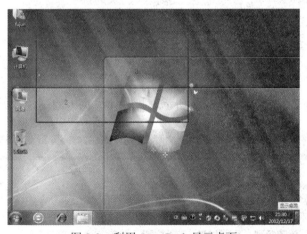

图 2-9 利用 Aero Peek 显示桌面

②利用快捷键显示桌面。同时按 Windows 徽标键和空格键，可以临时预览桌面。若要还原桌面，应释放 Windows 徽标键和空格键。

若要最小化打开的窗口，使其保持最小化状态，单击"显示桌面"按钮，或按 Windows 徽标键+D。若要还原打开的窗口，可再次单击"显示桌面"按钮或按 Windows 徽标键+D。

【思考与练习】

1. 如果用使用 Aero Peek 功能，有哪些必要条件？

2. 什么是远程桌面？怎样使用远程桌面？

任务 2　更改桌面背景

【任务描述】

桌面背景（又称壁纸）可以是个人收集的数字图片、Windows 提供的图片、纯色或带有颜色框架的图片。可以选择一个图像作为桌面背景，也可以显示幻灯片图片。

【案例】　更换桌面背景。

【方法与步骤】

（1）在"桌面"上单击鼠标右键，在快捷菜单中选择"个性化"选项，在"个性化"窗口中单击"桌面背景"按钮，如图 2-10 所示。

图 2-10　选择"桌面背景"

（2）单击"浏览"按钮，如图 2-11 所示，找到计算机上的图片，如图 2-12 所示。

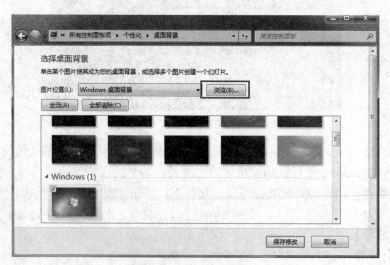

图 2-11　"浏览"按钮

图 2-12 浏览计算机上的图片

（3）单击"保存修改"按钮。

【相关知识与技能】

（1）如果选择适合或居中的图片作为桌面背景，还可以为该图片设置颜色背景。在"图片位置"下单击"适应"或"居中"选项，如图 2-13 所示。单击"更改背景颜色"选项，选择某种颜色，然后单击"确定"按钮。

图 2-13 背景图片显示方式

（2）若要使存储在计算机上的图片（或当前查看的图片）作为桌面背景，右键单击该图片，然后选择"设置为桌面背景"。

（3）如果想在一定的时间自动切换图片，设置"更改图片时间间隔"选项，如图 2-14 所示。

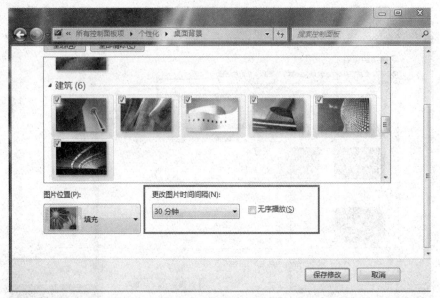

图 2-14　更改图片时间间隔

【知识拓展】

（1）将自己拍摄的图片设置为桌面背景，设置 10 秒自动更换图片。如果拍摄的图片非常多，全部都可以设置为桌面背景，可将这些图片放一个文件夹中。然后在"选择桌面背景"窗口的"图片位置"单击"浏览"按钮，如图 2-15 所示；找到存放图片的文件夹后，单击"确定"按钮。

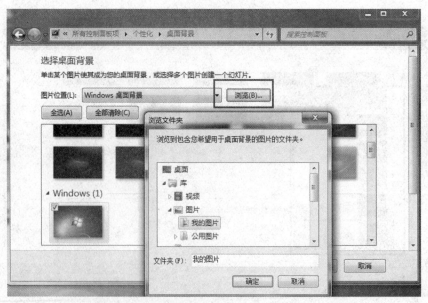

图 2-15　浏览图片并设置为背景

（2）屏幕保护程序。

①在"个性化"窗口中选择"屏幕保护程序设置"。在"屏幕保护程序"列表中选择要使用的屏幕保护程序，单击"确定"按钮。

②若要查看屏幕保护程序的外观，可在单击"确定"按钮前单击"预览"按钮。若要结束屏幕保护程序预览，可移动鼠标或按任意键，然后单击"确定"按钮保存更改。

（3）Windows 7 窗口的组成。打开文件夹或库时，可以在窗口中看到。该窗口的各个部分可以帮助你围绕 Windows 进行导航，或更轻松地使用文件、文件夹和库。用 Alt+F4 快捷键或单击右上角的"×"按钮，可以关闭窗口，如图 2-16 所示是一个典型的窗口及其组成部分。

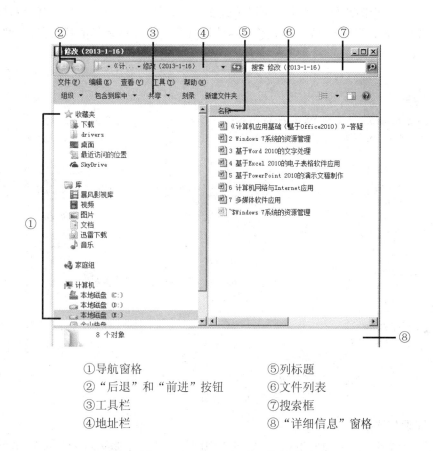

①导航窗格　　　　　　　⑤列标题
②"后退"和"前进"按钮　⑥文件列表
③工具栏　　　　　　　　⑦搜索框
④地址栏　　　　　　　　⑧"详细信息"窗格

图 2-16　Windows 7 窗口的组成

任务 3　视图模式的切换

【任务描述】

使用"视图"按钮可以更改文件和文件夹的大小和外观。"视图"按钮位于每个已打开文件夹的工具栏上。

【案例】　切换缩略图的操作。

【方法与步骤】

（1）在资源管理器中打开要更改的文件夹。

（2）单击工具栏上"视图"按钮旁边的箭头，如图 2-17 所示。

图 2-17　"视图"按钮

（3）单击某个视图或移动滑块，可以更改文件和文件夹的外观。可以将滑块移动到某个特定视图（如"列表"视图），或将滑块移动到小图标和超大图标之间的任何点微调图标大小，如图 2-18 所示。

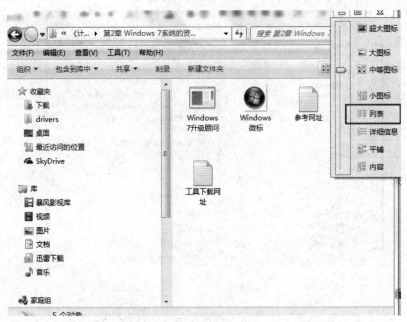

图 2-18　"视图"菜单

【相关知识与技能】

（1）若要在视图之间快速切换，可单击"视图"按钮（不是旁边的箭头）。每单击一次，文件夹会切换到五个视图之一：列表、详细信息、平铺、内容和大图标。

（2）使用库时，可以通过"排列方式"列表及"视图"按钮以不同方式排列文件和文件夹。更改"排列方式"，然后用"视图"按钮更改视图时，可以通过单击"排列方式"列表中的"清除更改"返回默认视图。

（3）窗口。窗口是用户使用 Windows 操作系统的主要工作界面。打开一个文件或启动一个应用程序时，将打开该应用程序的窗口。用户对系统中各种信息的浏览和文件处理基本上都在窗口中进行。中文版 Windows 7 系统有各种应用程序窗口，大部分窗口包含相同的组件。

关闭一个窗口即终止该应用程序的运行。

（4）对话框。对话框是一种特殊窗口，常用于需要人机对话进行交互操作的场合。对话框也有一些与窗口相似的元素，如标题栏、关闭按钮等；但对话框没有菜单，大小不能改变，也不能最大化或最小化。

【知识拓展】

在文件打开情况下，Windows 7 同样可以在"显示预览窗格"中浏览文件中的内容。

（1）在资源管理器中打开文件所在的文件夹。

（2）单击"显示预览窗格"按钮，如图 2-19 所示。

图 2-19　"显示预览窗格"按钮

（3）单击需要预览的文件，如图 2-20 所示。

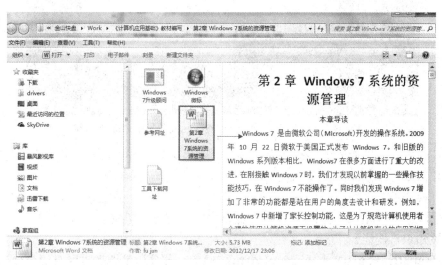

图 2-20　通过"显示预览窗格"查看文件

【思考与练习】

1．通过"预览窗格"查看到的文件，可以修改吗？

2．怎样设置：只显示图标，从不显示缩略图？

任务 4　Flip 3D 界面

【任务描述】

使用 Aero 三维窗口切换，可以快速预览所有打开的窗口（例如，打开的文件、文件夹和文档），无需单击任务栏。三维窗口在一个"堆栈"中显示打开的窗口。在堆栈顶部，将看到一个打开的窗口。若要查看其他窗口，可以浏览堆栈。

【案例】　使用 Aero 功能实现窗口的三维效果。

【方法与步骤】

（1）首先打开多个窗口，如图 2-21 所示。

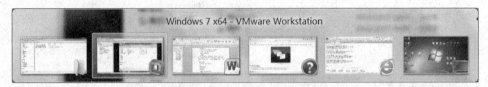

图 2-21　打开多个窗口

（2）按 Ctrl+ Windows 徽标键+Tab 组合键，在窗口间循环切换，如图 2-22 所示。

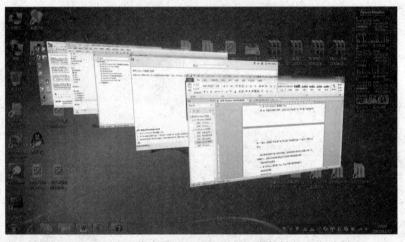

图 2-22　3D 界面切换窗口（Ctrl+Windows 徽标键+Tab 组合键）

提示：还可以按"向右键"或"向下键"向前循环切换窗口，或者按"向左键"或"向上键"向后循环切换窗口。

单击堆栈中的某个窗口，显示该窗口；或单击堆栈外部，关闭三维窗口的切换（不切换窗口）。此外，还可以滚动鼠标滚轮在打开的窗口间快速循环切换。

【相关知识与技能】

（1）Flip 3D。Flip 3D 是 Windows Aero 体验的一部分，是切换程序时的一种 3D 效果，此时所有当前窗口都将以 3D 的层叠效果出现在屏幕上，周围整体颜色变暗，从而起到突出中间程序的效果。使用 Windows Flip 3D 可以快速预览所有打开的窗口（例如，打开的文件、文件夹和文档），无需单击任务栏。Flip 3D 在一个"堆栈"中显示打开的窗口。在堆栈顶部将看到一个打开的窗口。若要查看其他窗口，可以浏览堆栈。

（2）Windows Aero。Windows Aero 是 Windows 7 为用户重新设计的奢华界面，透明玻璃感让用户一眼贯穿。"Aero" 这个字是首字母缩略字，即 Authentic（真实）、Energetic（动感）、Reflective（具反射性）及 Open（开阔）的缩略字，意为 Aero 界面是具立体感、令人震撼、具透视感和阔大的用户界面。

Windows Aero 可用于使用兼容图形适配器并运行家庭高级版、商用版、旗舰版或企业版的 Windows Vista 和 Windows 7 的微机，可以给微机带来全新的外观。Windows Aero 提供高质量的用户体验，大大方便用户看到并处理信息，并提供更加流畅、更加稳定的桌面体验。

Windows Flip 3D 使用户能够自信地在桌面上以视觉鲜明的便利方式管理窗口。除新的图形和视觉改进，Windows Aero 的桌面性能与外观一样流畅和专业，可以带来简单和高品质的体验。

开启 Aero 效果（即透明玻璃）的方法：首先确保硬件配置符合开启 Aero 的最低要求，即具有 128MB 以上显存且硬件完全支持 DirectX 9.0 以上版本的显示卡，如 GeForce FX 以上显卡、Radeon 9xxx 以上显卡、Intel GMA950/X3000/G3X 集成显示芯片等。这些显示卡具有 WDDM 显示驱动，并且装好显卡驱动后即能启用 Aero 效果。

如果显示卡符合上述要求，但仅有 64MB 显存，为保证良好的显示性能，Aero 效果不会默认开启，需要在 "显示" 控制面板的 "Windows 颜色和外观" 里自行开启。

如果显示卡不符合上述要求，或者显存过少，则无法开启 Aero 效果，只能用 Basic 主题。

【思考与练习】

1．为何 Aero 有时会停止工作？

2．是否可以关闭 Aero 功能？

任务 5　Windows 7 小工具

【任务描述】

"小工具" 是 Windows 7 里新增的一个功能。本任务通过添加 "日历" 小工具熟悉这个功能。

【案例】　在桌面上添加小工具。

【方法与步骤】

（1）在桌面空白处单击鼠标右键，在弹出的快捷菜单中单击 "小工具" 选项，如图 2-23 所示。

图 2-23　在快捷菜单中选择 "小工具" 选项

（2）弹出 "小工具" 对话框，右击 "日历" 按钮，在快捷菜单中选择 "添加" 按钮，如图 2-24 所示。

图 2-24　"小工具"对话框

（3）完成后，桌面右侧显示如图 2-25 所示。

图 2-25　添加日历小工具后的桌面

【相关知识与技能】

Windows桌面小工具是 Windows 操作程序新增功能，可以方便用户使用。其中，一些小工具需要联网才能使用，一些小工具不用联网。由于微软公司希望用户关注最新版 Windows 的各种令人兴奋的功能，因此，Windows 网站不再提供小工具库。

1．添加小工具

刚刚安装 Windows 7 时，桌面上会有三个默认小工具：时钟、幻灯片放映和源标题。如果想在桌面上添加小工具，可以在小工具库中双击想添加的小工具，被双击的小工具显示在桌面上。

2．设置小工具

如果想更改小工具，可以把鼠标拖到小工具上，然后单击像扳手那样的图标，即可进入设置页面。可以根据需要设置小工具，单击"确定"按钮保存。

3．如何卸载小工具

（1）右键单击桌面，单击"小工具"。

（2）右键单击小工具，单击"卸载"。

【知识拓展】

若需要卸载 Windows 附带的小工具，可以按以下步骤将其还原到桌面小工具库中：

（1）依次单击"Windows 徽标键"→"控制面板"，然后在搜索框中键入"还原小工具"。

（2）单击"还原 Windows 上安装的桌面小工具"。

【思考与练习】

除 Windows 7 系统自带的小工具外，可以自行添加小工具吗？

2.2　Windows 7 文件管理

任务 6　Windows 7 环境下文件（夹）的新建、重命名、删除

【任务描述】

通过本任务的学习，掌握文件和文件夹的新建、重命名、删除等操作。

【案例】　在桌面新建文件夹，然后对文件名进行重命名和删除等操作。

【方法与步骤】

1．文件夹（文件）的新建操作

（1）在桌面上或文件夹窗口中右键单击空白区域，指向"新建"，然后单击"文件夹"，如图 2-26 所示。

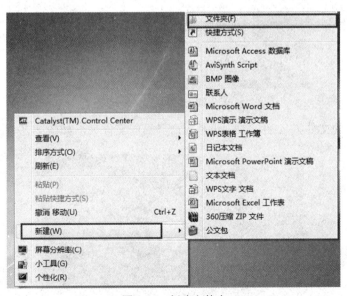

图 2-26　新建文件夹

（2）键入新文件夹的名称，然后按回车键（Enter），如图 2-27 所示。

图 2-27　输入文件名的文件夹

2. 文件夹（文件）的重命名

（1）选定需要重命名的文件夹（例如桌面上的"我是刚新建的文件夹"），单击鼠标右键，选择"重命名"，如图 2-28 所示。

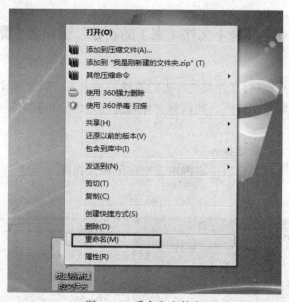

图 2-28　重命名文件夹

（2）键入新的文件夹名字，如：我是重命名后的文件夹，如图 2-29 所示。

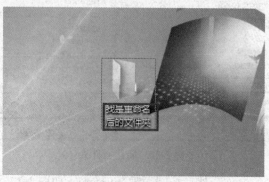

图 2-29　重命名后的文件夹

3. 文件夹（文件）的删除

（1）选定需要删除的文件夹（例如：桌面上的"我是重命名后的文件夹"），单击鼠标右键，选择"删除"选项，如图 2-30 所示。

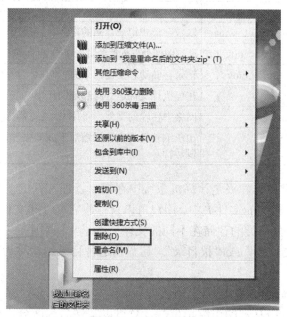

图 2-30　删除文件夹

（2）在"删除文件夹"对话框中单击"是"按钮，如图 2-31 所示。

图 2-31　确认删除文件夹

【相关知识与技能】

1. 文件和文件夹概念

计算机文件与普通文件不同，计算机文件是以计算机硬盘为载体，存储在计算机上的信息集合。文件可以是文本文档、图片、程序等。文件通常有 3～4 个字母组成的文件扩展名，用于指示文件类型（例如，图片文件通常以 JPEG 格式保存，文件扩展名为.jpg）。文件名是存取文件的依据，即按名存取。计算机通过文件名对文件进行管理，计算机中的所有信息都存放在文件中。

在 Windows 7 系统中，文件按照文件中的内容类型分类，主要类型见表 2-1。文件类型一般以扩展名标识。

表 2-1 常见的文件类型

文件类型	扩展名	描述
可执行文件	.exe、.com、.bat	可直接运行，例如应用程序文件、系统命令文件和批处理文件等
文本文件	.txt、.doc	是用文本编辑器生成的，如纯文本文件、Word 文档等
音频文件	.mp3、.mid、.wav、.wma	以数字形式记录存储的声音、音乐信息的文件
图形图像文件	.bmp、.jpg、.jpeg、.gif、.tiff	通过图像处理软件编辑生成的文件，如画图文件、Photoshop 文档等
音视频文件	.avi、.rm、.asf、.mov	记录存储动态变化的画面，同时支持声音的文件
支持文件	.dll、.sys	在可执行文件运行时起辅助作用，如链接文件和系统配置文件等。
网页文件	.html、.htm	网络中传输的文件，可用 IE 浏览器打开
压缩文件	.zip、.rar	由压缩软件将文件压缩后形成的文件，不能直接运行，解压后可以运行

文件夹由文件组成。文件夹是计算机系统中存储、管理文件的一种形式，可以将不同的文件夹分组、归类放入相应的文件夹中。用户可以自行建立文件和文件夹，还可以在文件夹中建立子文件夹，将文件分门类的存储在不同的文件夹或子文件夹中。可以将整个磁盘看作一个大文件夹，称为"根文件夹"或"根目录"。磁盘的这种目录结构称为"树状结构"或"层次结构"。

2. 文件和文件夹的命名规则

文件是计算机系统中基本的组织单位，计算机以文件名来区分不同的文件。文件和文件夹是计算机中最重要的资源，它们都通过文件夹管理。

（1）文件的命名规则。一个完整的文件名由文件名和扩展名两部分组成。两者中间用一个圆点（分隔符）分开。Windows 7 支持长文件名，文件名可以长达 260 个字符。命名文件时，文件名中的字符可以是汉字、字母、数字、空格和特殊字符，但不能是\ / : * ? " < > |等 9 个在英文状态下的英文字符。

文件名中，最后一个圆点后是文件扩展名（可以省略），圆点前面是主文件名。扩展名通常由三或四个字符组成，用于标识不同的文件类型和创建文件的应用程序。主文件名一般用描述性的名称，以帮助用户记忆文件的内容和用途。

在 Windows 7 中，窗口中显示的文件包括一个图标和文件名，同一种类型的文件具有相同的图标。

（2）文件夹的命名规则。文件夹的命名规则与文件名相似，但一般不需要加扩展名。双击某一个文件夹图标，即可打开该文件夹，查看其中的所有子文件夹。子文件夹里还可以包含文件夹。

存储在磁盘中的文件或文件夹通过路径识别。路径由磁盘驱动器符号（或称盘符）、文件夹、子文件夹和文件名组成。

注意：同一个文件夹中不能有名称相同的两个文件，即文件名具有唯一性。文件或文件夹不区分英文字母大小写。Windows 7 系统通过文件名（文件夹名）存储、管理文件和文件夹。

3. 回收站

回收站主要用来存放用户临时删除的文档资料，用好和管理好回收站、打造富有个性功能的回收站，可以更加方便日常的文档维护工作。

用户删除文档后，被删除的内容放入"回收站"中。在桌面上双击"回收站"图标，可以打开"回收站"窗口并查看回收站中的内容。"回收站"窗口列出了用户删除的内容，并且可以看出它们原来所在的位置、被删除的日期、文件类型和大小等。

若需要恢复已经删除到回收站的文件，可以使用"还原"功能。操作方法如下：

● 双击"回收站"图标，在"回收站任务"栏中单击"还原所有项目"选项，系统把存放在"回收站"中的所有项目全部还原到原位置。

● 双击"回收站"图标，选取还原的项目，在"回收站任务"栏中单击"还原此项目"选项，系统将还原所选的项目。

【知识拓展】

1. 删除和命名文件夹（文件）的快捷键

（1）删除的快捷建：选定要删除的文件夹（文件），按 Delete 键。这种方法删除文件夹（文件）后，还可以从回收站里找回删除的文件夹（文件）。如果在选定删除的文件夹（文件）后按住 Shift 键，再按 Delete 键，可以彻底删除文件，删除的文件夹（文件）不经过回收站，而是直接从存储器上删除。一旦采取这种方式删除后，删除的文件很难找回，因此，操作时一定要慎重。

（2）重命名的快捷键：选定要删除的文件夹（文件），按 F2 键，输入新的文件名。

2. 选择文件夹或文件

有多种方式可以用来选择多个文件或文件夹。

①选择一组连续的文件或文件夹：单击第一项，按住 Shift 键，然后单击最后一项。

②选择相邻的多个文件或文件夹：拖动鼠标指针，在包括所有需要项目外围划一个框。

③选择不连续的文件或文件夹：按住 Ctrl 键，逐个单击要选择的每个项目。

④选择窗口中的所有文件或文件夹，在工具栏上单击"组织"，然后单击"全选"。如果要从选择中排除一个或多个项目，可按住 Ctrl 键，然后单击这些项目。

⑤全部选定：按 Ctrl+A 组合键，或使用鼠标拖动全选。

选择文件或文件夹后，可以执行许多常见任务，例如复制、删除、重命名、打印和压缩。只需右键单击选择的项目，然后单击相应的选项即可。

本任务的操作步骤也适合 Windows XP 的操作。文件夹和文件的新建、删除、重命名操作是完全一致的。

【思考与练习】

1. 无法删除文件夹或文件的原因有哪些？
2. 查询相关资料，若非常重要的文件夹或文件被删除了，怎么办？
3. 总结文件或文件夹新建、删除、重命名的其他方法。
4. 回收站还原后，文件夹或文件存放到磁盘上的哪里？
5. U 盘、TF 卡等辅助外部存储设备上的文件被删除后，会放在回收站吗？
6. 回收站是硬盘上的一块区域，还是内存上的一块区域？

任务 7 Windows 7 环境下文件（夹）的复制、移动、发送

【任务描述】

通过本任务的学习，掌握文件或文件夹的复制、移动等操作。

【案例】 假设在 E 盘的"实验文件夹"下操作：

- 文件"第一章 计算机基础.PPTX"放错了位置，需要移动到"计算机应用基础课件"文件夹中。
- 把"Windows 7 网络配置"文件夹的所有文件复制到"网络配置"文件夹中。
- 将"实验文件夹"发送到 U 盘。

【方法与步骤】

1. 文件或文件夹的移动操作

（1）在桌面上双击"我的电脑"，打开"计算机"窗口，如图 2-32 所示。双击"本地磁盘(E:)"。

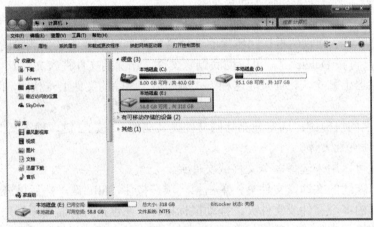

图 2-32 "计算机"窗口

（2）在本地磁盘(E:)中，双击"实验文件夹"，右键单击"第一章 计算机基础.PPTX"，选择"剪切"选项，如图 2-33 所示。

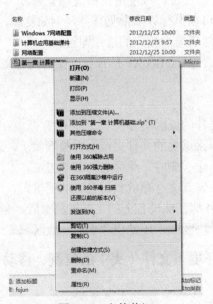

图 2-33 文件剪切

（3）双击"计算机应用基础课件"文件夹，单击鼠标右键，在弹出的快捷菜单中选择"粘贴"选项，如图 2-34 所示，将"第一章 计算机基础.PPTX"文件移动到"计算机应用基础课件"文件夹中。

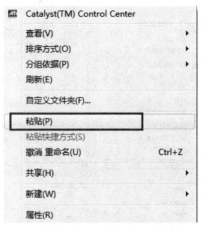

图 2-34　文件粘贴

2．文件或文件夹的复制操作

（1）在本地磁盘 E 中双击"实验文件夹"，右键单击"Windows 7 网络配置"，在弹出的快捷菜单中选择"复制"选项，如图 2-35 所示。

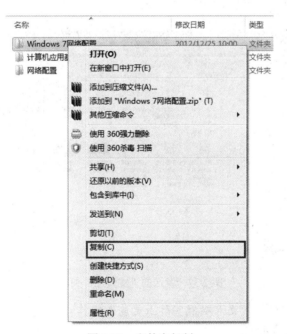

图 2-35　文件夹复制

（2）双击"网络配置"文件夹，在"网络配置"文件夹中，单击鼠标右键，在弹出的快捷菜单中选择"粘贴"选项，如图 2-36 所示，即可将"Windows 7 网络配置"复制到"网络配置"文件夹中。

3．文件夹或文件的发送

（1）插入 U 盘，右键单击"实验文件夹"，在弹出的快捷菜单中选项"发送到→可移动磁盘"选项，如图 2-36 所示。

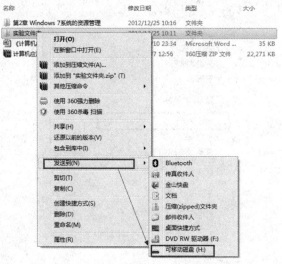

图 2-36　发送文件夹到可移动磁盘

（2）返回"计算机"窗口，双击"可移动磁盘(H:)"，检查可移动磁盘(H:)中的"实验文件夹"是否发送。成功发送后，如图 2-37 所示。

图 2-37　发送的"实验文件夹"

注意：快捷菜单中的"发送"功能实际上是复制操作。

【相关知识与技能】

1．文件的组织管理

在 Windows 7 中，文件的存储、组织与管理采用层次结构，又称树状结构。所谓的树状结构，是把文件采用分类、分级、分层的方式一层套一层地排列，就像一个倒置的树，根在上，枝叶在下，形成有一定规律的组织结构，易于管理。例如，书的目录就采用了这种结构，用户可以通过鼠标或键盘方式进行文件的浏览、选择和切换。

2. 文件或文件夹的移动、复制与发送

移动是将选定的文件或文件夹转移到其他位置，新的位置可以是不同的文件夹、不同的磁盘驱动器，也可以是网络上不同的计算机。移动包含"剪切"与"粘贴"两个操作。移动文件或文件夹后，原来的文件夹或文件被删除。文件夹或文件的移动不保留原文件或文件夹。

复制包含"复制"与"粘贴"两个操作。复制操作后，原文件或文件夹仍保留在原位置。为了防止丢失数据和文件，对重要的文件要进行备份，即将文件复制一份存放在其他位置或外部存储设备中。文件或文件夹的复制保留原文件或文件夹。

Windows XP 环境下的移动与复制操作方法完全同上。

3. 在桌面上创建快捷方式的方法

（1）在桌面空白处右击，在快捷菜单中选择"新建→快捷方式（S）"选项，弹出"创建快捷方式"对话框。

（2）在"请键入对象的位置"文本框输入快捷方式指向的应用程序名或文档名（单击"浏览"按钮可查找），单击"下一步"按钮。

（3）在"键入快捷方式的名称"的空白栏中，输入快捷方式的名称。单击"完成（F）"按钮，即可在桌面创建该程序或文件的快捷方式图标。

右击应用程序或文档，在快键菜单选择"发送到（N）→桌面快捷方式"选项，同样可以在桌面上生成该应用程序或文档的快捷方式。

删除桌面图标或快捷方式图标的方法：在桌面选择图标并右击，在快捷菜单中选择"删除"选项；或在选取对象后按 Del 键或 Shift+Del 组合键，即可删除选中的图标。

提示：桌面上应用程序图标或快捷方式图标是它们所代表的应用程序或文件的链接，删除这些图标或快捷方式不会删除相应的应用程序或文件。

【知识拓展】

1. 文件或文件夹复制的快捷键

文件或文件夹的复制除可以用鼠标操作外，还可以使用快捷键：Ctrl+C（复制）、Ctrl+V（粘贴），复制和粘贴是配套使用的。

2. 文件或文件夹移动的快捷键

文件或文件夹的复制除可以用鼠标操作外，还可以用快捷键：Ctrl+X（复制）、Ctrl+V（粘贴），移动和粘贴是配套使用的。

3. 剪贴板

剪贴板是 Windows 操作系统提供的一个暂存数据的共享区域，又称数据中转站。剪贴板在后台起作用，是操作系统在内存中设置的一个存储区域，利用剪贴板可以完成复制、粘贴操作。

Windows XP 系统中，在"开始"菜单中选择"运行"选项，键入"clipbrd"并运行，即可启动"剪贴板查看器"小工具。剪贴板的内容随着执行"复制"、"剪切"操作而更换。如果要清除当前剪贴板中的内容，只要选择"编辑→删除"命令即可。当然，也可以通过"文件→另存为"命令将当前剪贴板中的内容以文件形式保存，以便日后查看。

将 Windows XP 系统文件夹中的文件 C:\windows\system32\clipbrd.exe 复制到 Windows 7 的系统文件夹 C:\windows\system32 下，即可在"开始"菜单中的"运行"选项直接使用这个"剪贴板查看器"。

【思考与练习】

1．在同文件夹中移动文件夹或文件，应该怎么操作？

2．在同文件夹中复制文件夹或文件，应该怎么操作？

3．按 Alt+PrintScreen 组合键和 PrintScreen 键的作用分别是什么？

任务 8　Windows 7 的智能文件功能

【任务描述】

Windows 7 的智能地址栏和智能文件功能是微软对文件操作最大的改进，除像以前那样显示当前操作位置外，还增加了人性化的快捷功能，无需多次后退操作，直接单击即可进入路径中任何一层文件夹。文件可以在窗口的状态栏添加文件的各种属性，如文件的作者等信息。

【案例】　实现文件夹的放大或缩小操作。

【方法与步骤】

1．动态图标

选中文件夹，按住 Ctrl 键滚动鼠标滚轮，即可让图标放大缩小，如图 2-38 所示。

图 2-38　放大前后

2．智能地址栏

需要从当前"实验文件夹"返回到"Work"文件夹。

在地址栏上单击"Work"按钮，即可快速返回"Work"文件夹，如图 2-39 所示。

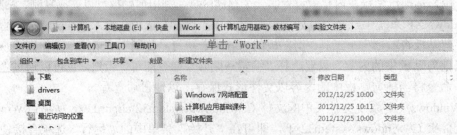

图 2-39　返回"Work"文件夹

3．智能文件

如图 2-40 所示，需要在红色区域内为文件添加相应的详细信息。

图 2-40　为文件添加详细信息窗口

（1）选中"第 2 章 Windows 7 系统的资源管理.docx"文件；

（2）在图中红色区域添加相应的文件信息，结果如图 2-41 所示。

图 2-41　修改后的文件信息

4．查看当前文件夹下的内容

在地址栏上单击旁边的小箭头，即可列出文件夹下的子文件夹，如图 2-42 所示。

图 2-42　通过文件夹旁边的小箭头查看包含的子文件夹

【相关知识与技能】

1. 查看或修改文件夹或文件的属性

文件和文件夹属性是文件或文件所具有的性质、特征和属性。每个文件和文件夹都包括磁盘具有的属性。属性信息包括文件或文件夹的名称、大小、位置、创建日期、只读、隐藏等属性。根据用户需要，可以设置相应的属性，了解文件或文件夹的属性有利于对它进行操作。

【只读】： 表示文件或文件夹是否为只读。选中这一复选框可打开只读属性。如果选择多个文件，则复选标记表示所选文件都是只读的。复选框为灰色则表示有些文件是只读的，而其他文件则不是只读的。

【隐藏】： 表示该文件（或文件夹）是否被隐藏，隐藏后如果不知道名称无法查看或使用该文件（或文件夹）。选中该复选框可打开隐藏属性。如果选定多个文件（或文件夹），则复选标记表示所选文件（或文件夹）都是隐藏文件。复选框为灰色表示有些文件（或文件夹）是隐藏的，而其他文件不是。

文件或文件夹还具有其他属性，如共享、自定义等，这里不再详细描述。

2. 查看文件的视图方式

在以往的 Windows 版本中，通过资源管理器查看文件可以选择"缩略图"、"平铺"等视图。Windows 7 除了提供这些视图外，还可以让图标在不同缩略图之间平滑缩放，使用户可以根据不同文件内容选择不同大小的缩略图。此外，还可以利用缩略图查看不同类型的文档。如果文件是图形文件或视频文件，文件的缩略图是图像本身或视频第一帧的内容；如果是 Office 文档，则是文档中第一页内容。但是，这个功能会严重影响系统的速度，甚至占用更多额外的硬盘空间。

【知识拓展】

1. 隐藏文件或文件夹

假如要隐藏"实验文件夹"文件夹，方法如下：

（1）右键单击"实验文件夹"选择"属性"，在"实验文件夹属性"对话框中选择"常规"选项卡，选中"隐藏"复选框，如图 2-43 所示。单击"确定"按钮。

（2）在"组织"菜单中选择"文件夹和搜索选项"，如图 2-44 所示。或者在"工具"菜单中选择"文件夹选项"。

（3）在"文件夹选项"对话框中选择"查看"选项卡，在"高级设置"列表的"隐藏文件和文件夹"选

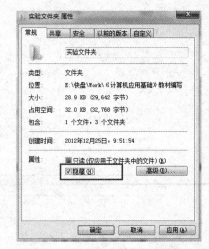

图 2-43　选中"隐藏"复选框

项组中单击"不显示隐藏文件、文件夹或驱动器"单选框，如图 2-45 所示。

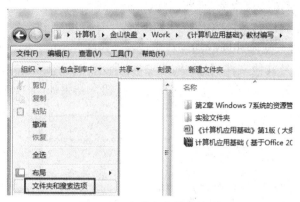

图 2-44　文件夹和搜索选项

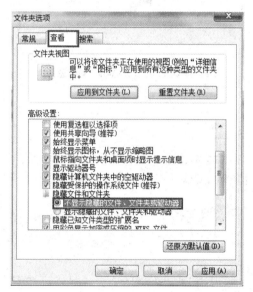

图 2-45　不显示隐藏文件、文件夹或驱动器

【思考与练习】

1．要显示文件的扩展名，需要怎么设置？

2．要显示文件夹，需要怎么设置？

3．查询相关资料了解对话框和窗口的区别。

任务 9　Windows 7 的搜索功能

【任务描述】

搜索功能是 Windows 7 的一个亮点，成为最常用的一个功能。相比 Windows XP 或以前版本完全依靠计算机本身性能的即时搜索，Windows 7 的搜索性能得到大幅的提升。通过优化使用方法，还可以搜索得更快、更准! Windows 7 的搜索方法非常多，在不同情况下可以使用不同的方法。

【案例】　使用 Windows 7 的搜索功能搜索有关"计算机"的文件或文件夹。

【方法与步骤】

1. 利用"开始"菜单项搜索关于"计算机"的文件夹和文件

（1）单击"开始"按钮，在"搜索"框中键入"计算机"。

（2）键入后，与键入文本相匹配的项将出现在"开始"菜单。搜索基于文件名中的文本、文件中的文本、标记以及其他文件属性，如图 2-46 所示。由于显示位置的限制，可能还有很多选项没有显示出来，这时单击"查看更多结果"按钮，结果如图 2-47 所示。

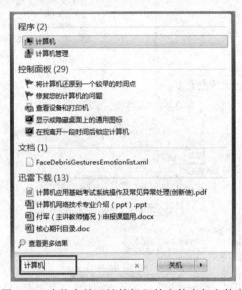

图 2-46　查找有关"计算机"的文件夹与文件夹

图 2-47　更多搜索结果

2. 在文件夹或库中使用搜索框查找文件或文件夹

用户可能知道要查找的文件位于某个特定文件夹或库中，例如，文档或图片文件夹/库。浏览文件可能意味着查看数百个文件和子文件夹。为了节省时间和精力，可以使用已打开窗口顶部的"搜索框"（又称"搜索浏览器"）。

通过"搜索框"查找"计算机"文件或文件夹的操作方法如下：

（1）打开任意文件夹；

（2）在"搜索框"输入"计算机"，搜索结果如图 2-48 所示。

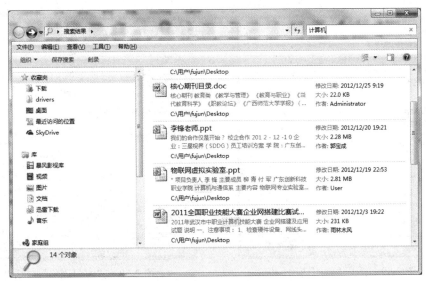

图 2-48   利用"搜索框"搜索

【相关知识与技能】

Windows 7 在输入第一个字符时就开始搜索相关的文件和文件夹。随着在"搜索框"中输入文字的越多，搜索的精确度也越高。

1. 使用通配符搜索

通配符是指用来代替一个或多个未知字符的特殊字符，常用的通配符有以下两种：

星号（*）：可以代表文件中的任意字符串。

问号（?）：可以代表文件中的一个字符。

例如，要搜索所有 JPG 文件，只需在搜索栏中输入"*.jpg"即可。

2. 使用自然语言搜索

有时可能要搜索的文件需要多个筛选条件，可以利用自然语言搜索功能来一次完成筛选。例如，要想搜索计算机中 DOC 格式或 XLS 格式的文件，只需在搜索框中输入"*.doc or *.xls"，则所有 DOC 格式和 XLS 格式的文件都会被搜索出来。

以下是一些常用的关系运算词：

（1）AND：搜索内容中必须包含由 AND 相连的所有关键词。

（2）OR：搜索内容中包含任意一个含有由 OR 相连的关键词。

（3）NOT：搜索内容中不能包含指定关键词。

注意：要使用自然语言搜索功能，必须先在"文件夹选项"对话框的"搜索方式"里选中"使用自然语言搜索"，确认后才可以使用。

【知识拓展】

Windows 7 使用索引可以在计算机上执行非常快速的搜索。下面是可以更改的一些高级索引设置。

1. 向索引中添加文件类型

（1）在"开始"菜单的"搜索"框中输入"索引"，如图 2-49 所示，单击"索引选项"，如图 2-50 所示。

图 2-49　打开"索引选项"　　　　　　　图 2-50　"索引选项"对话框

（2）单击"高级"按钮。如果系统提示输入管理员密码或进行确认，键入该密码或提供确认。

（3）在"高级选项"对话框中单击"文件类型"选项卡。

（4）在"将新扩展名添加到列表中"框中键入文件扩展名（如"txt"），单击"添加"按钮。

（5）单击"仅为属性添加索引"或"为属性和文件内容添加索引"选项，单击"确定"按钮。

2. 更改索引存储位置的步骤

如果需要释放硬盘上的空间，可以更改索引的位置。如果更改该位置，Windows 搜索服务将自动重新启动，但在重新启动完成前，更改不会生效。

（1）按照图 2-49 所示方法，单击打开"索引选项"。

（2）单击"高级"按钮。如果系统提示输入管理员密码或进行确认，则键入密码或提供确认。

（3）在"高级选项"对话框中单击"索引设置"选项卡。

（4）在"索引位置"下单击"选择新位置"，单击新位置，单击"确定"按钮，再次单击"确定"按钮。

注意：更改索引位置时，应选择使用 NTFS 文件系统格式化的不可移动硬盘上的位置。

【思考与练习】

1. Windows 7 搜索的结果可以保存吗？

2. 搜索整台计算机能否加快所有搜索速度？

3. 可以暂停 Windows 7 搜索吗？

4. Windows 7 的搜索记录可以保存吗？

5. 请尝试列出 Windows 7 下所有需要的文件。

任务 10　Windows 7 **资源管理器的使用**

【任务描述】

Windows 7 无论外观还是操作性能，都远远超过 Windows XP 系统。本任务学习 Windows 7 资源管理器带来的新功能和新特性，学习 Wndows 7 系统资源管理器的使用。

【案例】　通过 Windows 7 资源管理器管理文件夹。

【方法与步骤】

打开 Windows 7 资源管理器的方法：

（1）右键单击"开始"按钮，选择"打开 Windows 资源管理器"选项。

（2）单击"开始"按钮，选择"附件→Windows 资源管理器"。

（3）在桌面上单击"计算机"或者任何一个文件夹，都可以打开 Windows 7 资源管理器。

【相关知识与技能】

1．界面布局简洁

相比 Windows XP 系统，Windows 7 资源管理器界面功能设计更周到，页面功能布局也较多，设有菜单栏、细节窗格、预览窗格、导航窗格等，内容则更丰富，如收藏夹、库、家庭组等，如图 2-51 所示。

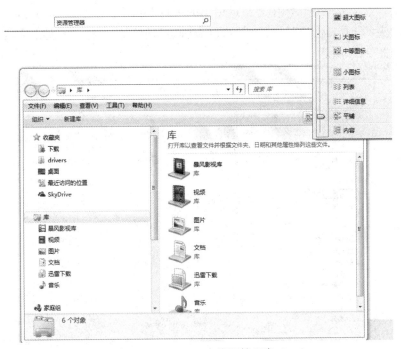

图 2-51　Windows 7 资源管理窗口

2．文件夹管理更加方便快捷

Windows 7 资源管理器在管理方面的设计更利于用户使用，特别是查看和切换文件夹时，上方目录处会根据目录级别依次显示，中间还有向右的小箭头。

单击某个小箭头时，该箭头会变为向下，显示该目录下所有文件夹名称。单击其中任一文件夹，即可快速切换至该文件夹访问页面，方便用户快速切换文件夹，如图 2-52 所示。

图 2-52　显示或切换文件夹

3. 查看在最近访问的位置

Windows 7 资源管理器的收藏夹栏增加了"最近访问的位置"，方便用户快速查看最近访问的位置目录，这类似于菜单栏中"最近使用的项目"功能。但是，"最近访问的位置"只显示位置和文件夹，查看最近访问位置时，可以查看访问位置的名称、修改日期、类型及大小等，一目了然，如图 2-53 所示。

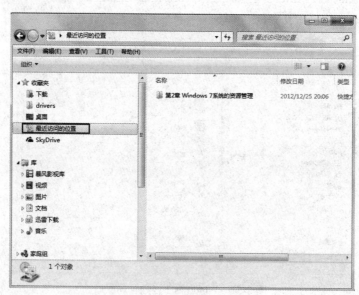

图 2-53　最近访问的位置

4. 文件或文件夹的显示方式

"资源管理器"中，文件或文件夹的显示方式有"缩略图"、"平铺"、"图标"、"列表"和"详细信息"等五种。

（1）缩略图：可以预览图像或 Web 页文件中的内容。

（2）平铺和图标：分别以多列大图标或小图标的格式排列显示文件。

（3）列表：以单列小图标的格式排列显示文件。

（4）详细信息：可以显示文件的名称、大小、类型、修改日期和时间。

用户可根据自己的需要和习惯，选择文件显示的方式。

5．文件和文件夹的排序

中文 Windows 7 提供了按文件（夹）属性进行排列的方式。所谓文件（夹）属性，是指文件（夹）的名称、大小、类型、修改时间以及在磁盘上的位置等。

通常文件的排序方式是以文件名默认排列的，用户可以设置按文件的大小、类型、修改时间或按组排列等方式重新排序。

【知识拓展】

1．打开 Windows 7 资源管理器的快捷键

除前面介绍的打开资源管理的方法外，还可以使用 Windows 徽标键+E 快捷键打开。

2．打开 Windows 7 资源管理器预览窗格的快捷键

除前面介绍的使用 Windows 7 资源管理器查看文件夹或文件的内容以外，还可以使用 Alt+P 快捷键打开。

【思考与练习】

1．Windows XP 资源管理器和 Windows 7 资源管理器有什么区别？

2．查询相关资料，处理 Windows 7 资源管理器重启的方法。

3．尝试在 Windows 7 环境下对自己计算机上的文件或文件夹进行规范管理。

任务 11 记事本的使用

【任务描述】

记事本是 Windows 7 附件中自带的小程序，主要用于创建和编辑小型的文本文件，扩展名为.txt。

【案例】 启动"记事本"，使用"记事本"编辑简单的文档。

【方法与步骤】

启动记事本的方法：

单击"开始"按钮，在"开始"菜单选择"附件"，单击"记事本"，如图 2-54 所示。

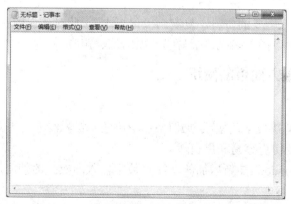

图 2-54 记事本

【相关知识与技能】

"记事本"只能对纯文本的文档进行编辑，且只能对简单的字体做格式化处理，如可以选择字体、字型和字的大小。不具备负杂的文档编排功能，文档的长度也有一定的限制。"记事本"只能作为一个简单的文件处理工具，可用于编辑一些不复杂格式的文档，如编辑程序代码等。"记事本"占用的内存非常小，所以运行速度非常快、使用方便。

【知识拓展】

下面介绍记事本几个非常有用的功能。

1．在记事本中显示当前时间

打开记事本，在记事本中按：Windows 徽标键+F5。

2．设置记事本的快捷键

在"附件"中右键单击"记事本"，在弹出的"记事本属性"对话框中选择"快捷方式"选项卡，在"快捷键"文本框中输入需要设置的快捷键，如图 2-55 所示。

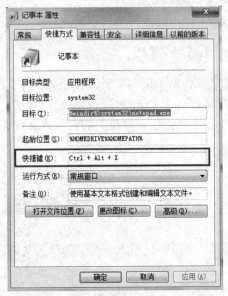

图 2-55　设置启动记事本的快捷键

【思考与练习】

1．从网上查询自己需要的资料，复制到"记事本"，此时还保留在网上的格式吗？

2．"记事本"中可以插入多媒体素材吗？如图片、声音。

任务 12　数学输入面板的使用

【任务描述】

如果使用计算机解决数学问题或创建已在其中键入数学表达式的文档或演示文稿，数学输入面板可使该过程变得更容易和更自然。

【案例】　使用 Windows 7 新增加的功能"数学输入面板"的使用。

【方法与步骤】

（1）在"附件"中单击"数学输入面板"，如图 2-56 所示。

图 2-56 数学输入面板

（2）在书写区域书写格式正确的数学表达式。

（3）识别的数学表达式会显示在预览区域。

（4）对数学表达式进行必要的更正。

（5）单击"插入"按钮可以将识别的数学表达式插入字处理程序或计算程序。

【相关知识与技能】

数学输入面板使用内置于 Windows 7 的数学识别器来识别手写的数学表达式。然后可以将识别的数学表达式插入字处理程序或计算程序。

如果手写数学表达式被错误识别，则可以通过选择可选表达式或书写一些表达式来更正它。下面是更正表达式的方法：

按下笔按钮（或执行其他右键单击等效操作），并围绕被错误识别的表达式部分画一个圆圈。若要选择个别符号，可在单击该符号的同时执行右键单击等效操作。或单击"选择和更正"按钮，然后单击该符号或画一个圆圈选定被错误识别的表达式部分。单击列表中的某个可选项。

如果书写的内容不在可选项列表中，请尝试重写选定的表达式部分。单击"插入"可以将识别的数学表达式插入活动程序，也可以在数学输入面板中继续书写。如果单击"选择和更正"，则单击"写入"可以继续在数学输入面板中书写。

【知识拓展】

1. 数学输入面板识别的数学类型

数学输入面板可识别高中和大学级别的数学，包括：数字和字母、算术、微积分、函数、集合、组合数学、概率与统计、几何、数理逻辑、公式、定理和定义、应用数学等。

2. 数学输入面板识别不了手写内容的原因

数学输入面板仅识别格式正确的数学表达式。如果书写的数学表达式格式正确，请更正被错误识别的符号。如果符号靠得太近，可以在它们之间多留些空隙。如果书写太拥挤，则可以选择表达式的一个符号或一部分，然后通过拖动选定书写内容周围的矩形边缘来移动它。有关如何在数学输入面板中选择书写内容的详细信息，请参阅使用数学输入面板书写和更正方程。

【思考与练习】

请利用"数学输入面板"功能输入手写的：$x = \dfrac{-b + \sqrt{b}}{2c}$。

2.3　Windows 7 的其他设置

任务 13　设置显示属性

【任务描述】

本任务通过案例学习显示属性的设置方法，进而掌握系统设置的基本方法。

【案例】 使用计算机进行文字处理时，如果显示器屏幕抖动得很厉害，或感觉屏幕在闪烁，如何解决？

引起以上现象的主要原因是屏幕的刷新频率过低，只要设置较高的刷新频率即可解决问题。

【方法与步骤】

（1）鼠标指向桌面的空白位置并右击，在快捷菜单中选择"个性化"选项，弹出"个性化"对话框。

（2）设置显示主题。显示主题是桌面背景、声音、窗口颜色和屏幕保护程序等设置的一个综合。在"主题"下拉列表框中选定一种主题后，单击"确定"按钮。

（3）选择"显示"选项卡，进入"显示"窗口以后，再选择"屏幕分辨率"选项卡，进入"屏幕分辨率"窗口，如图 2-57 所示。单击"高级设置"按钮，弹出"通用即插即用监视器"对话框，如图 2-58 所示。

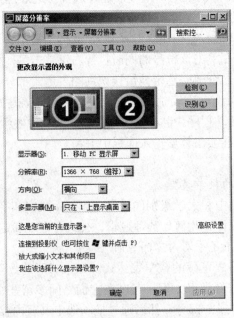

图 2-57　"屏幕分辨率"选项卡

提示： "屏幕分辨率"选项卡主要用来设置显示器的技术参数，如分辨率、方向等，如图 2-57 所示。

选择"监视器"选项卡，如图 2-58 所示。在"监视器设置"区域中的"屏幕刷新频率"下拉列表框中选择屏幕支持的较高刷新频率（如 60 赫兹），单击"确定"按钮。

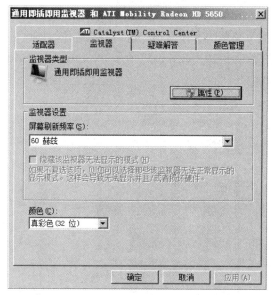

图 2-58   "通用即插即用监视器"对话框

【相关知识和技能】

CRT 显示器的一个重要技术指标是显示器的刷新频率。一般显示器的扫描频率可以设置在 60～100 赫兹之间。刷新频率设置太低，有些人会感到显示器在闪烁，因此，如果在使用时觉得显示器有闪烁感，可以将显示器的刷新频率适当设置得高一点。其实，显示器的技术指标并不只有刷新频率一项。Windows 7 系统的桌面外观、背景、屏幕保护程序、窗口的外观、显示器的分辨率、显示器的色彩质量等都可以进行设置。

【知识拓展】

Windows 7 的"屏幕分辨率"窗口除可以设置显示器的刷新频率外，还能对显示器的屏幕分辨率、颜色位数等参数进行设置。

1. 设置显示器的屏幕分辨率

屏幕分辨率是指显示器将屏幕中的一行和一列分别分割成多少像素点。分辨率越高，屏幕的点就越多，可显示的内容越多；反之，分辨率越低，屏幕的点就越少，可显示的内容越少。

在"屏幕分辨率"窗口中单击"分辨率"下拉菜单右方三角形，在"分辨率"下拉菜单中选择需要的分辨率。显示器的最低分辨率为 640×480 像素，常用的分辨率为 800×600 或 1024×768（屏幕比例为 4:3），较高的可以达到 1280×1024。分辨率越高，屏幕上的图像相对清晰些，显示的信息也越多。但分辨率与显示适配器有密切的关系，适配器能支持的最高分辨率影响屏幕分辨率的取值。

2. 设置颜色位数

颜色位数是指屏幕能够显示的颜色数量。能够显示的颜色数量越多，图像显示的颜色层次越丰富、越清晰，显示效果越好。

设置颜色位数的方法：在"屏幕分辨率"窗口中单击"高级设置"按钮，弹出"通用即插即用监视器"对话框。在下方的"颜色"选项下拉列表中，选择一种颜色设置，单击"确定"按钮，其中包含一般的"增强色"（16 位）和较好的"真彩色"（32 位）两种。真彩色已远远超过真实世界中的颜色数量。

3. 设置桌面外观

设置桌面外观是对桌面上菜单的字体大小、窗口边框颜色等属性进行设置。在"个性化"对话框的"窗口颜色和外观"选项卡中（如图 2-59 所示），还可以设置桌面的外观，操作步骤如下：

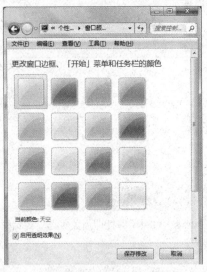

图 2-59 "窗口颜色和外观"窗口

（1）在"个性化"窗口中选择"Aero 主题"或"基本或高对比度主题"两种外观样式之一，"Aero 主题"中的"Windows 7"样式是系统默认的外观样式。

（2）在"窗口颜色和外观"窗口中选择自己想要选择的颜色，并且可以拖动"颜色浓度"右边的滑动按钮，单击"保存修改"按钮完成设置。

（3）单击"高级外观设置"按钮，在"窗口颜色和外观"对话框中对桌面元素进行设置，如图 2-60 所示。

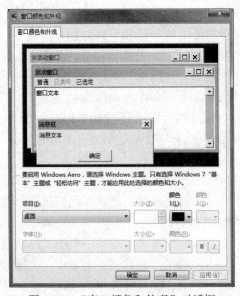

图 2-60 "窗口颜色和外观"对话框

【思考与练习】

屏幕保护是对显示器寿命和显示内容的一种保护措施。若用户在一定时间内没有操作计算机，系统启动"屏幕保护程序"，屏幕上显示一个背景为黑色的不断变化的图像，从而尽可能使显示器处于黑屏状态，既保护了屏幕，又增强了对工作内容的保密性。为计算机设置"三维文字"屏幕保护程序：文字为"欢迎使用中文版 Windows 7"，旋转类型为滚动，表面样式为纯色，旋转速度为较慢，字体为楷体，字形为粗体、倾斜，等待时间为 15 分钟。

任务 14　认识控制面板

【任务描述】

本任务以打印机的安装与设置为案例，初步认识控制面板的使用，为进一步学习控制面板的使用打下基础。

【案例】　为计算机安装一台打印机，并进行相应的设置。

【方法与步骤】

1. 安装打印机

（1）打开"设备和打印机"窗口，双击"添加打印机"选项，弹出"添加打印机"对话框。

（2）单击"添加本地打印机"，就自动转入到"选择打印机端口"对话框，如图 2-61 所示。

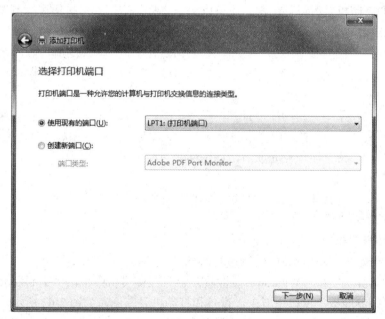

图 2-61　"选择打印机端口"对话框

（3）选择打印机的生产商和型号，单击"下一步"按钮，如图 2-62 所示。

（4）安装打印机软件，单击"下一步"按钮。

（5）在"打印机名称"右侧的空白栏中为要安装的打印机命名，单击"下一步"按钮。

（6）在"打印机共享"对话框中，选择是否共享这台打印机，如需共享打印机，则在"共享名称"右侧的空白栏中输入要设置的共享名、位置以及注释信息，然后单击"下一步"按钮。

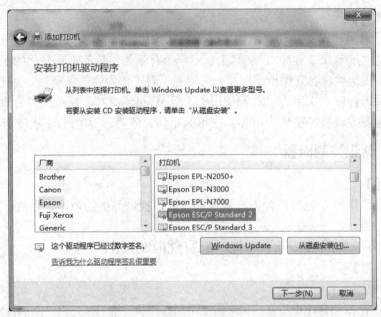

图 2-62　"安装打印机驱动程序"对话框

（7）最后，勾选"设置为默认打印机"，单击"完成"按钮，完成一台打印机的安装，如需测试安装的打印机是否运行正常，还可以单击"打印测试页"按钮进行测试。

2. 设置默认打印机

在"设备和打印机"窗口中选择打印机并右击，在快捷菜单中选择"设置为默认打印机"选项。

3. 打印文档

如果文档已经在某个应用程序中打开，在应用程序执行"打印"命令；如果文档未打开，用鼠标拖动文档到"设备和打印机"窗口中的打印机图标上，释放鼠标。打印文档时，任务栏上出现打印机图标，待打印作业完成后，该图标会自动消失。

4. 设置打印机属性

在选定打印机的"打印机属性"对话框中对打印机参数进行设置。

【相关知识和技能】

打开"打印机"窗口的方法：

（1）在"开始"菜单中选择"设备和打印机"选项。

（2）在"计算机"或"Windows 资源管理器"左侧窗格中单击"控制面板"图标。

（3）在"控制面板"窗口中双击"设备和打印机"图标，如图 2-63 所示。

本案例采用在"控制面板"中打开"设备和打印机"窗口的方法。打开"设备和打印机"窗口后，可以在其中看到"添加打印机"的选项以及已安装的打印机图标，如图 2-64 所示。若要安装的打印机是"即插即用"型（常见品牌的打印机都是"即插即用"型），启动 Windows 7 时能自动安装；若是非"即插即用"型打印机，可以用"添加打印机"选项安装。

当我们在 Windows 7 中安装多个打印机时，需要指定一台打印机为默认打印机。打印文档时，如果未指定其他打印机，Windows 7 自动使用默认打印机进行打印。默认打印机的图标带有"√"标记。

图 2-63　"控制面板"窗口

图 2-64　"设备和打印机"窗口

在"设备和打印机"窗口中双击要选的打印机，进入到"打印作业列表"窗口，如图 2-65 所示。选择"打印机"→"属性"，弹出选定的"打印机属性"对话框，其中包括 7 个选项卡，可对打印机参数进行设置，如图 2-66 所示。

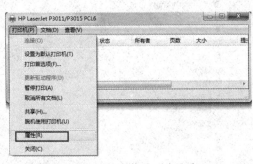
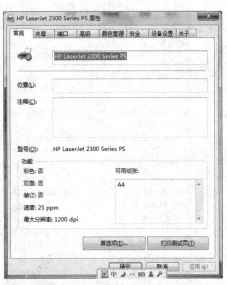

图 2-65　"打印作业列表"窗口　　　　图 2-66　"打印机属性"对话框

【知识拓展】

"控制面板"提供了丰富的工具，可以帮助用户调整计算机设置。Windows 7 的控制面板采用了类似于 Web 网页的方式，并且将 20 多个设置按功能分为 8 个类别，如图 2-67 所示。

图 2-67　"控制面板"分类视图

1. 打开"控制面板"窗口的方法

单击"开始"→"控制面板"命令，或在"计算机"窗口中单击"控制面板"按钮，都可以打开"控制面板"窗口。

图 2-67 是"控制面板"的分类视图，在窗口右上方单击"大图标"或"小图标"选项，即可转换为经典视图，如图 2-68 所示。在"大图标"和"小图标"两种视图模式下可以看到全部设置项目。双击某个项目的图标，可以打开该项目的窗口或对话框。

图 2-68　"控制面板"小图标视图

2. "控制面板"中几个主要功能的使用

（1）鼠标设置。在"鼠标 属性"对话框（见图 2-69）中，可以对鼠标的工作方式进行设置，设置内容包括鼠标键配置、双击速度、单击锁定、鼠标指针形状方案、鼠标移动踪迹等属性。

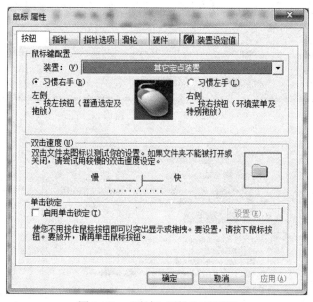

图 2-69　"鼠标 属性"对话框

（2）电源设置。电源管理功能不但继承了 Windows Vista 系统的特色，还在细节上更加贴近用户的使用需求。用户可根据实际需要，设置电源使用模式，让移动计算机用户在使用电池续航的情况下，依然能最大限度发挥功效。延长使用时间，保护电池寿命。使用户更快、更好、更方便地设置和调整电源属性。

（3）添加、删除程序。用户向系统中添加和删除各种应用程序时，它们的一些安装信息会写入到系统的注册表。因此，不应该用简单的删除文件夹的办法来删除软件。因为简单的删除并不能删除软件在注册表中的信息，而且可能会影响其他软件的正常运行。因此，需要添加和删除程序时，应该使用系统提供的"添加/删除程序"功能。

①添加或删除系统组件。在安装 Windows 7 系统时，往往不会安装所有的系统组件，以节省硬件空间。如果需要使用未安装的组件，可以利用 Windows 7 系统盘进行安装。对于不用的组件，可以将其删除。

添加或删除组件的操作方法如下：

- 双击"程序"图标，在"程序"窗口（见图 2-70）中单击"程序和功能"下的"打开或关闭 Windows 功能"按钮，将弹出"Windows 功能"窗口，如图 2-71 所示。

图 2-70　"程序"窗口

图 2-71　"Windows 功能"窗口

● 在"打开或关闭 Windows 功能"列表框中勾选要添加的组件；如果要删除原来安装过的组件，就将组件名称前面"□"内的"√"取消掉，确认完自己的选择以后，单击右下角的"确定"按钮，系统将按照用户的选择执行组件的安装或删除操作。

②删除应用程序。在"卸载或更改程序"窗口中右击要删除的程序图标，在弹出的菜单中选择"卸载/更改"命令，系统就将运行与该程序相关的卸载向导，引导用户卸载相应的应用程序。

③添加新程序。从安装向导上可以看到，添加新程序分两类：

● 从 CD 或 DVD 安装程序

将光盘插入计算机，然后按照屏幕上的说明操作。如果系统提示你输入管理员密码或进行确认，请键入该密码或提供确认。

● 从 Internet 安装程序

在 Web 浏览器中，单击指向程序的链接。执行下列操作之一：

若要立即安装程序，单击"打开"或"运行"，然后按照屏幕上的指示进行操作。如果系统提示你输入管理员密码或进行确认，键入该密码或提供确认。

若要以后安装程序，请单击"保存"，然后将安装文件下载到自己的计算机上。做好安装该程序的准备后，双击该文件，并按照屏幕上的指示进行操作。这是比较安全的选项，因为可以在继续安装前扫描安装文件中的病毒。

提示：从 Internet 下载和安装程序时，应确保该程序的发布者以及提供该程序的网站是值得信任的。

习　题

一、简答题

1. 在 Windows 7 系统中，为什么要设置屏幕保护程序？如何设置屏幕保护程序？

2. 常见的文件类型主要有哪些？

3. 简述 Windows 7 的文件命名规则。

4. 快捷方式的优点主要有哪些？如何创建和使用快捷方式？

5. 在 Windows 7 系统中，文件的基本操作有哪些？

6. 如何在系统中搜索文件或文件夹？

7. 打开"写字板"程序，需要输入：{、？、、……、%、¥、§、√、∈、⊥、±等符号，如何操作？

8. 举例说明如何在"写字板"与"画图"这两个程序之间实现信息交换，写出操作步骤。

9. Windows 7 系统中的控制面板的主要功能有哪些？

10. 在 Windows 7 系统中添加新硬件一般可采用哪些方法？

11. 如果想要删除程序组中的某个应用程序，可用哪些方法来实现？

12. 如何用"控制面板"调整显示器中的分辨率和显示的颜色位数。

13. 在硬盘中搜索某个文件，但不知道在哪个文件夹中，用什么方法可以较快实现？

14. 举例分别说明本地打印机和网络打印机应该如何添加到系统中？

二、上机操作题

1．在 Windows 7 系统中利用"截图工具"应用程序截取桌面背景上的一部分，并以.JPEG 的格式保存截图，再利用"画图"工具对截图的文件进行编辑，制作成一张卡片，将它放在系统桌面上作为墙纸。

2．利用"搜索"功能查找 D 盘上所有以.cpp 为扩展名的文件，并将找出的文件彻底删除（提示：彻底删除即不可在回收站内还原）。

3．使用"资源管理器"在选定的一个文件夹中新建一个文件夹，并命名为 MF，并且使用"命令提示符"工具查看该文件夹的名称。

4．调整系统的时间、日期、时区。

5．删除 D 盘上的某些文件，再从回收站中进行恢复。

6．试用写字板输入下面的短文，并设置标题为二号、黑体、加粗、居中，正文为五号、宋体，段落的第一行缩进 0.75cm，左右无缩进，左对齐，将页面设置为 A4 纸张大小，页边距选取默认值。操作结束后，保存该文件，命名为 CW，再把该文件保存在 D 盘上。

学习的态度和方法哪个更重要这个问题在我国古代的大教育家孔子的《论语》中多次谈到，可见它们的重要性，这个问题要做具体分析，不可一概而论。对于那些学习目标明确又勤奋学习但学习效率不高的学生来说，显然学习的方法（包括记忆的方法）更重要，他们在老师的指导下改进自己的学习方法，变无效学习为有效学习。而现实的情况是大多数的同学厌学情绪很严重。他们往往是"人在曹营心在汉"，学习上很不专注。在这种情况下，老师就要引导学生意识到学习的重要性，培养学生学习的兴趣，此时学习态度就直接影响着学生的学习行为和学习成绩。学习态度显然也很重要。

第3章 基于 Word 2010 的文字处理

文字处理是计算机在办公自动化应用中的一个重要方面。一个优秀的文字处理软件可以使用户方便自如地、高效地在计算机上输入、编辑、修改文章，并在所编辑的文章中插入公式、表格和图形，这是在纸上写文章所无法相比的。Word 充分利用 Windows 的图形界面，让用户轻松地处理文字、图形和数据，创建出多种图文并茂、赏心悦目的文档，实现真正的"所见即所得"。

本章以 Word 2010 中文版为例，通过案例讲解 Word 的主要功能及其使用方法，主要内容包括文档的输入与编辑、文档格式化、表格处理、图形处理、其他功能等。

3.1 Word 2010 的界面与操作

任务1 制作第一个 Word 文档

【任务描述】

要使用 Word 开始写作或处理文档，必须先"启动"Word，Word 窗口相当于写作用纸，而且是在屏幕上的"纸"。Word 启动后，系统自动建立一个名字为"文档1.doc"的空文档，用户可以在文本区输入文字，可以将文字保存在磁盘，建立一个新文档。本任务通过制作第一个 Word 文档的案例，掌握 Word 的基本操作。

【案例】 用 Word 创建一个文档，以文件名 W3-1.docx 保存。文档的内容如下：

📖人要指挥计算机运行，就要使用计算机能"听懂"、能接受的 Language。这种 Language 按其发展程度，使用范围可以区分为机器 Language❶与程序 Language（初级程序 Language 和高级程序 Language）。

【方法与步骤】

1. 启动 Word，创建新文档

在"开始"菜单中选择"所有程序→Microsoft Office→Microsoft Word 2010"选项，启动 Word 2010。

启动后，Word 2010 自动建立一个空白文档（见图 3-1）。工作窗口标题栏中显示新建空白文档的临时文件名。

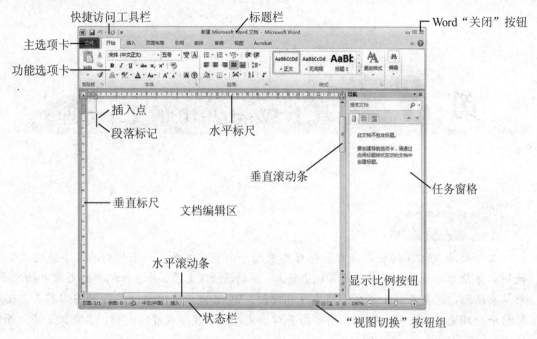

图 3-1　Word 2010 工作窗口

2．输入文字

（1）在"插入"选项卡的"符号"功能组中单击"符号"按钮，选择"其他符号（M）"选项，弹出"符号"对话框，在"字体"列表框中选择"Wingdings"，单击第 1 行第 7 个符号，单击"插入"按钮，输入符号"📖"。文档中另一符号"❶"也按同样方法输入。

（2）按题目样文输入汉字、英文单词和标点符号。

注意：当输入的文字到达文档的右边界时，不要用回车键换行，Word 会自动换行。

提示：如果输入出错，可按退格键删除光标前面的一个字符，或按 Del 键删除光标所在位置的字符。

案例操作结果如图 3-2 所示。

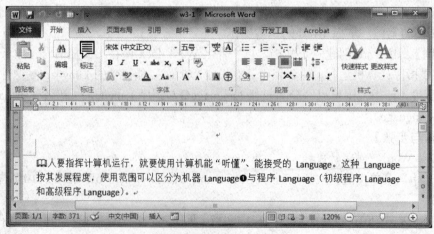

图 3-2　案例操作结果

3. 保存文档

在"文件"选项卡中选择"保存"选项，在"另存为"对话框的"保存位置"列表框中选择文档保存位置，在"文件名"文本框中输入新建文档的文件名 W3-1（可以省略扩展名".docx"，下同），单击"保存"按钮。

文档保存后，Word 窗口的标题栏显示用户输入的文件名 W3-1.docx。

说明： Microsoft Office 2010 可以通过以适当格式保存文件与使用早期版本的用户共享该文件。例如，可以将 Word 2010 文档（.docx）另存为 97-2003 文档（.doc），以便使用 Word 2003 的用户可以打开该文档。

4. 关闭文档

在"文件"选项卡中选择"退出"选项，或单击 Word 工作窗口标题栏右侧的"关闭"按钮▣，退出 Word。

如果当前文档在编辑后没有保存，关闭前将弹出提问框，询问是否保存对文档所作的修改，如图 3-3 所示。单击"是"按钮保存；单击"否"按钮放弃保存；单击"取消"按钮不关闭当前文档，继续编辑。

图 3-3　系统提问框

【思考与练习】

1．Word 的启动方法有哪些？分别用不同的方法启动 Word 2010。

2．Word 的退出有哪些方法？

3．Word 中可以使用菜单命令、工具栏、按组合键 Ctrl+N 等方法创建新文档，试练习之。

【相关知识与技能】

1．Word 2010 的工作界面

（1）标题栏：显示当前应用程序名（Microsoft Word）和当前所处理文档的文件名。

（2）选项卡：在 Office 2010 中，菜单和工具栏都替换成了选项卡，如图 3-4 所示。选项卡旨在帮助用户快速找到完成某一任务所需的命令，这些命令被组织在称为选项卡的功能组中，功能组集中在选项卡下。每个选项卡与一种类型的活动（例如为页面编写内容或设计布局）相关。为减少混乱，某些选项卡只在需要时才显示。例如，仅当选择图片后，才显示"图片工具"选项卡。Word 2010 将菜单选项与工具栏按钮整合在一起，每一个按钮对应一个常用的命令，通过对按钮的操作可以快速执行菜单命令。

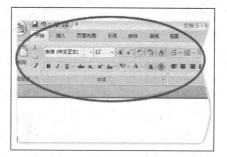

图 3-4　程序中的选项卡

（3）状态栏：位于 Word 窗口的底部，显示当前文档的编辑信息，如当前页数/文档页数、当前选中的字数/文档字数、插入/改写状态、视图切换按钮、显示比例等。

（4）文档窗口：Word 可以同时编辑多个文档，每一个文档将打开一个文档窗口，文档的编辑和格式设置都在文档窗口中进行。典型的文档窗口包括标尺（垂直和水平）、滚动条（垂直和水平）和文档编辑区。

2．Word 2010 的视图模式

视图是文档窗口的显示方式。视图不会改变页面格式，但能以不同的形式来显示文档的页面内容，以满足不同编辑状态下的需要。Word 2010 提供了多种视图模式供用户选择使用。

（1）页面视图：文档编辑中最常用的视图，可以看到图形、文本的排列格式，能显示页的分隔、页边距、页码、页眉和页脚，显示效果与最终用打印机打印出来的效果一样，适用于进行绘图、插入图表和排版操作。

（2）阅读版式视图：便于用户阅读，也能进行文本的输入和编辑。该视图中，文档每相连两页显示在一个版面上，屏幕根据显示屏的大小自动调整到最容易辨认的状态，以便利用最大的空间来阅读或批注文档。

（3）Web 版式视图：文档的显示与在浏览器（如 IE）中完全一致，可以编辑用于 Internet 网站发布的文档，即 Web 页面。该视图中不显示标尺，也不分页，不能在文档中插入页码。

（4）大纲视图：以大纲形式显示文档，并显示大纲工具，可以方便地查看文章的大纲层次，文章的所有标题分级显示，层次分明；用户也可以通过标题操作改变文档的层次结构。

（5）草稿：一种简化的页面布局，视图中不显示某些页面元素（如页眉和页脚），以便快速编辑文字。

单击状态栏中的"视图切换"按钮（见图 3-1），可以在上述五种视图之间切换；也可以在"视图"中选择相应的视图选项进行切换。

（6）打印预览：在屏幕上显示文档打印时的真实效果。在"文件"选项卡中选择"打印"选项，可以预览文档的打印效果。

提示：*如果不清楚选项按钮的功能，只需将鼠标指针移动到相应的按钮位置（无需单击），Word 将自动提供"屏幕提示"，显示在该按钮右下方。*

【思考与练习】

1. 打开任务 1 案例中建立的文档 W3-1，按以下样文输入第 2 段文字，修改后的文档以原文件名保存在原位置。

高级程序 Language 广泛使用英文词汇、短语，可以直接编写与代数式相似的计算公式。用高级程序 Language 编程序比用汇编或机器 Language 简单得多，程序易于改写和移植，Basic、Fortran、C、Java 都属于高级程序 Language。

提示：*"打开一个文档"是指把磁盘上对应的文件读入内存，并显示在工作区中。*

2. 总结打开 Word 文档的方法。

3. 总结保存 Word 文档的方法：新建文档的保存；编辑后的文档以原文件名保存；以新文件名保存编辑后的文档；自动保存。

提示：*设置"自动保存"功能的方法：在"文件"选项卡中选择"选项"选项，在"Word 选项"对话框的"保存"选项卡中选中"保存自动恢复信息时间间隔"，设置自动保存的时间间隔。Word 把自动保存的内容存放在一个临时文件中，如果在用户对文档进行保存前出现了意外情况（如断电），再次进入 Word 后，最后一次自动保存的内容被恢复在窗口中。这时，用户应该立即进行存盘操作。*

任务 2 对多个文档的操作

【任务描述】

Word 允许用户打开多个文档，或轮流查阅参考，或分别在各自的窗口进行编辑，或在屏幕上同时打开几个窗口，把需要的信息从一个文档窗口复制或移动到另一个窗口。本任务通过案例掌握多文档的操作及文件副本的建立。

【案例】　对任务 3 案例中建立的 Word 文档 W3-1 建立文件副本，文件名为 W3-1BAK；同时打开这两个文件。

【方法与步骤】

1. 建立文件副本，文件名为 W3-1BAK，文件保存位置不变

（1）方法一：在"资源管理器"或"我的电脑"中，用复制文件功能建立文档 W3-1 的副本 W3-1BAK（具体步骤略）。

（2）方法二：利用 Word "文件"选项卡的"另存为"选项建立副本。

①在 Word 中打开文档 W3-1；

②在"文件"选项卡中选择"另存为"选项，在"另存为"对话框的"保存位置"列表框中选择文档的保存位置，在"文件名"文本框中输入"W3-1BAK"（省略扩展名），单击"保存"按钮；

提示：文档 W3-1 另存为 W3-1BAK 后，当前窗口显示的是文档 W3-1BAK，文档 W3-1 自动关闭。

③退出 Word。

（3）方法三：把文档 W3-1 中的全部内容复制到一个新的空白文档并保存，保存后的文档即为文档 W3-1 的副本。

①在 Word 中打开文档 W3-1；

②创建新文档"文档 1"；将"文档 1"窗口和"W3-1"窗口以垂直平铺方式同时显示在屏幕上，"文档 1"窗口是当前窗口；

③单击"W3-1"窗口，在"开始"选项卡的"编辑"功能组中选择"选择→全选"选项，选定 W3-1 的全部内容；在"开始"选项卡的"剪贴板"功能组中选择"复制"选项，把 W3-1 的全部内容复制到剪贴板；单击"文档 1"窗口，在"开始"选项卡的"剪贴板"功能组中选择"粘贴"选项，把剪贴板中 W3-1 的全部内容粘贴到空白文档"文档 1"中；

④单击"文档 1"文档窗口，在"快捷工具栏"（见图 3-1）中单击"保存"按钮，在"另存为"对话框的"保存位置"列表框中选择文档保存位置，在"文件名"文本框中输入"W3-1BAK"（省略扩展名.docx），单击"保存"按钮；

⑤单击"W3-1BAK"文档窗口，在"文件"选项卡中选择"关闭"选项，关闭"W3-1BAK"窗口；用同样的方法关闭"W3-1"窗口。

2. 打开文档 W3-1 和 W3-1BAK

（1）方法一：一次选定并打开多个文档。

在"文件"选项卡中选择"打开"选项，在"打开"对话框中选择需要打开的文件（选择多个文件的操作方法与在 Windows 环境中选择的方法一样），单击"打开"按钮，系统顺序打开所选的各文件。

（2）方法二：分别选定并打开多个文档。

在打开第一个文件后依次打开其他文件。

无论使用哪种方法，后打开文件的窗口都将在屏幕上覆盖先打开文件的窗口，成为当前的活动窗口。

案例操作结果如图 3-5 所示。

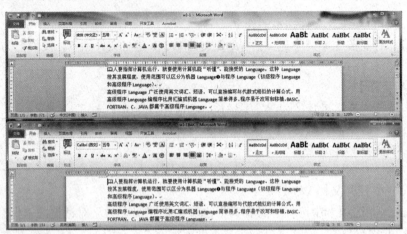

图 3-5　案例操作结果

【相关知识与技能】

1．切换当前活动文档

方法一：在"视图"选项卡中单击"切换窗口"按钮，该按钮底部列出已打开的所有文档，文件名左边有"√"号的是活动文档。单击另一个文件名，该文件即成为当前活动文档。

方法二：每打开一个文档，任务栏上出现一个对应的按钮。单击任务栏上的按钮，可以使对应的文档成为活动文档。

2．同时显示多个文档

在"视图"选项卡中选择"并排查看"按钮，系统把已打开的所有文档窗口以水平平铺方式同时显示在屏幕上。这些窗口中只有一个是活动窗口，其标题栏的颜色为深色，插入点位于该窗口内。如果要使另一个窗口成为活动文档窗口，只需单击对应的窗口即可。

【思考与练习】

1．把步骤1中方法三⑤的操作改为：单击任一窗口标题栏右侧的"关闭"按钮（或在任一窗口的"文件"选项卡中选择"退出"选项），结果如何？

2．总结关闭 Word 窗口与关闭文档窗口的异同处。

3.2　文档的建立与编辑

任务3　输入文档

【任务描述】

输入文本是 Word 文字处理中最基本的操作，本任务通过案例学习在 Word 中输入汉字、标点符号、特殊符号。

【案例】　录入以下文档，以文件名 W3-2 保存。

❖机器 Language 和程序 Language

机器 Language 是 CPU 能直接执行的指令代码组成的。这种 Language 中的"字母"最简单，只有 0 和 1。最早的程序是用机器 Language 写的，这种 Language 的缺点是：

（1）机器 Language 写出的程序不直观，没有任何助记的作用，使得编程人员工作烦琐、枯燥、乏味，又易出错。

（2）由于它不直观，也就很难阅读。这不仅限制了程序的交流，而且使编程人员的再阅读都变得十分困难。

（3）机器 Language 是严格依赖于具体型号机器的，程序难于移植。

（4）用机器 Language 编程序，编程人员必须具体处理存储分配、设备使用等烦琐问题。

【方法与步骤】

与任务 1 的案例相同。

【相关知识与技能】

1. 输入文本的操作要点

输入文本是 Word 文字处理中最基本的操作，要点归纳如下：

（1）文档的输入总是从插入点处开始，即插入点显示了输入文本的插入位置。

（2）输入文字到达右边界时不要使用回车键换行，Word 根据纸张的大小和设定的左右缩进量自动换行。

（3）当一个自然段文本输入完毕时，按回车键，插入点光标处插入一个段落标记（↵）以结束本段落，插入点移到下一行新段落的开始，等待继续输入下一自然段的内容。

（4）一般情况下，不使用插入空格符来对齐文本或产生缩进，可以通过格式设置操作达到指定的效果。

（5）输入出错时，按退格键删除插入点左边的字符，按 Del 键删除插入点右边的字符。

2. 输入汉字

若需要在 Word 中输入汉字，必须先切换到中文输入状态。对于中文 Windows 系统，按 Ctrl+空格键可在英文输入和中文输入之间切换；按 Ctrl+Shift 组合键在各种输入法之间切换。

3. 输入标点符号

单击输入法状态条中的中英文标点切换按钮，显示 按钮时表示处于"中文标点输入"状态，显示 按钮时表示处于"英文标点输入"状态；也可以按 Ctrl+.（句号）组合键进行转换。

4. 输入符号

在"插入"选项卡的"符号"功能组选择"符号→其他符号"选项，在"符号"对话框（见图 3-6）"符号"选项卡的"字体"列表框中选择相应选项（如"普通文本"），选取所需的符号后单击"插入"按钮，或双击所需的符号，将选中的符号插入到文档中。如果要在文档中插入特殊字符（如版权所有符号©），应在"符号"对话框中选择"特殊字符"选项卡。

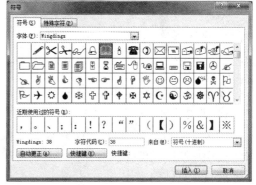

图 3-6 "符号"对话框

任务 4 插入文本

【任务描述】

文档编辑是对一个已经建立的文档进行修改和调整，加插、补充新内容。在当前文档中插入另一个文件（例如一个已建立的文档或其中的一部分内容），可以实现文档合并。本任务通过案例掌握文档的插入、合并操作。

【案例】 （1）打开文件 W3-1，在第一段前面插入一行文字"计算机语言"，以原文件名保存。（2）把 W3-2 中的全部内容复制到 W3-1 的后面成为文档的第 4、5 段，以原文件名保存。

【方法与步骤】

1. 在插入状态下，将插入点移动到第一个字符前，输入"计算机语言"，按回车键

提示：Word 默认"插入"状态，按 Insert 键可以转换为"改写"状态。在"插入"状态下输入新内容后，插入点位置及其后的文字均自动后移，并自动按原段落格式重新排列；在改写状态下，输入的字符将取代插入点所在的字符，插入点后移。

2. 用"插入文件"的方法完成合并文档

（1）单击文档 W3-1 最后位置，按回车键，光标位于第 4 段的开始；

（2）在"插入"选项卡的"文本"功能组中选择"对象→文件中的文字（F）"选项，弹出"插入文件"对话框；

（3）选择文件 W3-2，单击"插入"按钮，操作结果如图 3-7 所示；

（4）保存合并后的文件。

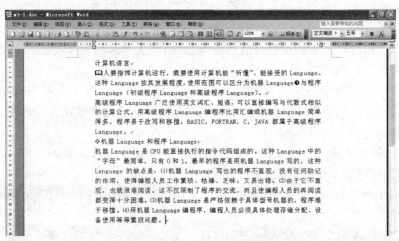

图 3-7　案例操作结果

【相关知识与技能】

1. 选定文本

"选定文本"的目的是为 Word 指明操作的对象。Word 中的许多操作都遵循"选定—执行"的操作原则，即在执行操作之前，必须指明操作的对象（被选定的对象呈反相显示），然后才能执行具体的操作。

选定文本有两种方法：用鼠标选定，用键盘选定。

（1）用鼠标选定文本。

最基本操作是"拖曳"，即按住鼠标左键拖过所要选定的所有文字。"拖曳"可以选定任意数量的文字。实际使用中，当选定较大范围的文本时，用这种方法并不方便。

根据不同的文本对象，可以用鼠标进行不同的"选定"的操作。

①选定一个单词：双击该单词。

②选定一个句子（句号、感叹号、问号或段落标记间的一段文本）：按住 Ctrl 键，在该句的任何地方单击。

③选定一行文字：把鼠标移动到该行左侧选定列，鼠标指针形状从"I"变为指向右上方的空心箭头 ，然后单击。

④选定若干行文字：鼠标移到这几行文字左侧选定列，鼠标指针形状为指向右上方的空心箭头 ，按下鼠标左键不放，沿竖直方向拖动鼠标。

⑤选定矩形文字块（屏幕中由一个矩形框包围的文字块）：按下 Alt 键不放，再按住鼠标左键从要选定的矩形文字块的一角拖到对角。

⑥选定一个段落：鼠标移到要选定段落左侧的选定列，双击。

⑦选定数个段落：鼠标在要选定段落左侧的选定列中双击并在选定列中沿竖直方向拖动。

⑧选定一大块文字：单击被选内容的开始位置；利用滚动条找到被选内容的结束位置，按住 Shift 键并单击该处。

⑨选定整个文档：在选定列连击三下；或在按住 Ctrl 键的同时，单击选定列；或按 Ctrl+A 组合键。

提示：

①在当前文档中只能选定一个连续的文本块，其范围最小可以只是一个符号，最大可以是整个文档。

②在文档中选定了文本块后，再按任意字符键或回车键或空格键，则选定的文本将被删除，取代它的是所按键的内容（字符或回车符或空格符）。初学者应注意避免由此误操作所造成的文本丢失。

③若要取消所做的选定操作，只需单击文档中任意位置即可。

（2）用键盘选定文本。光标移动到要选定的文字内容首部（或尾部），按住 Shift 键不放，同时按←键或↑键或→键或↓键，移动光标拉开反相色的选定范围，一直延伸到要选定的文字内容尾部（或首部），放开按键。

2. 插入

除了从键盘输入插入的内容外，以下插入操作亦可在文档中加插、补充一些新内容。

（1）插入空行。如果要在两个段落之间插入空行，按以下两种方法操作即可：

● 把插入点移动到段落的结束处，按回车键，将在当前段落的下方产生一空行。

● 把插入点移动到段落的开始处，按回车键，将在当前段落的上方产生一空行。

（2）插入文件。若希望在当前文档中插入另一个文件（例如一个已建立的文档，或其中的一部分内容），可以在"插入"选项卡中选择"对象→文件中的文字（F）"选项，在弹出"插入文件"对话框中选定有关项目后，单击"插入"按钮，即可在插入点处插入指定文件中的文字。

3. 删除

（1）选定要删除的文本，单击 Del 键，把选定的文本一次性全部删除。

（2）选定要删除的文本后，在"开始"选项卡中单击"剪切"按钮（或使用组合键 Ctrl+X），选定的文本将一次性全部被删除。剪切后，被删除的内容移至剪贴板中。

【思考与练习】

可以利用多文档操作完成合并文档的任务，参考任务 2 案例中的方法三练习。

任务 5　查找与替换

【任务描述】

在文档的编辑过程中，有时需要找出重复出现的某些内容并修改，用 Word 提供的查找替换功能，可以快捷、轻松地完成该项工作。本任务通过案例学习文档中查找与替换的方法。

【案例】　打开 W3-1，把文中所有的"Language"替换为"语言"，操作结果另存为 W3-3。

【方法与步骤】

1. 启动 Word，打开文档 W3-1

2. 把文档 W3-1 中所有的"Language"替换为"语言"

（1）在"开始"选项卡的"编辑"组中单击"替换"按钮，在"查找和替换"对话框选择"替换"选项卡，如图 3-8 所示；

图 3-8　"查找和替换"对话框的"替换"选项卡

（2）在"查找内容"下拉列表框中输入"L*"，在"替换为"下拉列表框中输入"语言"；

（3）单击"更多"按钮（见图 3-9），选中"搜索选项"区域中的"使用通配符"复选框；

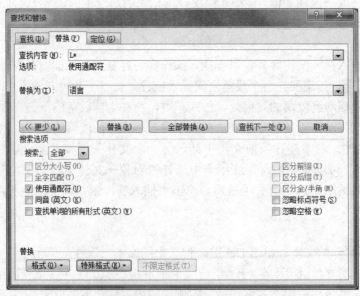

图 3-9　"查找和替换"对话框的高级形式

（4）单击"替换"按钮，系统替换选中的文本并自动查找下一处；如果不替换，则单击

"查找下一处"按钮；如果确定文档中所查找的文本都要替换，可直接单击"全部替换"按钮，完成后，Word报告替换的结果。

提示：查找内容中可以使用通配符"*"或"？"。"*"匹配所在位置的任意字符串，"？"匹配所在位置的一个字符，如"L*"表示查找以"L"开始的字符串。如果使用通配符查找，"使用通配符"复选框应该为选中状态。

3. 保存修改后的文件

在"文件"选项卡中选择"另存为"选项，将编辑的文件以文件名 W3-3 保存。操作结果如图 3-10 所示。

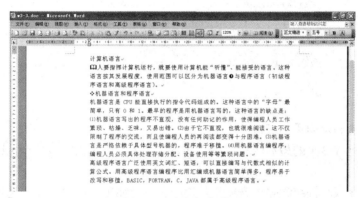

图 3-10 案例操作结果

【相关知识与技能】

1. 查找

与替换类似，利用"查找和替换"对话框的"查找"选项卡对查找进行高级选项的设置，限定查找的范围、查找指定的格式和特殊字符等。

2. 撤消与恢复

在编辑文档的过程中，可能会发生一些错误操作，如输入出错，误删了不该删除的内容等；也可能对已进行的操作结果不满意。这时，可以使用 Word 提供的撤消与恢复功能。其中，"撤消"是取消上一步的操作结果，"恢复"与撤消相反，是将撤消的操作恢复。

（1）"撤消"操作：在快捷访问工具栏上单击"撤消"按钮，或按组合键 Ctrl+Z。

提示：使用"撤消"按钮提供的下拉列表时，可以一次撤消连续多步操作，但不允许任意选择一个操作来撤消。

（2）"恢复"操作：在快捷访问工具栏上单击"恢复"按钮，或按组合键 Ctrl+Y。

任务6 复制与移动

【任务描述】

复制操作是把在文档中选择的对象（原件）复制为"副本"，并将"副本"插入到文档的指定位置。移动是把在文档中选择的对象"剪切"下来并插入到另一个指定的位置上。执行移动操作后，所选择的对象将从原来的位置消失而出现在新的指定位置上。本任务通过案例掌握文档中段落的拆分、复制与移动的操作方法。

【案例】 按图 3-11 对文档 W3-3 的内容进行分段和排列，操作结果以原文件名保存。

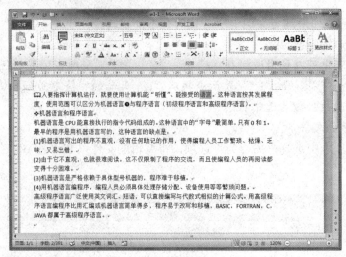

图 3-11　案例的结果

【方法与步骤】

1. 把最后两段移动到第 3 段前面

（1）选定文档 W3-3 的最后两段，在"开始"选项卡中单击"剪切"按钮，最后两段内容从屏幕上消失；

（2）单击第 3 段"高级程序语言广泛使用……"开始处，在"开始"选项卡中单击"粘贴"按钮，原文中最后两段插入到原文第 3 段的前面，原第 3 段成为最后一段。

2. 拆分段落

（1）将插入点定位到"（1）"的左边，按回车键，序号"（1）"后面的内容成为新的段落；

（2）分别把插入点定位到"（2）"、"（3）"、"（4）"的左边后按回车键，序号"（2）"、"（3）"、"（4）"后面的内容分别成为单独的段落。

3. 保存修改后的文件

4. 退出 Word

【相关知识与技能】

对文档的编辑，有时要将一段分为两（或多）段，或将两（或多）段合为一段；有时可能要反复使用一句（或段）；有时要将多余的句子（或段）删除。凡是可以在文档中选定的内容都可以称为"对象"。

1. 利用剪贴板复制

● 选定要复制的对象（原件），复制到剪贴板中（成为"副本"）；

● 把插入点定位在需要插入"副本"的位置，把剪贴板中的"副本"粘贴（插入）到指定位置。执行"粘贴"操作后，剪贴板中的"副本"仍然存在，可以进行多次粘贴。

2. 移动操作

移动相当于"复制"与"删除原件"的复合操作。因此，在操作上"移动"与"复制"有许多相似之处。

● 选定要移动的对象，将"原件"剪切并保存到剪贴板中，被剪切的对象从文档中消失；

● 把插入点定位到要移动到的目标位置，把本次剪切到剪贴板中的对象粘贴（插入）到指定位置。

剪切到剪贴板中的内容可以多次被粘贴。

【思考与练习】

如果要把两段文本合成一段，应该怎样操作？

3.3　文档的格式化

任务7　字符格式化

【任务描述】

在文档中，文字、数字、标点符号及特殊符号统称为字符。用户可以对文档中的字符格式化。本任务通过案例掌握字符格式化的操作。

【案例】 按图3-12所示样文为文档W3-3设置字符格式，设置完毕以文件名W3-4保存在原位置。

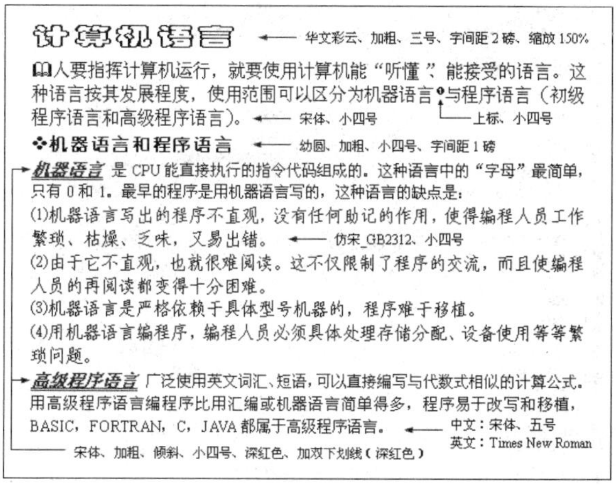
计算机语言 ← 华文彩云、加粗、三号、字间距2磅、缩放150%

人要指挥计算机运行，就要使用计算机能“听懂”、能接受的语言。这种语言按其发展程度，使用范围可以区分为机器语言❶与程序语言（初级程序语言和高级程序语言）。← 宋体、小四号　上标、小四号

❖机器语言和程序语言 ← 幼圆、加粗、小四号、字间距1磅

机器语言 是CPU能直接执行的指令代码组成的。这种语言中的“字母”最简单，只有0和1。最早的程序是用机器语言写的，这种语言的缺点是：

(1)机器语言写出的程序不直观，没有任何助记的作用，使得编程人员工作繁琐、枯燥、乏味，又易出错。← 仿宋_GB2312、小四号

(2)由于它不直观，也就很难阅读。这不仅限制了程序的交流，而且使编程人员的再阅读都变得十分困难。

(3)机器语言是严格依赖于具体型号机器的，程序难于移植。

(4)用机器语言编程序，编程人员必须具体处理存储分配、设备使用等等繁琐问题。

高级程序语言 广泛使用英文词汇、短语，可以直接编写与代数式相似的计算公式。用高级程序语言编程序比用汇编或机器语言简单得多，程序易于改写和移植，BASIC，FORTRAN，C，JAVA都属于高级程序语言。← 中文：宋体、五号　英文：Times New Roman

宋体、加粗、倾斜、小四号、深红色、加双下划线（深红色）

图3-12　案例样文（操作结果）

【方法与步骤】

（1）打开W3-3；

（2）选定第1段文字，在“开始”选项卡中单击“字体”功能组右下方的箭头，弹出“字体”对话框；选择“字体”选项卡，在“中文字体”下拉列表框中选择“华文彩云”，“字形”选择“加粗”，字号选择“三号”；选择“高级”选项卡，在“缩放”下拉列表框中选择150%，“间距”下拉列表框中选择“加宽”，“磅值”选择“2磅”；

（3）选定第2段文字，用同样的方法设置字体为“宋体”，字号为“小四”；选定第2段中的❶，设置为“上标”。

提示： 在“开始”选项卡中，分别提供了“剪贴板”、“字体”、“段落”、“样式”和“编辑”等功能组，可以用于文字编辑和格式设置。以上操作还可以直接在“字体”功能组中操作，读者可以自行练习。

【相关知识与技能】

用户可以先录入文本，再对录入的字符设置格式；也可以先设置字符格式，再录入文本，

这时所设置的格式只对设置后录入的字符有效。如果要对已录入的字符设置格式，则必须先选定需要设置格式的字符。

字符的"字体"格式设置包括选择字体、字形、字号、字符颜色以及处理字符的升降、间距等。

下面是 Word 提供的几种字符格式示例：

五号宋体　　**四号黑体**　　**三号隶书**　　宋体加粗

倾斜　　下划线　　波浪线　　^上标　　_下标

字 符 间 距 加 宽　　字符间距紧缩　　字符加底纹　　字符加边框

字符提升　　字符降低　　字符缩90%放 **150%**

1. 用"字体"对话框设置字符格式

在"开始"选项卡单击"字体"功能组右下方的箭头，显示"字体"对话框，对话框中有"字体"、"高级"两个选项卡，如图 3-13 所示。

图 3-13　"字体"对话框

（1）在"字体"选项卡可以设置字体、字形、字号、字体颜色、下划线线型、下划线颜色及效果等字符格式。

（2）在"高级"选项卡可对标准字符间距进行调整，也可以调整字符在所在行中相对于基准线的高低位置。

2. 在"字体"功能组中设置字符格式

"字体"功能组中包括最常用的字符格式化按钮（包括下拉列表框），如图 3-14 所示。将鼠标指针移到不同的按钮停顿一下，就会显示该按钮的名称和功能。

3. 设置中文版式

"段落"功能组的"中文版式"按钮（见图 3-15）可以设置中文版式。图中右边显示的是选择"中文版式"子菜单中各选项后得到的排版效果。

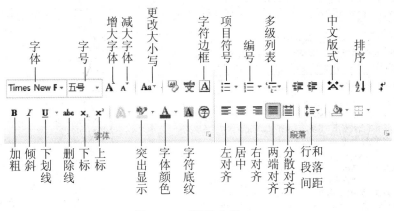

图 3-14　"字体"组

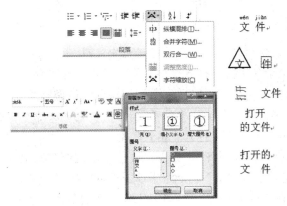

图 3-15　"中文版式"的选项

【思考与练习】

本任务已对文档 W3-3 的第 1、2 段设置字符格式，请按照样文继续完成全文的字符格式设置。

任务 8　段落格式设置

【任务描述】

在 Word 中，段落是一定数量的文本、图形、对象（如公式和图片）等的集合，以段落标记 "↵"（又称 "回车符"）结束。本任务通过案例掌握段落的对齐、段落的缩进、行距与段距、段落修饰等段落格式的设置方法，掌握格式刷的使用。

【案例】 按图 3-16 所示样文为文档 W3-4 设置段落格式（全文行间距为 1.2 倍行距），设置完毕以文件名 W3-5 保存在原位置。

【方法与步骤】

（1）打开文件 W3-4。

（2）按组合键 Ctrl+A，选定全文；在 "开始" 选项卡中单击 "段落" 功能组右下方的箭头，显示 "段落" 对话框，如图 3-17 所示；在 "缩进和间距" 选项卡的 "行距" 下拉列表框中选择 "多倍行距"，在 "设置值" 中输入 "1.2"（单位默认为 "倍"）。

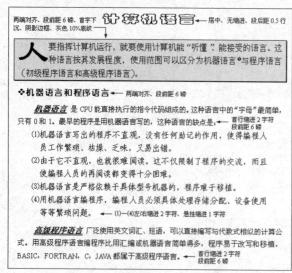

图 3-16　案例样文（操作结果）　　　　　图 3-17　"段落"对话框

　　提示：段落格式的大部分设置可以在该对话框中完成。

　　（3）把插入点定位于第 1 段，打开"格式"对话框；在"缩进和间距"选项卡的"对齐方式"下拉列表框中选择"居中"；"段后"微调控制框的值调整为 0.5 行。

　　提示：如果微调控制框中设置值的单位不是"行"，则删去原单位并输入"行"。

　　（4）把插入点定位于第 2 段，打开"格式"对话框；在"缩进和间距"选项卡的"对齐方式"下拉列表框中选择"两端对齐"；删去"段前"微调控制框中的"0 行"，输入"6 磅"。

　　（5）在"插入"选项卡"文本"功能组中单击"首字下沉"按钮，在子菜单中选择"首字下沉选项（D）"选项；在"首字下沉"对话框中设置"字体"为"隶书"、"下沉行数"为"2"。

　　（6）在"开始"选项卡"段落"功能组中单击"边框和底纹"按钮，显示"边框和底纹"对话框；在"边框"选项卡中单击单选按钮"阴影"，在"应用于"下拉列表框中选择"段落"；在"底纹"选项卡的"填充"区域中选择"灰色-10%"颜色，在"应用于"下拉列表框中选择"段落"。

　　【相关知识与技能】

　　段落的格式设置主要包括段落的对齐、段落的缩进、行距与段距、段落的修饰等。要显示或隐藏段落标记符，可在"段落"功能组中单击"显示/隐藏编辑标记 ⁜ "按钮。

　　与其他格式设置一样，用户可以先录入，再设置段落格式；也可以先设置段落格式，再录入文本，这时所设置的段落格式只对设置后录入的段落有效。如果要对已录入的某一段落设置格式，只要把插入点定位在该段落内的任意位置，即可进行操作；如果对多个段落设置格式，则应先选择被设置的所有段落。

　　1．段落的对齐

　　段落的对齐方式有"左对齐"、"居中对齐"、"右对齐"、"两端对齐"和"分散对齐"五种。打开"段落"对话框后，可以在"缩进和间距"选项卡的"对齐方式"列表框中选择。

　　2．段落的缩进

　　段落的缩进方式分为左缩进、右缩进、首行缩进和悬挂式缩进，图 3-18 列举了四种缩进方式。

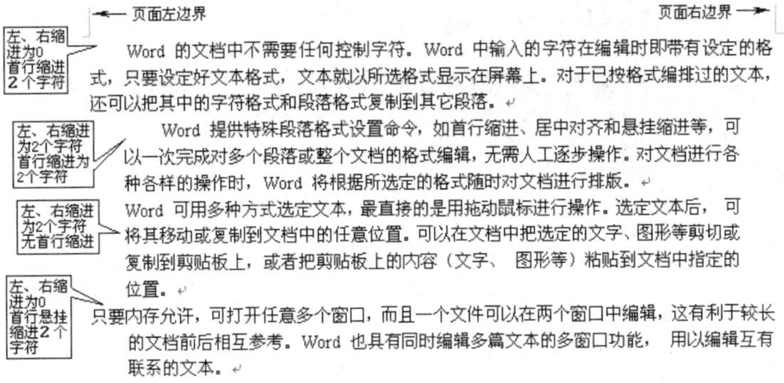

左、右缩进为0首行缩进2个字符

左、右缩进为2个字符首行缩进为2个字符

左、右缩进为2个字符无首行缩进

左、右缩进为0首行悬挂缩进2个字符

页面左边界 →　　　　　　　　　　　　　　　　　　　　　　　　　　　　　　　　← 页面右边界

Word 的文档中不需要任何控制字符。Word 中输入的字符在编辑时即带有设定的格式，只要设定好文本格式，文本就以所选格式显示在屏幕上。对于已按格式编排过的文本，还可以把其中的字符格式和段落格式复制到其它段落。

Word 提供特殊段落格式设置命令，如首行缩进、居中对齐和悬挂缩进等，可以一次完成对多个段落或整个文档的格式编辑，无需人工逐步操作。对文档进行各种各样的操作时，Word 将根据所选定的格式随时对文档进行排版。

Word 可用多种方式选定文本，最直接的是用拖动鼠标进行操作。选定文本后，可将其移动或复制到文档中的任何位置。可以在文档中把选定的文字、图形等剪切或复制到剪贴板上，或者把剪贴板上的内容（文字、图形等）粘贴到文档中指定的位置。

只要内存允许，可打开任意多个窗口，而且一个文件可以在两个窗口中编辑，这有利于较长的文档前后相互参考。Word 也具有同时编辑多篇文本的多窗口功能，用以编辑互有联系的文本。

图 3-18　缩进方式示例

纸张边缘与文本之间的距离称为页边距，文档中各个段落都具有相同的页边距。改变段落的左缩进（或右缩进）将使选定段落的左边与纸张左边缘的距离（或段落的右边与纸张右边缘的距离）变大或变小。排版中，为了突出显示某段或某几段，可以设置段落的左、右缩进。

"首行缩进"表示段落中只有第一行缩进，比如中文文章一般都采用这种排版方式。

"悬挂式缩进"则表示段落中除第一行外的其余各行都缩进。

在"段落"对话框的"缩进和间距"选项卡（见图 3-17）中，可以指定段落缩进的准确值：

（1）在"缩进"区域的"左"、"右"微调控制框中设置段落的左缩进和右缩进。

（2）在"特殊格式"下拉列表框中设置首行缩进和悬挂缩进。

"段落"功能组也有两个产生缩进的按钮："增加缩进量"和"减少缩进量"按钮，但只能改变段落的左缩进。

3. 间距

在"段落"对话框"缩进和间距"选项卡（见图 3-17）中，"间距"区域可设置段落之间的距离，以及段落中各行间的距离。当"行距"设置为"固定值"时，如果某行中出现高度超出行距的字符，则字符的超出部分被截去。

单击"段落"组中的"行距"按钮，也可以设置段落中各行间的距离。

4. 段落分页的设置

"段落"对话框中，"换行和分页"选项卡的"分页"区域可处理分页处段落的安排，四个选项的含义如下：

（1）孤行控制：防止在页面顶端打印段落末行或在页面底端单独打印段落首行。

（2）与下段同页：防止在当前段落及其下一段落之间使用分页符。

（3）段前分页：在当前段落前插入分页符。

（4）段中不分页：防止在当前段落中使用分页符。

用户可以根据文档内容的需要进行选择。

5. 首字下沉

在 Word 中，可以把段落的第一个字符设置成一个大的下沉字符，以达到引人注目的效果，设置方法和显示效果见本任务案例的步骤（5）及图 3-16。

6. 边框与底纹

为了强调某些内容或美化页面，可以对选定的段落添加上各种边框或底纹（见图 3-16）。选定要设置边框或底纹的段落，在"段落"功能组中单击"边框和底纹"按钮，显示"边框"对话框，该对话框有三个选项卡："边框"、"页面边框"和"底纹"，如图 3-19 所示。

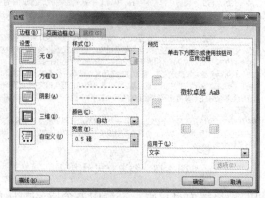

图 3-19　"边框"对话框

（1）"边框"选项卡可为选定的段落添加边框，其中：

● 在"设置"选项组中选择边框的类型。

● 在"样式"、"颜色"、"宽度"列表框中选择边框的线型、颜色和边框线宽度。

● 在"预览"中单击样板的某一边（或对应按钮），可在选定文本的同一侧设置或取消边框线。

● 在"应用于"列表框中可选择应用范围（"段落"、"文字"或"图片"）。

（2）"底纹"选项卡可为选定的段落或文字添加底纹，设置背景的颜色和图案。

（3）"页面边框"选项卡可以为页面添加边框（但不能添加底纹）。在"页面边框"选项卡中，"应用范围"有"整篇文档"、"本节"、"本节－仅首页"、"本节－除首页外所有页"等。

7．给段落加上编号或项目符号

在 Word 中可以方便地为并列项标注项目符号，或为序列项加编号，使文章层次分明，条理清楚，便于阅读和理解。

选择添加编号或项目符号的方法：选定要添加编号或项目符号的段落，在"段落"功能组中单击"编号"或"项目符号"按钮右边向下箭头，在"项目符号"或"编号"对话框中选择编号或项目符号，如图 3-20 和图 3-21 所示。

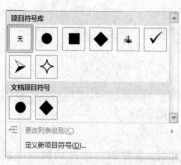

图 3-20　"项目符号"对话框

图 3-21　"编号"对话框

若"编号"或"项目符号"选项卡中提供的编号或项目符号不能满足要求，可以自定义新项目符号或新编号格式。

提示：如果在已设置好编号的序列中插入或删除序列项，Word 自动调整编号，不必人工干预。

8．格式刷的使用

为方便修饰相同文字格式及段落格式，可用"格式刷"快速复制格式，简化重复操作。

如果要将选定的格式复制给不同位置的文本，可以在"剪贴板"功能组双击"格式刷"按钮，复制格式后光标带着刷子，用它继续将格式复制到其他文本，直至按 Esc 键或单击"格式刷"按钮取消。

【思考与练习】

1．打开文档 W3-5，按照样文完成全文的段落格式设置。

2．打开文档 W3-5，设置第 2 段边框（阴影边框）为双线，0.5 磅宽度，深蓝色，并设置上、下、左、右边框与正文的距离都为 4 磅；设置底纹为淡蓝色。

3．在文档 W3-5 中，选定编号（1）～（4）所在的段落，使用"项目符号或编号"功能为这四段添加编号 a）～d）。

4．将文档 W3-3 第 4 段文字的字体格式为：中文—宋体，英文—Times New Roman，五号；设置第 4 段中"机器语言"四个字的字体格式为：宋体、加粗、倾斜、小四号、深红色、加双下划线（深红色）；设置第 4 段的段落格式为：首行缩进 2 字符、段前距 6 磅。使用格式刷把第 4 段的字体格式和段落格式复制给第 9 段。

5．用格式刷复制字体格式和段落格式有什么不同？

任务 9　页面格式的设置

【任务描述】

页面格式主要包括纸张大小、页边距、页面的修饰（设置页眉、页脚和页号）等操作。本任务通过案例掌握页面格式的设置方法，及页眉、页脚和页码的设置方法。

【案例】　在文档 W3-5 中增加新页，把文档中的全部内容复制到新增加的页上。设置纸张大小为 16 开；左右页边距为 2.25 厘米，上下页边距为 2.75 厘米；插入页眉"⊠机器语言与程序语言"，距边界 1.7 厘米，左对齐；在页面底端居中处插入页码，格式为"– 1 –"，起始页码为 21。将操作结果以文件名 W3-6 保存。

【方法与步骤】

（1）打开 W3-5。

（2）在文档中新建页：插入点定位在文档最后，在"插入"选项卡的"页"组中单击"分页"按钮。

（3）把第 1 页中文档内容复制到新建页中。

（4）设置页面格式：在"页面布局"选项卡的"页面设置"功能组中单击"纸张大小"按钮，在子菜单中选择"16 开"；单击"页边距"按钮，在子菜单中选择"自定义边距"选项，弹出"页面设置"对话框，在"上"、"下"微调框中输入 2.75 厘米，在"左"、"右"微调框中输入 2.25 厘米；单击"确定"按钮。

（5）插入页眉：在"插入"选项卡的"页眉和页脚"功能组中单击"页眉"按钮，在子菜单中选择"编辑页眉"选项，进入页眉编辑状态，插入点位于页眉中部，如图 3-22 所示，输入"⊠机器语言与程序语言"。插入页脚的操作方法类似。

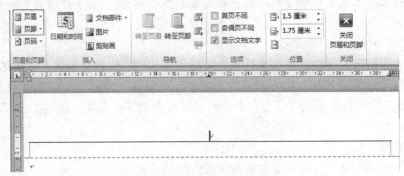

图 3-22　页眉和页脚编辑状态

①单击"开始"选项卡"段落"功能组右下部分的向下箭头，在"段落"对话框中选择对齐方式为"左对齐"；

②单击"页面布局"选项卡"页面设置"功能组右下部分的向下箭头，打开"页面设置"对话框，在"版式"选项卡中，调节"页眉"微调按钮为 1.7 厘米；

③单击"确定"按钮。

（6）插入页码：在"插入"选项卡"页眉和页脚"功能组单击"页脚"按钮，在子菜单中选择"编辑页脚"选项，进入页脚编辑状态，插入点位于页脚编辑框。在页面底端居中处插入页码，格式为"− 1 −"，起始页码为 21。关闭"页眉和页脚""关闭"按钮，返回文档编辑区。

（7）把文档以文件名 W3-6 另存。

【相关知识与技能】

一般应该在录入文档前进行页面设置，Word 允许按默认设置先录入文档。用户可以随时对页面重新进行设置。

页眉和页脚是在每一页顶部或底部加入的文字或图形，其内容可以是文件名、章节标题、日期、页码、单位名等。只有在"页面视图"和"打印预览"中才能显示页眉和页脚。

1. 页眉与页脚

双击页眉或页脚，或通过"插入"选项卡的"页眉和页脚"功能组进入页眉和页脚编辑状态（此时，显示"设计"选项卡），如图 3-22 所示。可以对页眉和页脚进行格式编排，如设置对齐方式、改变文字格式、插入图形、添加边框和底纹等；也可以在页眉或页脚中插入日期、时间或页码；如果文档的其他节具有不同的页眉或页脚，可以单击"显示下一个"或"显示上一个"按钮进入其他节查看。在页眉或页脚的"设计"选项卡中单击"关闭"按钮（见图 3-22），返回文档编辑区。

2. 设置页码

在"插入"选项卡的"页眉和页脚"功能组中单击"页码"按钮，可以插入页码；在子菜单中选择"设置页码格式（F）"选项框，弹出"页码格式"对话框，如图 3-23 所示。可以选择"编号格式"、"起始页码"等。同样，只有在页面视图和打印预览显示模式下才能看到页码。

删除页码的方法：双击页码，进入页眉和页脚编辑状态；将鼠标指针指向页码并成为四向箭头形状，单击选定页码；按 Del 键删除页码；关闭页眉/页脚的"设计"选项卡返回。

图 3-23 "页码格式"对话框

3. 页面设置

在"页面布局"选项卡单击"页面设置"功能组右下角的向下箭头,弹出"页面设置"对话框,如图 3-24 所示。

"页面设置"对话框中有四个选项卡:"页边距"、"纸张"、"版式"和"文档网格"。各选项卡的作用如下:

(1)"页边距"选项卡(见图 3-24):设置文本与纸张的上、下、左、右边界距离,如果文档需要装订,可以设置装订线与边界的距离。还可以在该选项卡上设置纸张的打印方向,默认为纵向。

(2)"纸张"选项卡(见图 3-25):设置纸张的大小(如 A4)。如果系统提供的纸张规格都不符合要求,可以选择"自定义大小",并输入宽度和高度。设置打印时纸张的进纸方式(选择"纸张来源")。

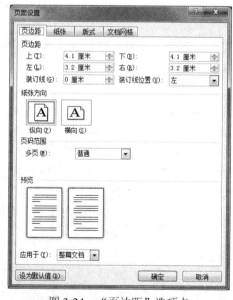

图 3-24 "页边距"选项卡

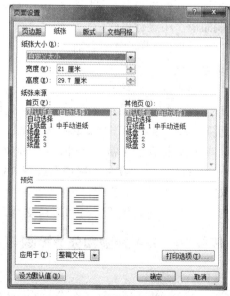

图 3-25 "纸张"选项卡

（3）"版式"选项卡（见图 3-26）：设置页眉与页脚的特殊格式（首页不同或奇偶页不同）；为文档添加行号；为页面添加边框；如果文档没有占满一页，可以设置文档在垂直方向的对齐方式（顶端对齐、居中对齐或两端对齐）。

（4）"文档网格"选项卡（见图 3-27）：设置每页固定的行数和每行固定的字数，也可只设置每页固定的行数；还可设置在页面上显示字符网格，文字与网格对齐；这些设置主要用于一些出版物或特殊要求的文档。

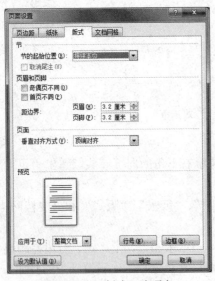
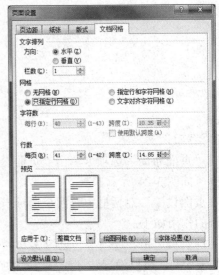

图 3-26   "版式"选项卡   图 3-27   "文档网格"选项卡

根据需要，可选择对应的选项卡进行设置，设置完毕，单击"确定"按钮。

4. 文档的打印

打印文档前，应先确定是否已正确安装并选定了打印机，打印机的电源是否已经打开。一般来说，打印机类型及打印机端口在安装 Windows 时已设置好。必要时，可在 Windows 的"控制面板"中进行更改。

（1）打印预览。打印之前，可利用"打印预览"在屏幕上看到打印的真实效果。在"文件"菜单中选择"打印→打印预览"选项，Word 按已定义的页面设置和打印设置把文档在屏幕上显示出来（"预览"）。

在"打印预览"显示模式下，Word 提供"打印预览"选项卡；当鼠标在页面上成为一个放大镜时，在页面上单击可直接控制页面的放大或缩小；在"打印预览"选项卡单击"放大镜"按钮，可使鼠标恢复正常。此外，还可以在"打印预览"选项卡进行多项操作。

（2）打印。在"文件"选项卡选择"打印"选项，弹出"打印"对话框。用户可以在"打印"对话框中作适当的设置，选择：打印整篇文章、打印当前页、打印指定的几页、打印文档中的某一部分，还可以设置打印多份文档，设置完毕，单击"确定"按钮便可实施文档打印。

任务 10   分页控制和分节控制

【任务描述】

可以在 Word 文档中插入分节符，把文档划分为若干节，然后根据需要设置不同的节格式。

本任务通过案例掌握节的概念，学会分节；学会在同一文档中设置不同的页面格式。

【案例】　打开文档 W3-6，设置第 1 页纸张大小为 A5，上、下页边距为 2 厘米，左、右页边距为 1.5 厘米，页眉、页脚距边界为 1 厘米；设置第 2 页页眉右对齐。

【方法与步骤】

（1）打开文档 W3-6。

（2）把文档 W3-6 设置为两节。

①在"页面布局"选项卡的"页面设置"功能组中单击"分隔符"按钮，在"分页符和分节符"子菜单中选择分页符。

②在"分隔符"子菜单中（见图 3-28）选择分节符类型为"下一页"，单击"确定"按钮，在文档的两页之间插入一个分节符。

（3）设置第 1 页（第 1 节）页面格式。

光标定位在第 1 页，按题目要求设置纸张大小、页边距以及页眉和页脚距边界的距离。

（4）设置第 2 页（第 2 节）页眉格式。

双击第 2 页页眉，进入页眉和页脚编辑状态，显示"设计"选项卡；单击"位置"功能组的"插入对齐方式选项卡"按钮，设置第 2 页页眉文字右对齐；单击"关闭"按钮，返回文本编辑状态。

【相关知识与技能】

1. 分页控制

当页面充满文本或图形时，Word 自动插入分页符并生成新页。在普通视图中，自动分页符是一条单点的虚线。

根据文档内容的需要，可用"人工分页"强制换页。人工分页时，只需在换页处插入人工分页符即可。

方法一：把插入点定位到要分页的位置，在"插入"选项卡的"页"功能组单击"分页"按钮，光标位于新建页的开始处。

方法二：把插入点定位到人工分页的位置，按 Ctrl+Enter 组合键可以快速插入人工分页符。

方法三：把插入点定位到要分页的位置，在"页面布局"选项卡的"页面设置"功能组单击"分隔符"按钮，在子菜单中选择"分页符"（见图 3-28），光标位于新建页的开始处。

2. 分节控制

节格式包括：页边距、纸张大小或方向、打印机纸张来源、页面边框、页眉和页脚、分栏、页码编排、行号、脚注和尾注。

（1）创建节。创建一个节，即在文档中的指定位置插入一个分节符。

方法：将插入点定位在要建立新节的位置；在"页面布局"选项卡的"页面设置"功能组中单击"分隔符"按钮，在子菜单中选择"下一页"、"连续"、"偶数页"、"奇数页"等，如图 3-28 所示。

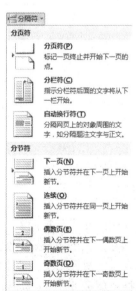

图 3-28　"分隔符"的子菜单项

分节符是双点线，中间有"分节符"字样。在页面视图下，在"开始"选项卡的"段落"功能组中选择"显示编辑标记"，可看到分节符。

（2）删除分节符。

方法：将光标移动到节标记处，按 Del 键。

所有节的格式设置均存放在分节符中。删除分节符意味着删除该分节符以上文本所应用的节格式，这部分文本成为后面一节的一部分，并应用后面一节的格式。

任务11　分栏排版

【任务描述】

Word 提供编排多栏文档的功能，既可以将整篇文档按同一格式分栏，也可以为文档的不同部分创建不同的分栏格式。本任务通过案例学习文档的分栏设置。

【案例】　打开文档 W3-2，对第 2 段设置分栏：分两栏、栏宽相等、加分隔线。

【方法与步骤】

（1）打开文档 W3-2。

（2）对文档第 2 段设置分栏：选定第 2 段（包括段落标记），在"插入"选项卡"页面布局"功能组中单击"分栏"按钮，在子菜单中选择"更多分栏（C）"选项，弹出"分栏"对话框，如图 3-29 所示。选择"预设"区域中的"两栏"，选中"栏宽相等"和"分隔线"复选框，单击"确定"按钮，第 2 段文本全部在显示左栏中，如图 3-30 所示。

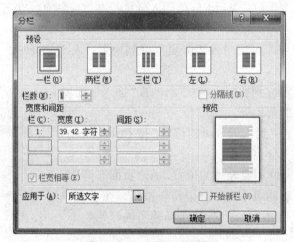

图 3-29　"分栏"对话框

（3）单击文档结束处，在"页面布局"选项卡的"页面设置"功能组中单击"分隔符"按钮，在"分隔符"子菜单中选择分节符类型为"连续"，单击"确定"按钮，即在文档最后插入分节符，便可均衡栏长，如图 3-31 所示。

【相关知识与技能】

创建分栏的方法：选定要设置为分栏格式的文本，如果为已创建的节设置分栏格式，则将插入点定位在节中；在"插入"选项卡"页面布局"功能组中单击"分栏"按钮，在子菜单中选择"更多分栏（C）"选项，弹出"分栏"对话框，如图 3-31 所示。在对话框中选择所需的选项。

计算机语言

人要指挥计算机运行，就要使用计算机能够"听懂"、能够接受的语言。这种语言按其发展程度和使用的语言范围可以分为机器语言❶与程序语言（初级程序语言和高级程序语言）。

❖机器语言和程序语言

机器语言是由 CPU 能直接执行的指令代码组成的。这种语言中的"字母"最简单，只有 0 和 1 最早的程序是由机器语言写的，这种语言的缺点是：

①机器语言写出的程序不直观，没有任何助记的作用，使得编程人员中作烦躁、枯燥、乏味、又易出错；

②由于它不直观，就很难阅读。这不仅仅限制了编程的交流，而且使编程人员的再阅读都变得十分困难；

③机器语言是严格依赖具体型号机器的，编程难于在移植；

④用机器语言编程序，编程人员必须具备处理存储分配，设备使用等繁琐问题。

高级程序语言广泛使用英文词汇和短语，可以直接编写与代数式相似的计算公式。用高级程序语言编程序比用汇编或机器语言简单得多，程序易于改写或移植，BASIC、FORTRAN、C、JAVA 都属于高级程序语言。

图 3-30　分栏排版

计算机语言

人要指挥计算机运行，就要使用计算机能够"听懂"、能够接受的语言。这种语言按其发展程度和使用的语言范围可以分为机器语言❶与程序语言（初级程序语言和高级程序语言）。

❖机器语言和程序语言

机器语言是由 CPU 能直接执行的指令代码组成的。这种语言中的"字母"最简单，只有 0 和 1 最早的程序是由机器语言写的，这种语言的缺点是：

①机器语言写出的程序不直观，没有任何助记的作用，使得编程人员中作烦躁、枯燥、乏味、又易出错；

②由于它不直观，就很难阅读。这不仅仅限制了编程的交流，而且使编程人员的再阅读都变得十分困难；

③机器语言是严格依赖具体型号机器的，编程难于在移植；

④用机器语言编程序，编程人员必须具备处理存储分配，设备使用等繁琐问题。

高级程序语言广泛使用英文词汇和短语，可以直接编写与代数式相似的计算公式。用高级程序语言编程序比用汇编或机器语言简单得多，程序易于改写或移植，BASIC、FORTRAN、C、JAVA 都属于高级程序语言。

图 3-31　案例操作结果

1．查看分栏版面

在页面视图和打印预览中可以显示与打印格式完全一致的分栏版面。对选定的文本分栏后，Word 自动在分栏文本的前后插入分节符。

2．取消分栏

将原来的多重分栏设置为单一分栏，即可取消分栏。

方法：在"分栏"对话框中单击"预设"区域中的"一栏"选框，或将"栏数"数字框的值改为 1，则选定文本或光标所在节的分栏被取消。

3．插入分栏符

如果要在文档中指定位置处强制分栏，而不是由 Word 按文档长短自动分栏，可以在需要分栏处插入分栏符。

方法：将光标移到开始下一栏的位置，在"页面布局"选项卡的"页面设置"功能组中单击"分隔符"按钮，在"分隔符"子菜单中选择"分栏符"，光标后的文本移入下一栏。

4．均衡栏长

分栏文本如果包含文档最后一段，经常出现栏长不相等，甚至最后一栏为空的情况，使分栏版面不美观。为了均衡各栏的长度，可以在文本的最后插入额外的分节符，以调整栏长。

方法：单击需要均衡分栏的文档结束处，在"页面布局"选项卡的"页面设置"功能组中单击"分隔符"按钮，在"分隔符"子菜单中选择分节符类型为"连续"。

3.4 表格处理

表格由"行"方向和"列"方向的单元格构成。在 Word 文档中，可以很方便地创建表格，在单元格中随意添加文字和图形；也可使用表格按列对齐数字，然后进行排序和计算；还可通过表格来安排文字和图形。Word 中，可以建立嵌套表格；可以在页面上任意移动表格、将它们并列放置，或让文字环绕表格。

任务 12 创建表格

【任务描述】

可以用 Word 提供的表格工具创建规整的表格，操作简单方便。本任务学习采用多种方法创建表格。

【案例】 按表 3-1 所示，用 Word 创建一个学生成绩表，以文件名 B2-1 保存。

表 3-1 学生成绩表

学号	姓名	英语	高等数学	计算机基础
05001	王玲玲	76	67	71
05002	李和平	81	85	90
05003	袁军	90	88	94
05004	张民生	65	56	70

【方法与步骤】

（1）启动 Word。

（2）创建表格。

①把插入点移到需要插入表格的位置，在"插入"选项卡的"表格"功能组中单击"表格"按钮，在子菜单中选择"插入表格"，弹出"插入表格"对话框，如图 3-32 所示。

②在"列数"、"行数"框中键入或选择表格包含的行数和列数（本例都设置为"5"）。

③选中"固定列宽"单选按钮，在其右边的数字框中键入或选择所需的列宽（本例选择默认值"自动"）。如果在数字框中选择默认值"自动"，则在设置的左右页面边界

图 3-32 "插入表格"对话框

之间插入列宽相同的表格，即不管定义的列数是多少，表格的总宽度总是与文本宽度一样。

- 如果选中"根据窗口调整表格"单选按钮，其效果与选择"固定列宽"中的"自动"一样。
- 如果选中"根据内容调整表格"单选按钮，则所建表格的列宽将随输入内容的变化而变化。

④单击"确定"按钮，新建立的空表格出现在插入点处。

（3）输入文本：按表 3-1 所示，在表格各单元格中输入文本。

提示：在某个单元格输入结束后，可以单击其他单元格快速定位光标，也可以用方向键或 Tab 键在各单元格之间移动光标。

（4）把表格文件以文件名 B2-1 保存。

【相关知识与技能】

1．用"表格选择框"创建表格

（1）将插入点移到需要插入表格的位置；

（2）在"插入"选项卡的"表格"功能组中单击"表格"按钮，子菜单如图 3-33 所示。

（3）按住鼠标左键，在"表格选择框"中拖动鼠标选择表格所需的行数和列数，松开鼠标，即可在插入点光标处插入一个与该行数和列数相对应的空的规范表格。

图 3-33　表格选择框

说明：如图 3-33 所示可插入一个 6 行 8 列的表格。

2．用"绘制表格"工具创建表格

用"绘制表格"工具可以如同用笔一样在页面上随意绘制不规则的表格。

方法：在"插入"选项卡的"表格"功能组中单击"表格"按钮，在子菜单中选择"绘制表格"，文档窗口中的鼠标指针变成铅笔形状，可以在页面上随意绘出自己所需的表格。绘制表格时，显示表格工具的"设计"选项卡，如图 3-34 所示。

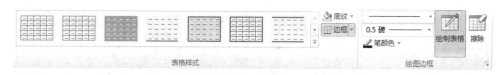

图 3-34　"表格和边框"工具栏

绘制表格线前，可在"设计"选项卡中选择"表格样式"、"线型"、"线条粗细"和"边框颜色"（即线条颜色），"铅笔"按设置值绘出表格线。

如果表格中的某些线条画错了，可以单击"擦除"（橡皮形状）按钮，鼠标在文档窗口中变成橡皮形状，按下鼠标左键拖动"橡皮"可擦除表格线，再次单击"擦除"按钮退出擦除状态。

提示：在 Word 中，可以创建嵌套表格，即在表格中创建新的表格。嵌套表格的创建方法与一般表格相同，只要将插入点定位在需要插入嵌套表格的单元格中，即可创建嵌套表格。嵌套表格的其他操作也与一般表格相同。

3．用表格的"转换"功能快速生成表格

对于按一定规则处理的文本内容，可以通过转换方式快速生成表格。

例如，将表 3-1 所示表格的内容按行输入如下，每行中各数据之间以空格或制表符或逗号分隔：

学号　姓名　英语　高等数学　计算机基础

05001　王玲玲　76　67　71

……

方法：选定输入的文本，在"插入"选项卡的"表格"功能组中单击"表格"按钮，在子菜单中选择"文本转换成表格（V）"选项，弹出"将文字转换成表格"对话框；选择表格列数和文字分隔符，单击"确定"按钮，即可将输入的文本转换为规则表格。

注意：对话框中的分隔符"逗号"指的是英文逗号，若要以中文逗号作为分隔符，应在其他符号中指定。

【思考与练习】

1．使用工具栏上"插入表格"按钮，按表 3-1 新建表格。

2．试将表 3-1 转换成文本。

任务 13 表格的输入与编辑

【任务描述】

创建一个新的表格后，插入点位于第一个单元格中，可以开始在表格中输入、粘贴文本或图形，操作方法与文档中基本相同。本任务通过案例掌握表格内容的输入与编辑、表格的修改（插入行、列，合并单元格等）。

【案例】 按表 3-2 修改文件 B2-1 中的表格（不需设置格式）。

（1）设置表格的列宽：第 1 列为 1.5 厘米，第 2、6 列为 2 厘米，第 3、4、5 列为 2.5 厘米；

（2）设置表格的行高（最小值）：第 1、7 行为 0.7 厘米，其余行为 0.6 厘米；

（3）表格上方插入一行，输入"学生成绩表"（宋体、四号字）；

（4）修改后的表格以文件名 B2-2 保存。

表 3-2 修改后的学生成绩表

学 生 成 绩 表

学号	姓名	英语	高等数学	计算机基础	平均分
05001	王玲玲	76	67	71	
05002	李和平	81	85	90	
05005	陈小霞	60	62	65	
05003	袁军	90	88	94	
05004	张民生	65	56	70	
各科总分					

【方法与步骤】

（1）插入行和列。

①选定表格最右列，显示表格工具的"设计"和"布局"选项卡，在"布局"选项卡的"行和列"功能组中单击"在右侧插入"按钮，在插入列的第一行中输入"平均分"。

②选定表格最下行，在"布局"选项卡的"行和列"功能组中单击"在下方插入"按钮，在插入行的第一个单元格中输入"各科总分"。

③选定表格中"05003 袁军"所在行，在"布局"选项卡的"行和列"功能组中单击"在上方插入"按钮，输入"05005 陈小霞"所在行的数据。

④插入点定位于表格上方插入一个空行，按表 3-2 所示输入表标题"学生成绩表"，并设

置格式。

（2）设置行高和列宽。

①选定表格1、7行，显示表格工具的"设计"和"布局"选项卡，在"布局"选项卡的"表"功能组中单击"属性"按钮，弹出"表格属性"对话框；在"行"选项卡中设置行高为0.7厘米（最小值）；

②选定表格2~6行，用同样方法设置行高为0.6厘米（最小值）；

③参照前面步骤，按要求设置表格的列宽。

（3）合并单元格。

选定表格最后一行左边的 2 个单元格，在"布局"选项卡的"合并"功能组中单击"合并单元格"按钮。

（4）按表3-2所示，在表格新建单元格中输入文字。

【相关知识与技能】

表格的修改包括在表格中插入单元格、行或列，删除单元格、行或列，调整行高或列宽，移动、复制表格中单元格的内容等。

1. 输入和编辑单元格内容

当单元格中输入的文字到达单元格的右边界时，插入点自动转至下一行（自动换行）。在输入过程中，也可以根据需要按 Enter 键换行，在单元格中开始一个新的段落。这两种情况都将增加单元格的高度，与该单元格同一行的其他单元格的高度也会随着增加，但不改变当前单元格的宽度。类似地，如果单元格中的文字减少了，单元格的高度相应降低，但单元格的宽度不改变。如果用户希望以增加列宽的方式来容纳多出来的文字，可以手工改变列宽，单元格中的文字根据列宽自动重排。

如果要在位于文档开始处的表格上方插入一个空段落，可将插入点定位到第一个单元格内文本的前面，按 Enter 键。

若要删除整个单元格或多个单元格中的内容，可先选取这些单元格，然后按 Del 键，或在"布局"选项卡单击"删除"按钮，在子菜单中选择操作的项目（删除单元格、删除列、删除行、删除表格）。

单元格中，文本的格式与插入表格时插入点所在段落的文本格式一致。用户可以根据需要在单元格中应用样式或格式化操作来改变表格中文本的格式，其方法与在普通文档中格式化操作基本一致。

2. 选择单元格、行、列或表格

用鼠标可以很方便地选定表格中的单元格、行或列：

（1）选择一个单元格：将鼠标指针移到该单元格左边，光标为"➚"状时单击。

（2）选择表格中一行：将鼠标移到该行左边，光标为"⟋"状时单击。

（3）选择表格中一列：将鼠标移到该列上方，光标为"↓"状时单击。

（4）选择多个单元格、或多行、或多列：按住鼠标左键拖曳；或先选定开始的单元格，再按住 Shift 键并选定结束的单元格。

（5）选定表格：鼠标指针移到表格中，表格的左上角将出现"表格移动手柄"⊞，并单击。

此外，在"布局"选项卡的"行和列"功能组中单击"选择"按钮，在子菜单中选择"选择单元格"、"选择行"、"选择列"、"选择表格"，可以方便地选定表格或表格中的单元格、行、列。

3. 表格的修改

（1）在表格中插入行或列。在"布局"选项卡的"行和列"功能组中单击"在上方插入"、"在下方插入"、"在左侧插入"、"在右侧插入"按钮，可以插入行或列。

（2）删除表格中的行或列。选择要删除的行或列，在"布局"选项卡中单击"删除"按钮，在子菜单中选择"删除行"、"删除列"、"删除单元格"选项。

（3）表格中的移动、复制操作。在表格中，可以将指定的整行、整列或单元格中的文本或数据，移动或复制到其他行、列或单元格中去，操作方法与在文档中一样。

选定行、列或单元格后，可以用"剪切（复制）"和"粘贴"操作完成上述操作，也可以用"拖动"（或按住 Ctrl 键并拖动）方法实现移动或复制。

注意：在移动或复制整行、整列时，被移动或复制的行、列连同表格线一起插入（而不是替换）所选定的目标位置。

（4）调整表格列宽。

方法一：在表格中选定需要修改的列；在"布局"选项卡的"单元格大小"功能组中单击右下角的向右下箭头，打开"表格属性"对话框；在"列"选项卡上修改被选定列的列宽，单击"前一列"、"后一列"修改其他列的列宽；修改完毕，单击"确定"按钮返回。

方法二：将鼠标指针移到表格列的竖线上，当指针变成 ◀▶ 时，按住鼠标左键并左右拖动该表格列竖线，直到宽度合适时松开鼠标。按住 Alt 键可以平滑拖动表格列竖线，并在水平标尺上显示出列宽值。

方法二：在"布局"选项卡的"单元格人小"功能组中单击"分布列"按钮，可设置所选列的列宽相等。

在"布局"选项卡的"单元格大小"功能组中单击"自动调整"按钮，在子菜单中选择"根据内容调整表格"，可设置所选列的列宽随着内容的变化而变化；选择"固定列宽"，可设置所选列的列宽不再随着内容的变化而变化；选择"根据窗口调整表格"，可设置表格的宽度为页宽。

（5）调整表格行高。一般情况下，系统根据单元格的内容自动设置行的高度，以适应该行中各个单元格所包含的内容。当单元格中输入的内容超过该行高度时，该行的行高自动增加。表格中各行的高度可以各不相同，但同一行中所有单元格的高度（行高）必须相同。

调整行高的方法：方法与调整列宽显示，读者可以自行总结。"表格属性"对话框如图 3-35 所示。

（6）单元格的合并与拆分。

①合并单元格：选定欲合并的单元格，在"布局"选项卡的"合并"功能组中单击"合并单元格"按钮。

②拆分单元格：将插入点置于要拆分的单元格中，在"布局"选项卡的"合并"功能组中单击"拆分单元格"选项。

（7）拆分表格。把插入点移到将要作为新表格的第 1 行中，在"布局"选项卡的"合并"功能组中单击"拆分表格"按钮，可把表格在插入点处拆为上下两部分，两个表格之间是一个段落标记。若删除该段落标记，则撤消拆分操作，两个表格又合并为一个。

图 3-35 "表格属性"对话框中的"行"选项卡

（8）删除表格。将插入点移到表格中，在"布局"选项卡中单击"删除"按钮，在子菜单中选择"删除表格"选项；或选定整个表格，在"开始"选项卡中单击"剪切"按钮，也可删除表格。

（9）缩放表格。当鼠标指针移动到表格中时，表格的右下方将出现"□"（表格缩放手柄），鼠标指针指向表格缩放手柄，形状为⤢时，按下左键拖动即可缩放表格。

任务 14 表格的格式化

【任务描述】

表格的格式化包括设置表格在页面的位置、选择表格的框线与底纹格式，以及对表格内容进行格式化等。设置表格内文本的字体格式、段落格式等操作方法，与表格外文本的格式化基本相同。本任务通过案例掌握表格的格式设置。

【案例】 按表 3-2 所示，对文件 B2-2 中的表格设置格式。

（1）表格第 1 行的底纹颜色为灰色-10%，第 1 行下边框线和最后 1 行的上边框线为 1.5 磅实线，表格外边框线为双线；

（2）表格所有单元格中的文本对齐格式为：水平、垂直方向居中；

（3）表格在页面的水平方向居中；

（4）操作结果以原文件名保存。

【方法与步骤】

1. 设置单元格文本对齐方式

选定整个表格，在"表格工具 布局"选项卡的"对齐方式"功能组中单击"水平居中"按钮。

2. 设置表格的边框和底纹

选定整个表格，在"表格工具 设计"选项卡的"绘图边框"功能组中单击右下方的向下箭头，弹出"边框和底纹"对话框；选择"边框"选项卡，在"样式"中选择"双线"，在"应用于"中选择"表格"，单击"设置"中的"全部"选项，单击"确定"按钮；选定表格 2～6

行，在"边框和底纹"选项卡中选择"边框"选项卡，在"样式"中选择"单实线"，在"宽度"中选择 1.5 磅，在"应用于"中选择"单元格"，单击"预览"区域中表格的上边框和下边框；选定表格第 1 行，在"表格和边框"对话框中选择"底纹"选项卡，在"应用于"中选择"单元格"，在"样式"列表框中选择"灰色-10%"。

3. 设置表格在页面上水平方向居中

选定整个表格（注意：除了选定表格所有列，还必须选定表格右侧的一列段落标记），在"表格工具 布局"选项卡的"表"功能组中单击"属性"按钮，弹出"表格属性"对话框；选择"表格"选项卡，在对齐方式中单击"居中"按钮。

【相关知识与技能】

1. 控制表格的水平位置和文字环绕方式

通过设置不同的对齐方式，可以控制表格在页面上的水平位置。

方法：把插入点置于表格中，或选定整个表格；在"表格工具 布局"选项卡的"表"功能组中单击"属性"按钮，弹出"表格属性"对话框；选择"表格"选项卡，如图 3-36 所示。在对齐方式中选择对齐方式。若选择"左对齐"，则允许在"左缩进"框中输入或选择数字，设置表格相对于页面左边距的固定缩进；在"文字环绕"区域中选择"环绕"，可设置文字环绕表格。

图 3-36 "表格属性"对话框中的"表格"选项卡

控制表格水平位置的简单方法：选定整个表格；在"表格工具 布局"选项卡的"对齐方式"功能组中单击相应的对齐按钮。

提示： 当鼠标指针移动到表格中时，表格的左上方将出现"⊞"（表格移动手柄），用鼠标拖动表格移动手柄即可将表格在页面上任意定位。

2. 表格格式的修改

创建表格后，选定整个表格，在"表格工具 设计"选项卡的"表格样式"功能组中单击相应的样式，或打开"表格样式"下拉列表选择表格的样式。

在"表格工具 设计"选项卡可以设置表格或单元格的边框和底纹。

3．表格内容的格式化

（1）设置单元格内容对齐格式。

选取单元格或整个表格，在"表格工具 布局"选项卡的"对齐方式"功能组中选择所需要的对齐方式。

（2）自动重复表格标题：如果表格分开在各页上，可以设置在各页自动重复表标题。

方法：从表格第一行开始，选择要作为标题的一行或数行文本；在"表格工具 布局"选项卡的"数据"功能组中单击"重复标题行"按钮。

（3）改变文字方向：可以更改表格某一单元格或若干单元格中的文字方向。

方法：选取单元格，在"表格工具 布局"选项卡的"对齐方式"功能组中单击"文字方向"按钮。多次单击可切换各个可用的文字排列方向。

任务 15　建立不规则表格

【任务描述】

本任务通过案例进一步掌握创建表格的方法。

【案例】　按表 3-3 所示，在 Word 中建立一个不规则表格，以文件名 B2-3 保存。

表 3-3　在 Word 中建立的不规则表格

姓名	现　名		性别		出生年月		照片
	曾用名		民族		政治面貌		
	通信地址				联系电话		
个人简历							

【方法与步骤】

（1）创建规范表格，行数为 4，列数为 8；设置 1～3 行行高为 0.8 厘米（最小值），单元格文字水平居中，垂直居中。

（2）用鼠标拖动表格下边框线，使最后一行高度能容纳"个人简历"（竖排）四个字。

（3）按表 3-3 合并单元格，用鼠标拖动边框线调整列宽。

提示：选定第 3 行第 1 列单元格，用鼠标拖动右边框，可单独调整该单元格的宽度。

（4）分别设置"姓名"、"照片"、"个人简历"单元格的文字方向为竖排。

（5）在各单元格中输入文字。

（6）按表 3-3 设置表格边框的线型。

【相关知识与技能】

欲建立不规则表格，通常先建立规则表格，然后对表格进行对齐方式、文字方向、行高、列宽、边框和底纹设置等，将规范表格修改为不规则表格。

任务 16　表格的计算和排序

【任务描述】

在 Word 2010 表格中除了可以进行加、减、乘、除、求和、求平均值、求最大值、求最小值等运算外，还可以对数据进行排序。本任务通过案例掌握表格中单元的计算方法，掌握表格的排序方法。

【案例】　对表格进行以下操作。

（1）在文档 B2-2 中，计算表格每位学生 3 门课程的平均分和各门课程的总分。

（2）在文档 B2-2 中，将表格中各学生的数据行按学号从小至大重新排列。

（3）在文档 B2-1 中，根据表格中 4 名学生 3 门课程的成绩生成相应的图表，如图 3-37 所示。

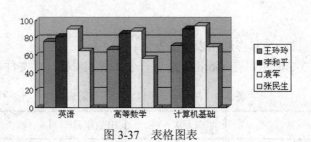

图 3-37　表格图表

【方法与步骤】

1. 打开文档 B3-2，在表格中计算每位学生 3 门课程的平均分和各门课程的总分

（1）按列求和（求"各科总分"）。

①将插入点移到存放英语总分的单元格中。

②在"表格工具 布局"选项卡"数据"功能组中单击"公式"按钮，弹出"公式"对话框，如图 3-38 所示。在"公式"栏中显示计算公式"=SUM(ABOVE)"。其中，"SUM"表示求和，"ABOVE"表示对当前单元格上面（同一列）的数据求和。本例不必修改公式。

③单击"确定"按钮，插入点所在单元格中显示 372。

图 3-38　表格"公式"对话框

按以上步骤，可以求出其他两门课程的总分。由于是对上面的数据求和，计算公式应为"=SUM(ABOVE)"；若对左边（同一行）的数据求和，计算公式为"=SUM(LEFT)"。

（2）其他计算（求"平均分"）。

①将插入点移到计算王玲玲平均分的单元格中（第 2 行第 6 列）。

②在"表格工具 布局"选项卡"数据"功能组中单击"公式"按钮，弹出"公式"对话框（参见图 3-38）。

③删除"公式"栏中"SUM(LEFT)"（保留等号"="），在"粘贴函数"列表框中选择"AVERAGE()"，"公式"栏中显示"=AVERAGE()"；在函数后面的括号中填入"C2,D2,E2"（"公式"栏中显示"=AVERAGE(C2,D2,E2)"）；或在函数后面的括号中填入"C2:E2"（"公式"栏中显示"=AVERAGE(C2:E2)"）。

提示：也可以在"公式"栏中输入"=(C2+D2+E2)/3"计算王玲玲的平均分。

④在"编号格式"中选取或输入一种格式，如 0.00 表示小数点右面保留 2 位。

⑤单击"确定"按钮，插入点所在单元格中显示 71.33。

按以上步骤，可以求出其他学生的平均分。

2．打开文档 B3-2，将表格中各学生的数据行按学号从小至大重新排列

（1）选定表格第 1～6 行；

（2）在"表格工具 布局"选项卡的 "数据"功能组中单击"排序"按钮，弹出"排序"对话框，如图 3-39 所示。

图 3-39 表格"排序"对话框

（3）在"列表"区域中选择"有标题行"，系统把所选范围的第 1 行作为标题，不参加排序。

（4）在"主要关键字"中选择"列1"，在"类型"中选择"数字"，并单击"升序"（从小到大）单选按按钮。如果要指定一个以上的排序依据，分别选择"次要关键字"、"第三关键字"各选项。

（5）单击"确定"按钮。

3．打开文档 B3-1，根据表格中 4 名学生 3 门课程的成绩生成相应的图表

（1）选定表格中第 1 行第 2 列至第 6 行第 5 列区域。

（2）在"插入"选项卡的"插图"功能组中单击"图表"按钮，在表格下方插入图表。

（3）插入图表后，系统处于图表编辑状态，屏幕上除表格外，还有一个"数据表"窗口和依据"数据表"中的数据生成的图表。单击文档编辑区，"数据表"窗口关闭，恢复原文档窗口状态，产生的图表插入在表格下面。

【相关知识与技能】

排序是将表格信息按一定规律显示，即针对某一列，对所有记录（行）重新组合与排列（升序或降序）。利用表格中的数据还可以生成图表，以图形的方式直观地显示表格中的数据，方便作相关的比较与决策。

表格计算中的公式以等号开始，后面可以是加、减、乘、除等运算符组成的表达式，也可以在"粘贴函数"列表框中选择函数。被计算的数据除了可以直接输入（如 45，67 等）外，更一般的做法是通过数据所在的单元格间接引用数据。

单元格可表示为 A1，B1，B2 等，其中，字母表示列号，数字表示行号。函数中，各单

元格之间用逗号分开，如："=AVERAGE(C2,D2,E2)"表示对 C2，D2，E2 单元格中的数据求平均值。若要表示范围，则可用冒号连接该范围的第一个单元格和最后一个单元格来表示，如："=AVERAGE(C2:E6)"表示对 C2～E6 矩形范围内的数据（所有学生、所有课程的成绩）求平均值。

注意：公式中的等号、逗号、冒号、括号等符号必须使用英文符号。否则，系统将提示出错。

按行或按列求和时可使用系统给出的默认公式"SUM(LEFT)"或"SUM(ABOVE)"，公式的计算范围是：距插入点所在位置最近的单元格开始，直至遇到空单元格或包含文字的单元格。

【思考与练习】

1. 将文件 B3-2 表格中各学生的数据行按英语从大至小重新排列。

2. 如果表格中数据发生变化，希望图表也作相应改变，只需双击该图表，在弹出的"数据表"窗口中修改数据表中对应的数据，图表会自动随之变化，试一试。

3. 双击图表将进入图表编辑状态，可以对图表进行修改，试一试。

3.5 图文处理

任务 17 插入图片和艺术字

【任务描述】

Word 具有很强的图文处理能力，能在文档中很方便地插入图片、文本框、艺术字，绘制和修改自选图形等，增强文档效果。本任务通过案例掌握图文混排的方法。

【案例】 将文件 W3-5 中的文档按图 3-40 所示样文进行图文处理，操作结果保存在文件 W3-7 中。

图 3-40　案例样文（操作结果）

【方法与步骤】

（1）打开文档 W3-5；按样文所示，删除题目"计算机语言"，取消第1段的首字下沉、边框和底纹，将"❖机器语言和程序语言"设置为四号字。

（2）插入图片（左上角）并调整大小。

①将插入点定位于第 1 段开始，在选项卡"插入"的"插图"功能组中单击"剪贴画"按钮，打开"剪贴画"任务窗格，"搜索文字"为"计算机"，在"搜索范围"的下拉列表框中选中"Office 收藏集"中"科技"下的"计算"复选框，单击"搜索"；双击所需的图片，将它插入到图示的位置，图片的环绕方式默认为"嵌入型"。

②选定图片，在"图片工具 格式"选项卡的"大小"功能组中单击右下角的向下箭头，弹出"设置图片格式"对话框；在"大小"选项卡中设置缩放高度80%，"锁定纵横比"复选框为选中状态；图片的环绕方式如果不是嵌入型，则在"版式"选项卡中设置为"嵌入型"。

（3）插入图片（文档右侧）并旋转、裁剪图片。

①任意定位插入点，在"插入"选项卡的"插图"功能组中单击"剪贴画"按钮，打开"剪贴画"任务窗格，"搜索文字"为"人物"，在"搜索范围"的下拉列表框中选中"Office 收藏集"复选框（图标成为"☑"，表示收藏集下的所有项目全都选中），单击"搜索"；双击所需的图片，将它插入到文档中。

②选定图片，在"图片工具 格式"选项卡的"排列"功能组中单击"文字环绕"按钮，在子菜单中选择"四周型环绕"；选定图片，在"大小"组中单击"裁剪"按钮🔲，将裁剪光标🔲置于图片上边的裁剪控点上拖动，按图示样文裁去图片的上半部分。

③选定图片，鼠标指针指向旋转控点，当指针形状为"🔥"时，拖动鼠标，按图示样文将旋转图片。

（4）在"插入"选项卡的"文字"功能组中单击"艺术字"按钮，弹出"艺术字库"对话框，如图 3-41 所示。

图 3-41 "艺术字库"对话框

（5）选择第 1 行第 1 列艺术字样式，单击"确定"按钮，打开"编辑'艺术字'文字"对话框，如图 3-42 所示。

图 3-42 "编辑'艺术字'文字"对话框

（6）在"文字"框中输入"计算机语言"，设置字体为"隶书"，字号为 36，单击"确定"按钮。文档按所选样式和内容显示艺术字，同时打开"艺术字工具 格式"选项卡。可用"艺术字工具 格式"的按钮把艺术字修饰成满足要求的样式。

（7）在"艺术字工具 格式"选项卡的"艺术字样式"中单击"更改形状"按钮，选择"朝鲜鼓"；单击"阴影样式"按钮，选择"阴影样式 1"；调整艺术字的大小和位置。

（8）单击文档，完成插入艺术字的操作。

若需要再次编辑艺术字，只需单击艺术字，使之四周出现控点，同时显示"艺术字工具 格式"选项卡。

（9）将文件以文件名 W3-7 另存。

【相关知识与技能】

在文档中插入图片操作时，图片是其他文件创建的图形，包括位图、扫描的图片和照片以及剪贴画。图文处理包括图片的版式控制、图片的编辑。

图片的版式控制有两类：参与图文混排（四周型、衬于文字下方等）、尾随文本（嵌入型）。图片的编辑如同编辑文档那样，必须先选定图片，再对图片执行相应的操作、修饰。

1. 使用"Microsoft 剪辑库"

用户可以从 Word 提供的剪辑库中选择需要的剪贴画或图片插入文档。

方法：将插入点定位于要插入剪贴画或图片的位置，在"插入"选项卡的"插图"功能组中单击"剪贴画"按钮，打开"剪贴画"任务窗格；在"搜索文字"框中输入描述所需图片的关键字，如"运动"；在"搜索范围"框中选择要搜索的收藏集；在"结果类型"中选择所需的媒体文件类型；单击"搜索"按钮。

如果搜索成功，图片出现在任务窗格下面的列表框中，如图3-43 所示。双击所需插入的图片，即可把图片插入到文档中相应的位置。

2. 插入图形文件

用户可以在文档中插入其他的通用图形文件。

方法：将插入点定位于要插入图片的位置；在"插入"选项卡的"插图"功能组中单击"图片"按钮，弹出"插入图片"对话框；选择要插入的图形文件名，单击"插入"按钮。

3. 编辑图片

如同编辑文档那样，必须先选定图片，再对图片执行相应的操作。

图 3-43 "剪贴画"任务窗格

选择图片的方法：将鼠标指针移到图片处，当指针变成四向箭头状时单击。

提示：对嵌入式图片，鼠标指针移到图片处，指针依然为"工"字形，单击即可选定图片。

图片被选定后，自动打开"图片工具 格式"选项卡，可以设置图片格式。

4．编辑艺术字

在 Word 中，艺术字也是一种自选图形，在文档中插入艺术字和对艺术字进行编辑的操作具有编辑自选图形的许多特点，并且兼有文字编辑的内容。

可以用"图片工具 格式"选项卡对艺术字进行编辑。除了可以更改艺术字内容外，还可以设置艺术字格式、形状、环绕、旋转、对齐和字间距等。

【知识拓展】

单击图片，利用"图片工具 格式"选项卡中相应的按钮，可以编辑图片的图像特性，例如，调整图片的对比度和亮度；为图片加边框（嵌入式图片不能加外框）；利用"重新着色"按钮可以将图片设置为"自动"、"灰度"、"黑白"、"冲蚀"、"设置透明色"五种效果。

其中，"自动"使用图片的原始颜色；"灰度"把图片转换为黑白图片，每一种颜色转换为相应的灰度级别；"黑白"把图片转换为纯黑白色，"冲蚀"用最宜于水印效果的预设亮度和对比度来设置图片。

提示："冲蚀"用最宜于水印效果的预设亮度（85%）和对比度（15%）来设置图片，对不同的图片可以调整亮度和对比度，使之达到最佳的水印效果。

【思考与练习】

1．将图片的文字环绕方式设置为"衬于文字下方"后，图片在文字的下面。如果选择图片有困难，可以打开"绘图"工具栏，单击"绘图"工具栏中的"选择对象"按钮，再选择图片，试一试。

2．打开文件 W3-1 插入图片，设置为水印效果。

3．在文档中插入图片，显示效果如图 3-44 所示。

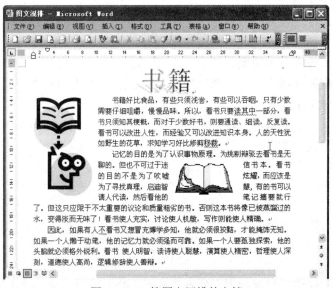

图 3-44　一篇图文混排的文档

任务 18　绘制图形

【任务描述】

图形对象包括自选图形、图表、曲线、线条和艺术字。用户可以用"绘图"工具栏直接在文档中绘制图形。本任务通过案例学习绘制自选图形，并在自选图形中添加文字。

【案例】　按图 3-40 所示样文，在文件 W3-7 右边的图片上方添加"云形标注"，并输入文字；在文档左下角插入文本框，在文本框中插入图片，输入文字。

【方法与步骤】

（1）插入云形标注。

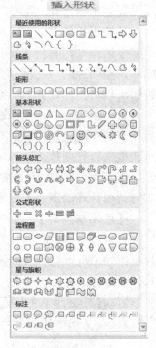

图 3-45　形状列表

- 在"插入"选项卡的"插图"功能组中单击"形状"按钮，在打开的列表（见图 3-45）中选择"标注"类别中的"云形标注"，鼠标指针成为十字形状，在文档右边已插入的图片附近按下鼠标左键拖动至合适大小，松开左键；
- 鼠标指针移动到"云形标注"，鼠标指针成为四向箭头形状，单击右键，在快捷菜单中选择"添加文字"，"云形标注"中出现插入点，按样文所示输入文字。
- 设置"云形标注"的环绕方式为"四周型"；按样文所示，拖动控点调整云形标注的大小，拖动"云形标注"调整位置；拖动"云形标注"中黄色菱形改变标注的形状。

（2）插入文本框。

- 在"插入"选项卡的"文本"功能组中单击"文本框"按钮，在打开的列表中选择"绘制竖排文本框"，鼠标指针成为十字形状，在文档左下方按下鼠标左键拖动至合适大小，松开左键。

在文本框中光标所在位置输入"高级程序语言"（小四号、隶书、字符间距紧缩 1.2 磅），按回车键换行，插入样文所示的图片；

- 设置文本框的环绕方式为"四周型"；按样文所示调整文本框的大小和位置。

【相关知识与技能】

在"插入"选项卡的"插图"组中单击"形状"按钮，打开"绘图工具 格式"组，如图 3-46 所示。其中有绘制处理各种自选图形和设置各种自选图形格式的工具。

图 3-46　"绘图工具 格式"选项卡

1. 绘制图形

用"绘图"工具栏的"自选图形"列表（见图 3-45）可以自动创建不同的图形。"自选图形"列表中包含有若干图形类别，除线条外还有基本形状、箭头总汇、流程图组件和标注等。

（1）绘制自选图形。在"插入"选项卡的"插图"功能组中单击"形状"按钮，在列表（见图 3-45）中选择某一类别及图形，再单击文档，所选图形按默认的大小插入在文档中；若要插入自定义图形，则单击图形起始位置并按住鼠标左键拖动，直至图形成为所需大小时松开鼠标；若要保持图形的高宽比，拖动时应按住 Shift 键。

（2）画"直线"、"矩形"、"椭圆"等图形。在上述"形状"列表中单击"直线"、"矩形"、"椭圆"等图形按钮，单击图形起始位置并按住鼠标左键拖动到结束位置，可绘制相应的图形；若要画水平线、垂直线、圆、正方形，则在拖动鼠标时按住 Shift 键。若在拖动鼠标时按住 Ctrl 键，则以图形中心为基准绘制图形。

（3）画箭头。绘制实箭头的方法：在"形状"列表中单击"箭头"按钮，单击箭头起始位置并拖动鼠标画出箭头；再单击"箭头样式"按钮，在箭头样式列表中选择箭头样式。

（4）绘制文本框。在"插入"选项卡的"文本"功能组中单击"文本框"按钮，在打开的列表中选择绘制的列表类型，然后在页面上画一矩形，矩形框中将出现插入点和段落标记，可在矩形框中输入或处理横向（或竖向）的文本。

可把文本框看作一个容器，用于放置所需的文本。Word 文本框中的文本可以像文档中的文字那样被移动、被复制、被删除并进行格式设置。

2．编辑图形

绘制的自选图形可以用"绘图工具 格式"选项卡设置文字环绕、设置边框的线型和缩放图形。

3．在自选图形中添加文字

Word 允许在除线条或任意多边形之外的任何自选图形中添加文字。

方法：鼠标指向自选图形，当光标成为四向箭头时单击右键，在弹出的快捷菜单中选择"添加文字"选项，图形中出现插入点；键入文字，这些文字是自选图形的一部分，将随着图形一起移动，但不能随自选图形一起旋转或翻转；单击自选图形之外任意处，停止添加文字，返回文档。

【思考与练习】

1．若需要将若干个自选图形组合在一起，创建一个图形对象组，以便将这些图形作为一个整体进行编辑（如设置翻转或旋转、调整大小等）或移动，应如何操作？

2．如何在文档中绘制流程图？按图 3-47 所示，绘制某程序的部分流程图。

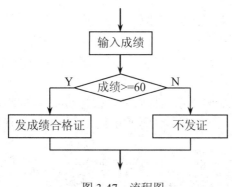

图 3-47　流程图

3.6　Word 2010 的其他功能

任务 19　样式的使用

【任务描述】

样式是用样式名保存起来的文本格式信息的集合。使用样式可以方便地设置文档各部分的格式，提高排版效率。有四种类型的样式：段落样式、字符样式、表格样式和列表样式。本任务以段落样式和字符样式为例，通过案例学习样式的使用方法。

【案例】　新建样式。在图 3-48 所示的"普通高等学校学生管理规定（摘录）"中，对标题"第一章"设置字体格式：四号、黑体、加粗、加宽字间距 1.5 磅，文字缩放 130%；设置段落格式：居中对齐、段前距 0.5 行、段后距 0.5 行；将这些格式信息以样式名"各章标题"保存。对其他章标题"第二章"、"第三章"、……使用样式"各章标题"，则各章标题的格式将与标题"第一章"的格式一样。

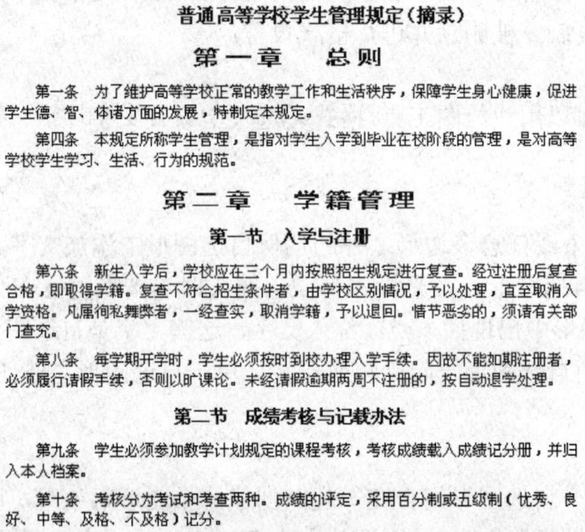

普通高等学校学生管理规定（摘录）

第 一 章　　总 则

第一条　为了维护高等学校正常的教学工作和生活秩序，保障学生身心健康，促进学生德、智、体诸方面的发展，特制定本规定。

第四条　本规定所称学生管理，是指对学生入学到毕业在校阶段的管理，是对高等学校学生学习、生活、行为的规范。

第 二 章　　学 籍 管 理

第一节　入学与注册

第六条　新生入学后，学校应在三个月内按照招生规定进行复查。经过注册后复查合格，即取得学籍。复查不符合招生条件者，由学校区别情况，予以处理，直至取消入学资格。凡属徇私舞弊者，一经查实，取消学籍，予以退回。情节恶劣的，须请有关部门查究。

第八条　每学期开学时，学生必须按时到校办理入学手续。因故不能如期注册者，必须履行请假手续，否则以旷课论。未经请假逾期两周不注册的，按自动退学处理。

第二节　成绩考核与记载办法

第九条　学生必须参加教学计划规定的课程考核，考核成绩载入成绩记分册，并归入本人档案。

第十条　考核分为考试和考查两种。成绩的评定，采用百分制或五级制（优秀、良好、中等、及格、不及格）记分。

图 3-48　使用样式排版

【方法与步骤】

（1）插入点任意定位。在"开始"选项卡的"样式"功能组中单击右下角的向下箭头，打开"样式"列表，如图 3-49 所示。

（2）在"样式"列表中单击"新建样式"按钮，弹出"根据格式设置创建新样式"对话框，如图 3-50 所示。

（3）在"名称"文本框中输入新建样式名，根据需要选择样式类型、样式基准、后续段落样式；使用"格式"下的工具设置样式所包含的格式，如果样式复杂，可以单击左下方的"格式"按钮进行设置。

如果选中"自动更新"复选框，一旦改变了使用该样式的文档格式，将自动更新该样式。

（4）单击"确定"按钮，新建的样式名出现在"样式"列表框中。

图 3-49 "样式"列表

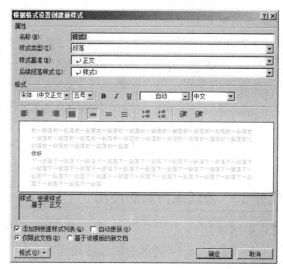

图 3-50 "根据格式设置创建新样式"对话框

【相关知识与技能】

1. 样式

在 Word 文档中，可应用已有的样式对段落或文字进行格式编排。

方法：选定要应用指定样式的文本（段落或文字），在"开始"选项卡的"样式"功能组中单击右下角的向下箭头，在"样式"列表（见图 3-49）选择所需的样式。

使用样式后，若更改了某个样式，文档中所有使用该样式的文本（段落或文字）格式随之改变。例如，要将各章标题的字体都改为宋体，只要修改"各章标题"样式，把该样式的字体改为宋体即可。

（1）样式分为内置样式和自定义样式。

内置样式是 Word 提供的样式，用户可以直接使用，也可以对修改样式后再使用，或创建自己的样式。内置样式和自定义样式都可以根据实际需要进行修改，对某一样式进行修改后，所有应用该样式的文本格式都将自动更新。

（2）样式可以修改，亦可删除。

在"样式"列表中选择某样式，在快捷菜单中选择"删除"选项，可删除该样式。不能删除内置样式。删除自定义样式后，所有使用该样式的文本将使用"正文"样式。

2. 模板的使用

进行文稿录入和编辑排版时，不同的使用者对文章的格式要求不同。这些格式不仅包含文字处理时所使用的样式，还包含文档排版时的页面设置等内容。在 Word 中，这种定义后被存储起来的文档格式称为模板。模板是具有共同特征的某一类文档的备份，它包含了该类文档的样式、页面设置、自动图文集词条、工具按钮以及自定义菜单和快捷键的设置等。

日常公文处理时，用户可以在文档中直接引用 Word 提供的向导或模板进行文字录入，不必进行格式设定也可达到满意的效果。例如，经常需要发传真的用户，可以直接使用 Fax（传真封面模板）；发会议通知时，可以使用 Meeting（会议通知模板）等。

Word 提供了许多预先设计好的模板，如标准信函、传真封面、会议通知、备忘录、介绍、简历等，用户利用这些模板可以快速地创建文档。

【思考与练习】

1．在"普通高等学校学生管理规定（摘录）"中新建样式"各节标题"。样式要求：字体格式为宋体、小四号、加粗；段落格式为居中对齐、段前距 0.5 行、段后距 0.5 行。

2．参照上述步骤，在"普通高等学校学生管理规定（摘录）"中，新建样式"条例"。样式要求：字体格式为宋体、五号，段落格式为首行缩进。

3．在"普通高等学校学生管理规定（摘录）"中，把样式"各章标题"、"各节标题"和"条例"应用到相应的段落。

4．修改样式"条例"，在段落格式中增加"段前间距 0.3 行"。

任务 20　公式编辑器的使用

【任务描述】

公式编辑器是 Word 提供的附加应用程序。本任务通过案例学习用公式编辑器建立复杂的公式。

【案例】　在文档中插入公式：$Y_1 = \dfrac{\sqrt{a+b}}{c^2}$。

【方法与步骤】

（1）插入点移到文档中要插入公式处。

（2）在"插入"选项卡的"符号"功能组中单击"公式"旁边的箭头，在列表中单击"插入新公式"选项，打开"公式工具 设计"选项卡，进入公式编辑状态，如图 3-51 所示。

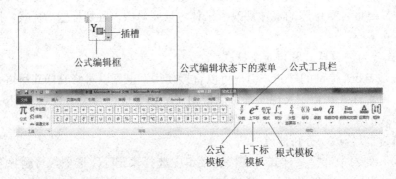

图 3-51　公式编辑状态

提示： "符号"功能组（见图 3-50）可插入各种数学符号。其中，许多符号在标准的 Symbol 字体下没有。"结构"组用于插入数学结构，包含分数、上下标、根式、积分等，以及各种数学运算符号。许多样板包含插槽（键入文字和插入符号的空间）。结构可以嵌套（插入另一个结构的插槽中）以建立复杂的多级公式。

（3）在编辑框中输入"Y"，在"结构"功能组中单击"上下标"旁边的箭头，在打开的列表中选择下标结构（第 1 行第 2 个符号），字母"Y"右下角出现虚线框，称为"插槽"（见图 3-51），光标在插槽中；输入"1"。

（4）单击公式已输入部分的右侧，将光标定位在公式正常位置，输入等号"="。

（5）在"结构"功能组中单击"分数"按钮，在打开的列表中选择分数结构，即可在等号"="后插入分数符，分数上下都有插槽，插入点在分子的插槽中。

（6）在"结构"功能组中单击"根式"按钮，在打开的列表中选择根式结构，即可在分子上插入根式符，插入点在根式符的插槽中；输入"a+b"。

（7）单击分母上的插槽，使插入点定位在分母插槽中；输入"c"。

（8）在"结构"组中单击"上下标"按钮，在打开的列表中选择上标结构（第 1 行第 1 个符号），字母"c"右上角出现插槽；输入"2"。

（9）单击公式编辑框外任意处，编辑框消失，公式输入完毕。

【相关知识与技能】

用户可以从公式编辑器提供的"公式"工具栏中挑选符号、键入变量和数字来建立复杂的公式。建立公式时，"公式编辑器"根据数学的排字惯例自动调整字体大小、间距和格式。

1. 修改公式

双击公式，打开"公式工具 设计"选项卡，公式置于编辑框中，将插入点移到要修改的位置，即可进行修改。

2. 设置公式格式

在 Word 中，公式可以像自选图形一样设置格式。

任务 21　邮件合并

【任务描述】

利用"邮件合并"功能可以合并文档，最常用的场合是建立具有各种不同风格的套用信函、信封和邮件标签。本任务通过案例掌握邮件合并的操作方法。

【案例】 期末时要为每个学生邮寄一份成绩单，学生成绩单的格式如图 3-52（a）所示，利用邮件合并功能创建学生成绩单。

【方法与步骤】

如图 3-52（a）所示，各学生的成绩单中除了学生姓名和各科成绩外，其他内容都相同。因此，可以创建一个主文档，把各学生成绩单中相同的内容放在主文档中，如图 3-52（b）所示。把主文档中不同的内容放在表格中，把表格文档称为"数据源"，如图 3-52（c）所示。邮件合并时，必须告诉系统，数据源中不同的数据应该插入在主文档中的什么位置，因此，还应在主文档的相应位置插入"合并域"。如图 3-52（d）所示文档中，《姓名》、《英语》、《高等数学》、《计算机基础》都是合并域。最后，执行合并操作，系统把数据源（表格）中数据按行插入到主文档中合并域所指的位置，一行数据产生一个学生的成绩单。

邮件合并的主要步骤为：创建或打开主文档，创建或打开数据源，在主文档中插入合并域，合并主文档和数据源。

1. 创建或打开主文档（信函）

主文档可以在邮件合并前建立并存盘，也可以在合并时创建主文档。本案例在邮件的创建过程中创建主文档。

（1）打开 Word 窗口，在"邮件"选项卡的"开始邮件合并"功能组中单击"开始邮件合并"右边的箭头，打开"邮件合并"任务窗格，如图 3-53 所示。

（2）在"第 1 步"中选择文档类型为"信函"，单击"下一步：正在启动文档"。

（3）如图 3-54 所示，在"第 2 步"中选择开始文档为"使用当前文档"（即把当前窗口中的文档作为创建套用信函的主文档），单击"下一步：选取收件人"。

成 绩 单

2003-2004 学年　第二学期

×××同学：

你本学期各科（总评）成绩如下：

英语　　　××

高等数学

计算机基础　××

下学期定于 8 月 29 日注册，9 月 1 日上课，请准时返校。

信息工程系 2004-7-15

（a）学生成绩单样文

成 绩 单

2003-2004 学年　第二学期

同学：

你本学期各科（总评）成绩如下：

英语

高等数学

计算机基础

下学期定于 8 月 29 日注册，9 月 1 日上课，请准时返校。

信息工程系 2004-7-15

（b）学生成绩单主文档

学号	姓名	英语	高等数学	计算机基础
05001	王玲玲	76	67	71
05002	李和平	81	85	90
05003	袁军	90	88	94
05004	张民生	65	56	70

（c）学生成绩单数据源

成 绩 单

2003-2004 学年　第二学期

《姓名》同学：

你本学期各科（总评）成绩如下：

英语　　　《英语》

高等数学　《高等数学》

计算机基础　《计算机基础》

下学期定于 8 月 29 日注册，9 月 1 日上课，请准时返校。

信息工程系 2004-7-15

（d）插入合并域的主文档

图 3-52　用邮件合并产生学生成绩单

图 3-53　邮件合并向导之步骤 1

图 3-54　邮件合并向导之步骤 2

如果选择开始文档为"从模板开始"，则可选择预设的邮件合并模板新建主文档。如果选择开始文档"从现有文档开始"，则可打开已有文档作为主文档。

2. 创建或打开数据源

本案例中，"选取收件人"即创建或打开包含不同学生姓名和不同成绩的数据源。可以用Word表格创建数据源，也可以在Excel或Access中，或使用数据库管理软件创建数据源。本案例使用"表格处理"中创建的Word表格B2-1.DOC作为数据源。

如图3-55所示，在"第3步"中选择收件人为"使用现有列表"，单击"浏览"按钮，打开文件B2-1，弹出"邮件合并收件人"对话框（见图3-56）；可以在对话框中对数据源（B2-1.DOC中的表格）进行编辑、排序、查找等操作，取消行数据左边复选框的选定记号，则该行数据不参加合并。数据源编辑完毕，单击"确定"按钮。单击"下一步：撰写信函"。

 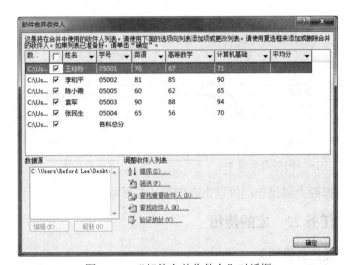

图3-55　邮件合并向导之步骤3　　　　图3-56　"邮件合并收件人"对话框

如果选择收件人为"键入新列表"（见图3-55），则单击"创建"按钮，系统引导用户创建数据源。

3. 插入合并域

在文档窗口中，按图3-52（b）所示内容和格式输入主文档（也可以在启动Word后马上输入主文档的内容并设置格式）。

在主文档中插入合并域的方法：插入点定位于"同学"左边，单击"撰写信函"下的"其他项目"（见图3-57），弹出"插入合并域"对话框，单击"姓名"，单击"插入"按钮。在图3-52（d）中用上述方法插入其他合并域。

单击"下一步：预览信函"，文档窗口显示主文档和表格第1行数据合并后的文档。单击"预览信函"下的"<<"或">>"按钮（见图3-58），可在文档窗口预览相应的合并结果；单击"编辑收件人列表"按钮，可以再一次修改数据源。

如果预览后不再修改主文档和数据源，单击"下一步：完成合并"。

4. 合并主文档与数据源

可以在邮件合并向导之步骤6的任务窗格（见图3-59）中选择"打印"，把主文档和数据源的合并结果（所有学生的成绩单）打印出来；也可以选择"编辑个人信函"，把主文档和数据源合并到新文档中，需要时再打印。

图 3-57　邮件合并　　　　图 3-58　邮件合并　　　　图 3-59　邮件合并
　　向导之步骤 4　　　　　　 向导之步骤 5　　　　　　 向导之步骤 6

按照类似操作，可以生成信封和邮件标签。

任务 22　宏的使用

【任务描述】

如果在 Microsoft Word 中反复执行某项任务，可以使用宏自动执行该任务。宏是一系列 Word 命令和指令，这些命令和指令组合在一起，形成了一个单独的命令，以实现任务执行的自动化。本任务通过案例学习宏的使用方法。

【案例】　快速输入选择题的选项。若选择题的备选答案 A、B、C、D 一行有两个或四个答案，各题中的选择项目从上到下很难对齐排列。通过创建宏可以帮助我们轻松地解决这个问题。

【方法与步骤】

（1）在"视图"选项卡的"宏"功能组中单击"宏"下方的箭头，在列表中选择"录制宏"选项，弹出"录制宏"对话框，如图 3-60 所示。

（2）在"宏名"文本框中键入宏的名称 Macro1。

（3）在"将宏保存在"下拉列表框中单击将保存宏的模板或文档；在"说明"框中键入对宏的说明。

（4）在"将宏指定到"栏中单击"键盘"，弹出"自定义键盘"对话框，如图 3-61 所示。这时，在键盘上按下用于代替该宏操作的快捷键（如 Ctrl+F12）；在"将更改保存在"框中选择"Normal"，依次单击"指定"、"关闭"按钮，光标变为空心箭头加磁带形式，进入录制状态。

图 3-60 "录制宏"对话框   图 3-61 "自定义键盘"对话框

（5）插入一个单行四列的表格，选中该表格，在"表格样式 设计"选项卡的"表格样式"功能组中单击"边框→边框和底纹"选项，在"边框"选项卡中选项"无"，取消表格线。从左到右，分别在四个单元格中输入编号 A.、B.、C.、D.。

（6）在"视图"选项卡的"宏"功能组中单击"宏"下方的箭头，在列表中选择"停止录制"按钮，完成宏录制。

注意： 在录制状态，所有操作都将被录制到宏操作里，因而不要进行其他无关的操作。

创建宏后，需要时只要按 Ctrl+F12 组合键或通过运行宏 Macro1，可以得到如图 3-62 所示的结果。

图 3-62 案例操作结果

【相关知识与技能】

1. 创建宏

可以用宏记录器录制一系列操作来创建宏，也可以在 Visual Basic 编辑器中输入Visual Basic for Applications 代码来创建宏，也可同时使用两种方法：录制一些步骤后，添加代码来完善其功能。

（1）在"视图"选项卡的"宏"功能组中单击"宏"下方的箭头，在列表中单击"录制宏"选项。

（2）在"宏名"文本框中键入宏的名称。

（3）在"将宏保存在"下拉列表框中单击将保存宏的模板或文档。

（4）在"说明"文本框中键入对宏的说明。

● 单击"确定"按钮，开始录制宏。

● 若要给宏指定快捷键，单击"键盘"按钮，在弹出的"自定义键盘"对话框中选择"命令"选项卡。在"命令"列表框中单击正在录制的宏，在"请按新快捷键"文本框中键入所需的快捷键，然后单击"指定"按钮。单击"关闭"按钮，开始录制宏。

（5）执行准备包含在宏中的操作。

注意： 录制宏时，可以单击命令和选项，但不能选择文本，必须使用键盘记录这些操作。例如，可以用 F8 键选择文本，按 End 键将光标移动到行的结尾处。

（6）若要停止录制宏，在"宏"的列表中单击"停止录制"选项。

2. 编辑宏

在"视图"选项卡的"宏"功能组中单击"宏"下方的箭头，在列表中单击"查看宏"选项，弹出"宏"对话框，如图 3-63 所示。选择需要编辑的宏名，单击"编辑"按钮，可以对已录制的宏进行编辑。

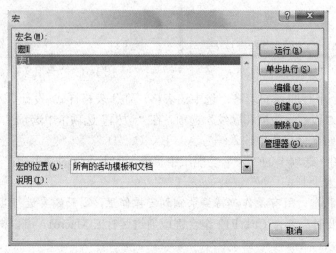

图 3-63 "宏"对话框

3. 运行宏

在"宏"对话框的"宏名"列表框中单击要运行的宏名（见图 3-63），单击"运行"按钮，可以运行已录制的宏。

4. 删除宏

在"宏"对话框的"宏名"列表框中单击要删除的宏名（见图 3-63），单击"删除"按钮，可以删除选中的宏。

5. 宏的一些典型应用

- 加速日常编辑和格式设置；
- 组合多个命令，例如插入具有指定尺寸和边框、指定行数和列数的表格；
- 使对话框中的选项更易于访问；
- 自动执行一系列复杂的任务。

【思考与练习】

用同样方法指定组合键 Ctrl+F10 对应一个两行两列选项的宏操作，如图 3-64 所示。

A.	B.
C.	D.

图 3-64 输入两行两列选项的宏操作结果

任务 23 目录的制作

【任务描述】

手动为长文档制作目录或索引，工作量是相当大的，而且弊端很多。例如，更改文档的标题内容后，需要再次更改目录或索引。因此，掌握自动生成目录和索引的方法，是提高长文档制作效率的有效途径之一。本任务通过案例学习自动生成目录和索引的方法。

【案例】 为文档"普通高等学校学生管理规定.doc"生成目录（见任务 19 案例）。

【方法与步骤】

用 Word 为文档创建目录，先为文档的各级标题指定恰当的标题样式，使 Word 识别相应的标题样式而完成目录的制作。

（1）打开"普通高等学校学生管理规定.doc"文档，对各级标题运用适当的标题样式（例如，各章标题采用样式中的"标题 2"，各节标题采用"标题 3"，其余文字采用"正文"样式），然后创建目录。

（2）文档目录通常位于文档名称之后。将插入点定位于"普通高等学校学生管理规定（全文）"下一段，输入"目录"二字，并设置为"居中对齐"。按下 Ctrl+Enter 组合键插入一个分页符。

（3）将插入点放在"目录"下方恰当位置，在"引用"选项卡的"目录"功能组中单击"目录"下方的箭头，在列表中选择"插入目录"选项，弹出"目录"对话框，选择"目录"选项卡（见图 3-65）。

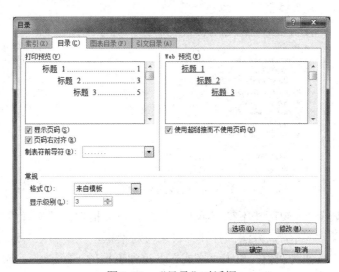

图 3-65 "目录"对话框

（4）设置与创建目录相关的内容。例如，在"格式"下拉列表框中选择 Word 预设置的若干种目录格式，通过预览区可以查看相关格式的效果。这里选择"正式"（见图 3-66）。

（5）单击"显示级别"框的选择按钮，设置生成目录的标题级数。Word 默认使用三级标题生成目录（常用），如果需要调整，可在此设置。

（6）单击"制表符前导符"下拉列表框的下拉箭头，在列表中选择一个选项，设置目录内容与页号之间的连接符号格式。这里选择默认的格式为点线。

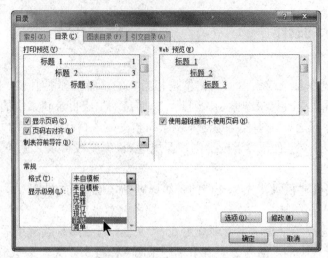

图 3-66　"格式"下拉列表框

（7）完成与目录格式相关的选项设置后，单击"确定"按钮，自动生成目录，如图 3-67 所示。

图 3-67　生成的目录页面

（8）目录生成后，外观可能不符合要求。这时，可以根据需要进行更改。例如，把目录中一级标题文字改为"蓝色"，方法：打开"目录"对话框，在"目录"选项卡单击"修改"按钮。如果"修改"按钮为灰色，单击"格式"下拉列表框的下拉箭头，选择"来自模板"选项（见图 3-65）。

（9）在"目录"对话框中单击"修改"按钮，弹出"样式"对话框。为便于对目录中一级标题文字进行修改，选中样式列表框中的"目录 1"，单击"修改"按钮（见图 3-68），弹出"修改样式"对话框，如图 3-69 所示。

（10）单击"格式"按钮（见图 3-69），在快捷菜单中选择"字体…"选项，弹出"字体"对话框。把字体颜色改为"蓝色"，依次单击"确定"按钮，最后弹出是否替换所选目录的询问；单击"是"按钮，目录中的一级标题变为蓝色。

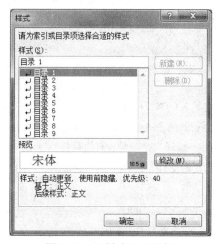

图 3-68 "样式"对话框   图 3-69 "修改样式"对话框

（11）如果有其他的修改，可以参照以上操作方法进行。

如果目录制作完成后又对文档进行了修改，无论是修改标题或正文内容，为保证目录的绝对正确，要对目录进行更新。

方法：将鼠标移到目录区域单击右键，在快捷菜单中选择"更新域"选项，弹出"更新目录"对话框，选择"更新整个目录"单选按钮（见图 3-70），单击"确定"按钮，即可更新目录。

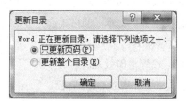

图 3-70 "更新目录"对话框

习 题

一、简答题

1. Word 中，"文件"菜单底部列出的文件名表示什么？怎样改变列出的文件名数？

2. 如何在 Word 文档中选定一句、一行、多行、一个段落、多个段落和整个文本？

3. 怎样在一篇文章的开始插入空行？怎样在两个段落之间插入空行？

4. 如何在 Word 文档中设置字符格式和段落格式？

5. 用"格式刷"复制段落格式与复制文字格式有什么不同？

6. 如何在 Word 文档中设置页眉和页脚？

7. 在 Word 文档中插入图形，有哪几种文字环绕方式？"嵌入式"图形的特点是什么？

8. 简述在 Word 文档中插入另一文档（或文档中的部分文本）的过程。

9. 列举在 Word 中打开"表格和边框"工具栏的几种方法。

10．在 Word 文档中，格式和样式，模板和样式，向导和模板各有什么异同？如何应用？

11．简述段落标记、分节符和人工分页符的作用。

二、上机操作题

1．在 Windows 的"记事本"中输入以下内容，并以文件名 XT.TXT 存盘：

懂机器语言的计算机和懂程序语言的用户，就像说不同语言的两个人。人与人之间的语言障碍可以通过翻译解决，用户和计算机间的语言障碍同样通过"翻译"，这种"翻译"是一种计算机软件。

2．打开文档 W3-3.DOC，删除第 1 行"计算机语言"，将文本文件 W2.TXT 插入到最后。将插入文本文件后的文档以文件名 XT21.DOC 保存。

对文档 XT21.DOC 按第 3~10 题要求进行操作，操作结果存入 XT22.DOC。

3．设置页面格式：32 开纸，左、右页边距为 2 厘米，上、下页边距为 2.5 厘米。

4．为正文第 1 段设置段落格式和字符格式。中文：楷体，小四号；英文：Times New Roman；首行缩进 2 字符，两端对齐，行间距为 1.5 倍行距，段后距为 0.5 行。

5．将正文第 1 段的格式复制给正文最后一段。

6．新建样式"YS"，段落格式为：两端对齐，首行缩进 2 字符；字符格式为：中文黑体、小四号，英文 Times New Roman。将样式"YS"应用于第 3 段和第 8 段（倒数第二段）。

7．为第 4~7 段设置项目符号"一、"、"二、"……，删除原来各段前的（1）、（2）……。

8．设置页眉，奇数页页眉内容为"计算机语言"，偶数页页眉内容为"习题"；宋体，小五号，居中。设置页脚，内容为"总页数 x   第 y 页"（x 是总页数，y 是当前页的页码），宋体，小五号，右对齐。

9．在正文第 1 段左上角插入竖排文本框，文本框的格式：无边框，填充颜色为浅蓝色，文字四周环绕；在文本框中输入文字"计算机语言"，文字格式：隶书，三号。

10．在奇数页插入艺术字"语言"，设置水印效果。

11．新建文档，制作如下表格，以文件名 W33.DOC 存盘。

年 度 工 作 计 划 统 筹 图

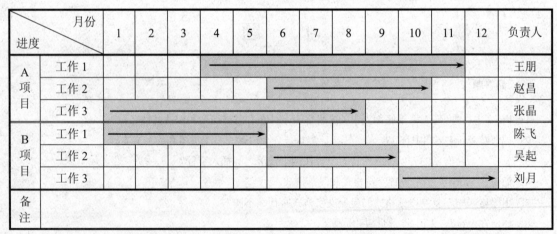

进度 月份		1	2	3	4	5	6	7	8	9	10	11	12	负责人
A 项 目	工作 1													王朋
	工作 2													赵昌
	工作 3													张晶
B 项 目	工作 1													陈飞
	工作 2													吴起
	工作 3													刘月
备 注														

12．打开文件 B3-1.DOC，在表格中增加 2 行，输入 2 名学生的学号、姓名及各科成绩；在表格最右边插入一空列，计算各学生的平均成绩；在表格最后增加 1 行，在相应的单元格中计算各科的最高分（用 MAX 函数）；将表格中学生的数据按英语成绩排序；表格套用格式"立体型 1"；修改后的表格另存为 XT3-4.DOC。

13. 新建文件 XT25.DOC，输入公式：$P(x_1 \leqslant x \leqslant x_2) = \int_{x_1}^{x_2} f(x)dx$ 。

14. 用邮件合并功能产生教师授课通知，内容如下：

授 课 通 知

×××老师：

下学期请您给 ××系××级××班讲授 ×× 课程。

特此通知

教务处

请自己设计并建立主文档（XT26-1.DOC）和数据源（XT26-2.DOC），将它们合并到新文档（XT36.DOC）。

15. 打开文档 XT21.DOC，用 Word 中"宏"功能为第 3 段和第 8 段设置相同格式。段落格式：两端对齐，首行缩进 2 字符；字符格式：中文黑体、小四号，英文 Times New Roman。

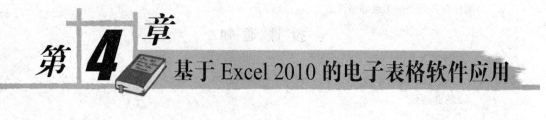

第4章 基于 Excel 2010 的电子表格软件应用

在日常生活和工作中，人们经常会用到各种由若干行和若干列构成的二维表格，例如，学校中的学籍表、学生成绩表、课程表、校历表，企事业单位的工资表、人事档案表、生产进度表、销售统计表、商品价格表等。如果用手工制作这些表格，需要先用表格线画出表格，然后在表格中填写文字和数字，再用算盘或计算器进行计算，最后把计算结果填入表格中。整个表格制作过程不仅烦琐、容易出错，而且费时费力。

电子表格软件 Excel 是进行数据处理的常用软件，可以帮助人们方便快速地输入和修改数据，进行数据的存储、查找和统计，还具有智能化的计算和数据管理能力。既可以存储信息，也可以进行计算、数据排序、用图表形式显示数据等。Excel 2010 中文版是 Office 2010 中文版的组成部分，既可单独运行，也可与 Office 2010 的其他组件相互调用数据，进行数据交换。

本章以 Excel 2010 中文版为例，通过案例介绍 Excel 的主要功能与基本操作方法。主要内容包括 Excel 2010 中文版的基本操作、工作簿文件的建立与管理、工作表的建立、工作表的编辑操作、格式化工作表、公式与函数的运用、数据表管理、图表等。

4.1 初步认识 Excel 2010

任务 1 建立一个工作表

【任务描述】

为了进行班级的成绩管理，每学期考试后，需要在成绩表中录入班级学生各门课程的考试成绩，然后进行各种数据统计，如总分、平均分等。为了完成这项工作，首先需要进行表格设计，内容包括：根据表格的功能和要求确定表格构成，确定表格中的数据项目位置与相互次序，以及这些数据项的说明。表格设计主要是第一行（列标题），即表格数据项目的名称、位置等，一般将数据统计项目依次排列在第一行，然后设计表格中的每一行内容。

本任务从建立一个简单的工作表入手，认识 Excel 2010 的功能和使用方法。

【案例】 建立某班级的学生成绩表，如表 4-1 所示。

表 4-1   学生成绩表

学号	姓名	英语	数学	计算机导论	总分	平均分
10101	王涛	90	80	95	265	88
10102	李冰	80	56	75	211	70
10103	谢红	55	75	82	212	71
10104	郑伟	62	67	88	217	72
10105	袁明	50	70	60	180	60
10106	张莉	52	49	58	159	53
10107	张平	76	63	80	219	73
10108	张娟	86	78	92	256	85

【方法与步骤】

（1）启动 Excel 2010，新建一个工作簿，命名为"学生成绩表"。

（2）在工作簿第一个工作表中（默认第一个工作表 Sheet1 为当前工作表）按图 4-1 录入数据。

	A	B	C	D	E	F	G
1	学号	姓名	英语	数学	计算机导论	总分	平均分
2	10101	王涛	90	80	95		
3	10102	李冰	80	56	75		
4	10103	谢红	55	75	82		
5	10104	郑伟	62	67	88		
6	10105	袁明	50	70	60		
7	10106	张莉	52	49	58		
8	10107	张平	76	63	80		
9	10108	张娟	86	78	92		

图 4-1   在 Excel 中建立的学生成绩表

①先输入表格的列标题：逐个单击要输入数据的单元格，切换到中文输入状态，输入中文列标题并按回车键。

②在单元格 A2、A3 中输入数字 10101、10102；选择单元格 A2、A3，将鼠标指针移动到单元格的右下方的填充句柄（黑色小方块）上，此时鼠标指针变成黑色的十字形状；按住鼠标左键同时向下拖动到 A9 单元格，即可完成学号的快速输入。

提示：当输入一些有规律的数字，例如递增的数据 1、2、3、4…、N 或 1、3、7…，递减的数据 99、98、97…、1 等时，Excel 2010 提供比较简单的输入方法，即自动序列填充的方法。

（3）输入学生姓名及各门课程的成绩。

输入工作表中的数据后，可以根据需要对工作表中的数据进行处理，例如总分、平均分，生成图表等，如图 4-2 所示。

为了熟练地应用 Excel 2010，必须先熟悉其基本操作，如应用程序的启动、用户界面各部分功能与操作、工作表的建立、工作表数据的输入与编辑等。

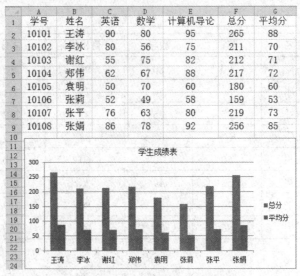

	A	B	C	D	E	F	G
1	学号	姓名	英语	数学	计算机导论	总分	平均分
2	10101	王涛	90	80	95	265	88
3	10102	李冰	80	56	75	211	70
4	10103	谢红	55	75	82	212	71
5	10104	郑伟	62	67	88	217	72
6	10105	袁明	50	70	60	180	60
7	10106	张莉	52	49	58	159	53
8	10107	张平	76	63	80	219	73
9	10108	张娟	86	78	92	256	85

图 4-2　包括图表的学生成绩表

【相关知识与技能】

Excel 2010 具有非常强大的数据分析、预测和图表等数据处理功能，在数据统计、财务管理等中应用非常广泛。为了熟练应用 Excel 2010，首先必须熟悉其基本操作，如应用程序的启动、用户界面各部分的功能与操作、工作表的建立、工作表数据的输入与编辑等。

1. Excel 2010 的用户界面与操作

启动 Excel 2010 后，屏幕显示 Excel 2010 应用程序窗口，如图 4-3 所示。

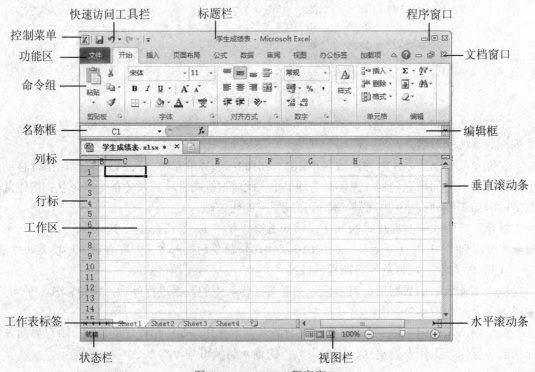

图 4-3　Excel 2010 程序窗口

标准的 Excel 2010 工作界面包括以下主要部分：

（1）工作窗口。启动 Excel 2010 后所见的整个窗口即工作区窗口（见图 4-7）。窗口的周边有窗口外框，可以改变窗口尺寸。

（2）工作簿窗口。进行数据处理、绘图等操作的工作区域。单击工作簿窗口右上角的"最大化/还原"按钮、"最小化"按钮和"关闭"按钮，可以调整工作簿窗口大小和关闭工作簿窗口。

（3）标题栏。位于整个工作区顶部，显示应用程序名和当前使用的工作簿名。当工作簿窗口最大化时，工作簿标题栏与应用程序标题栏合并，如图 4-3 所示。

（4）功能区。Excel 2010 将各菜单命令组合起来，以功能区的形式展现在读者面前，功能区的名字即选项卡。每个功能区中包含多个功能组。

（5）功能组。Excel 2010 把各个工具按钮组合在一起，构成功能组，使得用户操作更加灵活和容易，鼠标指向命令时可得到操作完成后的效果预览。

（6）名称框和编辑栏。名称框和编辑栏指示当前活动单元格的单元格应用及其中存储的数据，由名称框、按钮工具和编辑栏组成。

名称框显示当前单元格和图标、图片的名字。单击名称框右边向下的箭头，可以打开名称框中的名字列表；单击其中的名字，可以直接将单元格光标移动到对应的单元格。编辑栏中显示当前单元格中的消息，也可以输入或编辑当前单元格中的数据，数据同时显示在当前活动单元格中。

在单元格输入数据时，名称框与编辑栏之间显示按钮 ✖、✔、𝑓𝑥，分别为放弃输入项（同 Esc 键）、确认输入项目和编辑公式项。单击按钮 ✖（放弃输入项）可以删除单元格中内容；单击 ✔ 可以把输入到编辑栏中的内容放到活动单元格中；单击按钮 𝑓𝑥 可以编辑公式。

（7）状态栏。状态栏在屏幕底部，显示当前工作区的状态信息。

状态栏的左部是信息栏，多数情况下显示"就绪"，表明工作表正准备接受信息。用鼠标选定/指向工具按钮或选定某条命令时，信息栏显示相应的解释信息。在编辑栏中输入信息时，信息栏显示字样变为"编辑"。打开菜单后，信息栏随着鼠标或键盘的移动显示相应的菜单命令。状态栏的右部是键盘信息栏。

（8）工作表标签。在工作簿底部可以看到 Sheet1、Sheet2、Sheet3 等工作表，可以用鼠标选择要用的工作表。刚打开工作簿时，Sheet1 是活动的工作表。工作表命名后，相应工作表的标签含有该工作表的名字。

工作表标签左边有 4 个标签滚动按钮，其功能从左到右分别是：显示第一个工作表标签、显示位于当前显示标签左边的工作表标签、显示位于当前显示标签右边的工作表标签、显示最后一个工作表标签（其他工作表标签相应移动）。用标签滚动按钮滚动到某个工作表后，必须单击该工作表的标签才能激活该工作表。此外，可以拖动位于工作表标签和水平滚动条之间的表标签拆分框，以便显示更多的工作表标签，或增加水平滚动条的长度。双击表标签拆分框可返回默认的设置。

（9）视图栏。视图栏上显示了 Excel 2010 常用的三种视图模式：普通视图、页面布局、分页预览，默认的是页面布局。在页面布局视图中编辑的电子表格就是最后输出到纸张的样式。在三种视图模式旁边还有显示页面视图比例大小的滑动滚动条。

2. 工作簿文件的操作

工作簿是 Excel 处理和存储数据文件的地方，建立学生成绩表时需要建立一个空的工作表。当启动 Excel 2010 时，系统默认创建的一个空白的工作簿，系统自动命名工作簿文件名为 Book1，此工作簿中包含三个默认的工作表。

建立新的工作簿文件后，在工作簿文件编辑过程中需要关闭时，都需要将文件保存。为了避免丢失造成不必要损失，要养成随时保存文件的习惯。Excel 2010 提供了多种保存文件的方法，操作方式与 Word 2010 一致。

（1）创建新工作簿的方法。

①新建一个空白的工作簿。在"文件"功能区中选择"新建"选项，在"可用模板"中选择"空白文档"，如图 4-4 所示，直接新建一个空白工作簿；用快捷键 Ctrl+N 也可以直接创建一个新的空白工作簿。Excel 2010 工作簿的扩展名为.xlsx。

图 4-4　创建新的空白文档

②根据现有的工作簿新建。在"文件"功能区选择"新建"选项，选择"根据现有内容新建"选项，弹出"根据现有工作簿新建"对话框，如图 4-5 所示。选择文件后，单击"新建"按钮，即可创建一个与原工作簿完全一样的新工作簿。

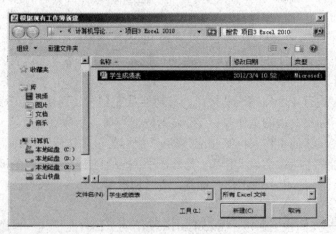

图 4-5　"根据现有工作簿新建"对话框

③根据模板创建。在"文件"功能区中选择"新建"选项，在"可用模板"中选择模板创建空白工作簿，如图 4-6 所示。Excel 2010 为用户提供了丰富的模板，包括 Office.com 在线模板和本地模板，Office.com 在线模板需要联网后从微软网站上下载。

图4-6 利用模板创建工作簿

新工作簿中包含 3 个空工作表，可以选择工作表以及在工作表中存放数据的区域。新建的工作簿总是将 Sheet1 工作表作为活动工作表。

（2）打开工作簿文件的方法。Excel 2010 允许同时打开多个工作簿，最后打开的工作簿位于最前面。允许打开的工作簿数量取决于计算机的内存大小。在 Excel 2010 中，还可以打开其他类型的文件，如 dBase 数据库文件、文本文件等。

①打开工作簿文件的操作。在"文件"功能区中选择"打开"选项，在"打开"对话框中选择文件所在驱动器、文件夹、文件类型和文件名，单击"打开"按钮；或双击需要打开的文件名，可以打开选中的工作簿文件。单击"取消"按钮放弃打开文件，如图 4-7 所示。

在"打开"对话框的左侧窗格中的 5 个按钮，可以帮助快速地定位查找范围。

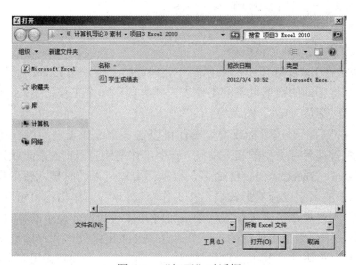

图4-7 "打开"对话框

②同时显示多个工作簿的操作。依次打开多个工作簿；在"视图"功能区的"窗口"选项组中单击"全部重排"按钮，在弹出的"重排窗口"对话框中选择排列方式（平铺、水平并排、垂直并排和层叠），单击"确定"按钮。

打开多个工作簿后，可以在不同工作簿之间切换，同时对多个工作簿操作。单击某个工作簿区域，该工作簿成为当前工作簿。

（3）保存工作簿。在"文件"选项卡选择"保存"选项，或用快捷键 Ctrl+S，可以保存工作簿，当前工作簿按已命名的文件存盘。若当前工作簿是未命名的新工作簿文件，自动执行"另存为"命令。

若要用新的文件保存当前工作簿文件，应在"文件"选项卡选择"另存为"选项，弹出"另存为"对话框，用新的文件名保存当前工作簿文件。

若要将当前编辑的工作簿以不同的文件类型（包括低版本的 Excel 工作簿文件）保存，应在"另存为"对话框"保存类型"文本框中选择文件类型并进行保存。

若要将所有的工作簿的位置和工作区保存起来，以便下次进入工作区时在设定的状态下进行工作，可以在"文件"功能区中选择"保存工作区"选项。

（4）关闭工作簿。单击工作簿窗口右上角的"关闭"按钮，或在"文件"选项卡选择"关闭"选项；在工作簿窗口控制菜单中选择"关闭"选项；或使用快捷键 Alt+F4，也可以关闭工作簿窗口。若当前工作簿没有存盘，系统提示是否要存盘。

（5）退出系统。退出系统时，应关闭所有打开的工作簿，然后在"文件"选项卡选择"退出"选项，或双击左上角控制菜单图标。如果没有未保存的工作簿，系统关闭；如果有未关闭的工作簿或工作簿上有未保存的修改内容，系统提示是否要保存。

【思考与练习】

1. 根据本任务所学的知识与技能，总结 Excel 2010 的启动方法和退出方法。

2. 思考：如何在"文件名"组合框选择同时打开多个文件？如何改变"最近打开列表"中的文件个数。

3. 需要在不同工作簿编辑数据时，可以利用第三方插件（Office Tab）实现快速切换于不同工作簿之间。Office Tab 可以到网上下载免费版。

【知识拓展】

1. 工作簿、工作表、单元格概念

（1）工作簿是在 Excel 环境中用来存储并处理数据文件，是 Excel 存储数据的基本单位。一个工作簿中可以将相同的数据以不同工作表方式存放在一个工作簿中。工作簿内除了可以存放工作表外，还可以存放 VBA、图表等。

打开一个工作簿后，通过鼠标或键盘操作可以在各个工作表之间进行切换，因而可以在同一个文件管理中管理各种类型的相关信息。一个工作簿刚打开时，系统默认由 3 个工作表构成，且分别以 Sheet1、Sheet2、Sheet3 命名，根据需要，可以随时插入新工作表，直到系统提示错误为止。工作表的名字以标签形式显示在工作簿窗口底部。单击标签可以进行工作表切换。若要查找的工作表不可见，可通过标签移动按钮将其移动到当前显示的标签中。

（2）工作表。工作表是工作簿的一部分，是 Excel 用来处理和存储数据的主要文档。一张工作表由若干行、列组成。其中，行号是由上到下的编号；列号采用字母编号，由左到右。行、列交叉位置称为单元格。工作表由单元格组成，可以在其中输入文字、数字、日期和公式等。对单元格进行操作之前，必须要明确要在哪些单元格之间操作。

注意： 在一个工作簿中，无论有多少个工作表，保存时都保存在一个工作簿文件中，而不是逐个工作表单独保存。

（3）单元格与单元格区域。单元格是 Excel 的基本单位。输入任何数据，如一组数据、一个字符串、一个公式等都被保存在单元格中。为方便操作，每个单元格都有唯一的坐标，其坐标由单元格所在列的列号和所在行的行号组成。例如，A3（表示 A 列 3 行交叉位置上的单元格）、E3、E6 等。由于一个工作簿可以有多个工作表，为了区分不同工作表的单元格，可以在单元格地址前加上工作表区别，例如 Sheet!A3 表示该单元格为工作表中的 A3 单元格。

注意：工作表名与单元格坐标之间必须用"！"分隔。

单元格区域用两对角（左上角和右下角）单元格表示。例如，单元格区域 A1:C2 由 A1、A2、B1、B2、C1、C2 六个单元格组成。

（4）活动单元格。当前选定的一个或多个单元格成为活动单元格或活动单元格区域（又称当前单元格或当前单元格区域），其外边有个黑框，称为选择器。选择器右下角有一个黑点，称为填充柄。当鼠标移动到填充柄时，鼠标指针由空心十字形变为实心十字形；按下鼠标左键拖动为当前单元格（单元格区域），名称框显示活动单元格（单元格区域）坐标。Excel 的操作一般都是针对活动单元格进行的。

改变活动单元格位置的操作方法：

（1）鼠标操作：移动鼠标到所选的单元格，单击。

（2）使用名称框：在"名称框"中输入单元格地址，按 Enter 键。

（3）键盘操作：使用方向键和组合键完成。

2．自定义快速访问工具栏

对某些电子表格进行操作时，需要用到一些常用的命令，可以事先将这些命令显示在快速访问工具栏中。自定义快速访问工具栏的操作：在"文件"选项卡选择"选项"选项，在"Excel 选项"对话框左边窗框中选择"快速访问工具栏"，在右边窗框中添加需要的命令即可。

【思考与练习】

1．新建一个工作簿 Book1，观察其中的工作表数；选择其中的一个工作表，任意选择几个单元格和单元格区域，观察名称框的显示内容与所选单元格（或单元格区域）坐标关系；选择一个单元格，观察被选中单元格的选择器与填充柄。

2．逐个执行各选项卡中功能组的命令，了解各命令的名称与功能。

3．将工作表 Sheet2 重命名为"公司工资表"。

4．打开任务窗格，分别转换到不同的任务窗格，观察这些任务窗格中显示的内容。

任务 2 在工作表中输入数据

【任务描述】

在 Excel 中，工作簿相当于放在桌面上的文件夹，工作表像存放在文件夹中的表格。要创建一个工作表，就必须将数据输入到工作表的单元格中。本任务结合案例学习在工作表中输入数据的操作。

【案例】 在任务 1 案例建立的工作表中计算每位学生的总分、平均分（见图 4-1）。

【方法与步骤】

（1）利用公式计算机每位学生的总分。

选择单元格 F2，输入"="，再单击单元格 C2，输入"+"，再单击单元格 D2，输入"+"，再单击单元格 E2，在单元格 F2 中显示=C2+D2+E2，按回车键，在单元格 F2 中显示学生王涛的总分。

按以上方法在单元格 F3~F9 中逐个进行操作，可完成每位学生的总分的计算。

（2）利用公式计算每位学生的平均分。

选择单元格 G2，输入"="，再单击单元格 F2，输入"/3"，在单元格 G2 中显示=F2/3，按回车键，在单元格 G2 中显示学生王涛的平均分。

按以上方法在单元格 G3～G9 中逐个进行操作，可完成每位学生的平均分的计算。

注意：输入公式后，在编辑栏中显示输入的公式，在活动单元格中显示公式的计算结构。

【相关知识与技能】

选定要输入的单元格，使其变为活动单元格，即可在单元格中输入数据。输入的内容同时出现在活动单元格和编辑栏中。如果在输入过程中出现差错，可以在确认前按 Backspace 键删除最后字符，或单击按钮 ✕（放弃输入项），或按 Esc 键删除单元格的内容。单击按钮 ✔ 或按 Enter 键可以把输入到编辑栏中内容放到活动单元格中；也可以直接将单元格光标移到下一个单元格中，准备输入下一个输入项。

在工作表中，可以通过加号、减号、乘号、除号、幂符号等运算符构成公式。公式是一个等式，是一组数据和运算符组成的序列。Excel 公式可以包括数、运算符、单元格引用和函数等。其中，单元格引用可以在其他单元格数据计算后得到值。公式通常以符号"="开始，也可以用"+"、"-"开始。输入公式时，同样要先选择活动单元格，然后输入。

1. 文本输入

文本可以是任何字符串（包括字符串与数字的组合，如学生成绩表中的姓名）在单元格中输入文本时自动左对齐。当输入的文本长度超过单元格显示宽度且右边单元格未有数据时，允许覆盖相邻的单元格（仅仅显示），但该文本只存放在一个单元格内。如果该单元格仍然保持当初设定的"常规"样式，输入的文字内容自动左对齐。

若要将数字作为文本输入，应在其前面加上单引号，如 '123.45；或者在数字的前面加上一个等号并把输入的数字用引号括起来，如="123.45"。其中，单引号表示输入的文本在单元格中左对齐。如果数字宽度超过单元格的显示宽度，将用一串"#"号来表示，或者用科学计数法显示。

2. 数字的输入

数字自动右对齐。输入负数要在前面加一个负号。如果输入的数字超过单元格宽度，系统自动以科学计数法表示，如 1.3E+0.5。若单元格中填满了"#"符号，表示该单元格所在列没有足够宽度显示数字，需要改变单元格数字格式或改变列宽度。

单元格中数字格式显示取决显示方式。如果在"常规"格式的单元格中输入数字，Excel 根据具体情况套用不同的数字格式。例如，若要输入￥123.45，则自动套用货币格式。

在单元格中显示的数值称为显示值，单元格中存储的值在编辑栏显示时称为原值。单元格中显示的数字位数取决于该列宽度和使用的显示格式。

在单元格中输入数字时应注意：

（1）数字前面的正号"+"被忽略。

（2）数字项中的单个"."作为小数点处理。

（3）在负数前面冠以减号"-"或将其放在括号"()"内。

（4）可以使用小数点，还可以在千位、百万位等处加上"千位分隔符"（逗号）。输入带有逗号的数字时，在单元格中显示带有逗号，在编辑栏中显示时不带逗号。例如，若输入 1,234.56，编辑栏中将显示 1234.56。

（5）为避免将分数视为日期，应在分数前面冠以 0（零），如输入 01/2 表示二分之一。

（6）若数字项以百分号结束，该单元格将应用百分号格式。例如，在应用了百分号的单元格中输入 26%，在编辑栏中显示 0.26，而单元格中显示 26%。

（7）若数字项用了"/"，并且该字符串不可能被理解为日期型数据，则 Excel 认为该项为分数。例如，输入 22 3/4 则在编辑栏中显示 22.75，而在单元格中显示 22 3/4。

3．日期和时间的输入

若输入一个日期或时间，Excel 自动转换为一个序列数，该序列数表示从 1900 年 1 月 1 日开始到当前输入日期的数字。其中，时间用一个 24 小时制的十进制分数表示。

可以用多种格式输入日期和时间，在单元格中输入可识别的日期和时间数据时，单元格格式从"通用"转换为"日期"或"时间"格式，而不需要设置该单元格为日期或时间格式。

提示：选定含有日期的单元格，然后按 Ctrl+#组合键，可以使默认的日期格式对一个日期进行格式化。按 Ctrl+; 组合键可以输入当前日期；按 Ctrl+Shift+; 组合键可以输入当前时间；按 Ctrl+@键可以用默认的时间格式格式化单元格。

【知识拓展】

单元格是 Excel 数据存放的最小独立单元。在输入和编辑数据前，需要先选定单元格，使其成为活动单元格。根据不同的需要，有时要选独立的单元格，有时选择一个单元格区域。

一般情况下，可以使用方向键移动单元格光标或单击单元格定位；也可以选择"开始"选项卡→"编辑"功能组→"查找和替换"下拉式菜单→"定位条件"命令（或按 F5 键），弹出"定位条件"对话框，选择需要定位的内容，单击"确定"按钮。

根据需要，可以选择单个单元格、一个单元格区域、不相邻的两个或两个以上的单元格区域、一行或一列、全部单元格等。

1．单个单元格的选择

单击要选择的单元格，对应行号中的数字和列标中的字母突出显示。也可以用键盘上的方向键（↑ ↓ → ←）、Tab 键（右移）选择单元格。

2．连续单元格区域的选择

（1）用鼠标拖动选择。例如，选择 A1:G5 为活动单元格区域，先用鼠标指向单元格 A1，按下鼠标左键并拖动到单元格 G5。

（2）用鼠标扩展模式选择活动单元格区域。例如，选择 A1:D40 为活动单元格区域，先单击单元格 A1，然后按住 Shift 键，再单击单元格 D40；或者先单击单元格 A1，然后按下 F8 键进入扩展模式，再单击单元格 D40，最后按下 F8 键关闭扩展模式。

3．单列、单行和连续列、行区域的选择

单击列标或行号可以选定一列或一行，用鼠标拖动列、行可以选择一个列区域或行区域。

4．选定整个工作表（全选）

单击工作簿窗口左上角的全选按钮，选定当前工作表的全部单元格或活动单元格。

5．不连续单元格区域的选择

用增加（ADD）模式；在选择第二个或多个区域时，先按住 Ctrl 键，或按下 Shift+F8 组合键打开增加模式；再用鼠标拖动到所需区域右下角单元格。

若要增加一个单独的单元格作为活动单元格区域的一部分，可以按住 Ctrl 键，再单击该单元格。这种方法也可以在多个工作表中选择多个单元格区域。例如，在 Sheet1 中选择 A1:D6，同时在 Sheet2 中选择 A3:E8，在 Sheet3 中选择 B1:C3，具体操作过程略。

6. 多行、多列的选择

使用扩展模式（按 Shift 键）和增加模式（按 Ctrl 键），可以选择多列、多行。例如，同时选择 A、B、C 列，1、2、3、7 行；从列标 A 拖动鼠标到列标 C；按住 Ctrl 键，从行号 1 拖动鼠标到行号 3；再按住 Ctrl 键，单击行号 7。

任务 3 提高输入的效率

【任务描述】

向工作表中输入数据时，有时需要在不同的单元格中输入相同的数据，或者在一个工作簿的多个工作表中输入相同的数据。这时，应考虑提高输入的效率。本任务学习提高输入效率的技能。

【案例】 建立一个课程表，如图 4-8 所示。

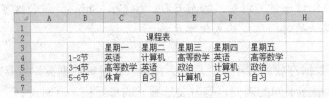

图 4-8 课程表

【方法与步骤】

（1）分别输入标题"课程表"，星期一至星期五，以及"1-2 节"、"3-4 节"、"5-6 节"。

（2）按住 Ctrl 键，单击单元格 C4、D5、F4，将它们同时选中；输入文字"英语"，按 Ctrl+Enter 组合键，被选中的单元格中输入了相同的内容"英语"。

（3）用同样的方法输入其他课程名。

【相关知识与技能】

观察课程表可以发现，多数课程在课程表中出现的次数不止一次，即需要在不同的单元格中输入相同的课程名称，可以用前面介绍的方法来提高输入效率。

1. 在多个工作表中输入相同的数据

在许多场合，需要创建一个工作簿来记录多个有相同数据的工作表，例如记录多家连锁店的商品销售表，每间连锁店占有一个工作表，在这些工作表中的相同位置上有许多相同的数据。输入这些数据时，可以采用以下方法：

（1）按住 Crtl 键，逐个单击要输入相同数据的工作表，选中所有要输入相同数据的工作表。

（2）选中要输入相同数据的单元格，然后输入数据。

（3）输入完毕，单击任意一个工作表的标签结束操作。

2. 在一个工作表中同时有多个单元格输入相同的内容

（1）选定要输入相同内容的单元格区域，在活动单元格中输入数据。

（2）输入最后一个字符后按 Ctrl+Enter 组合键。

3. 选择列表的使用

"选择列表"可以从当前列所有的输入项中选择一个填入单元格（适用于文字的输入）以避免有关文字输入不一样的情况。例如，人工输入时，"微型计算机"有可能输入为"微型计算机"、"微型机"或"微机"等不同的名字。"选择列表"功能可以避免这种情况出现提高数据输入的效率。

方法：在一个列表中或在一个文字列表的下面右键单击一个单元格，在弹出快捷菜单中选择"从下拉列表中选择"选项；或按 Alt+↓组合键，弹出一个输入列表，该列表包括所有在该列中唯一的值，如图4-9所示，从中选择需要的项即可。

图4-9 使用"选择列表"示例

4. 自动更正

"自动更正"功能能识别普通的输入错误，并能在输入时自动改正。此外，"自动更正"功能也能改正单词前两个字母的大小写错误，例如把 Computer 输入成 COmputer 时，"自动更正"功能可以将其改正为正确的 Computer。

此外，"自动更正"还可以成为一个方便的辅助输入功能。例如，用户可以把一段经常用的文字定义为一条短语，输入这条短语时，"自动更正"功能将其扩展为定义的文字。

5. 重复

在"快速访问工具栏"中单击重复 按钮或按 Ctrl+Y 组合键，可以重复刚完成的输入或命令。

6. 撤消

在"快速访问工具栏"中单击撤消 按钮或按 Ctrl+Z 组合键，可以撤消刚完成的最后一次输入或刚执行的一个命令。

【思考与练习】

设某电器商店的商品记录表格式如表 4-1 所示。创建一个工作簿文件，在该工作簿包括12 个工作表，分别用于记录 12 个月的商品的进货、销售和库存量情况。

表4-1 XXX电器商店商品记录表

商品名	品牌	本月进货量	本月销售量	库存量
电视机	长虹			
电视机	康佳			
DVD 机	康佳			
DVD 机	海尔			
空调机	海尔			
空调机	美的			
数码相机	索尼			
数码相机	佳能			

4.2　工作表的编辑操作

任务 4　工作表中数据的编辑

【任务描述】

在工作表中输入数据的过程中，或在工作表中输入数据后，难免对数据进行修改、删除、移动和复制等操作。本任务通过案例掌握在工作表中对单元格数据进行修改、插入、删除、复制与移动的方法。

【案例】　在图 4-1 所示的学生成绩表中增加一行和一列，效果如图 4-10 所示。

	A	B	C	D	E	F	G	H
1				一年级第一学期成绩表				
2	学号	姓 名	政治	英 语	高等数学	计算机基础	总 分	平均分
3	10101	王涛	80	90	80	95		
4	10102	李冰	82	80	56	75		
5	10103	谢红	68	55	75	52		
6	10104	郑伟	72	62	67	88		
7	10105	袁明	69	50	70	60		
8	10106	张莉	70	52	49	58		
9	10107	张平	88	76	63	80		
10	10108	罗娟	75	86	78	92		

图 4-10　插入数据后的学生成绩表

【方法与步骤】

在工作表中输入数据后，如果发现少输入了一行或一列，或者在以后的工作中发现需要增加一行或一列，可以先插入行、列或单元格，然后输入数据。

本案例中，增加一行在数据区的最前面，用于输入标题行；增加一列位于数据区的中间，用于输入政治课成绩。

（1）单击要插入行位置下面一行（即第一行）的任意单元格，在"开始"选项卡的"单元格"功能组中单击"插入"按钮，在列表中选择"插入工作表行"，即可在选定行上方插入一个空白行。插入后，原有单元格作相应移动。

（2）在新插入的一行中输入数据。

（3）单击要插入列右侧（即 C 列）的任意单元格，在"开始"选项卡的"单元格"功能组中单击"插入"按钮，在列表中选择"插入工作表列"。插入后，原有单元格作相应移动。

（4）在新插入的列中输入数据。

【相关知识与技能】

向工作表输入数据时，经常需要对单元格中的数据进行编辑操作。编辑命令主要在"文件"功能区中，插入操作的命令主要在"插入"功能区中。

1．修改单元格中的内容

（1）在编辑栏中编辑单元格的内容。

①选择活动单元格，该单元格的内容出现在编辑栏中。如果单元格内容是公式，则编辑栏显示相应的公式。

②将鼠标指针移到编辑栏内（变为 I 形光标），移动到修改的位置并单击，插入、删除或替换字符。

③按回车键保存修改。

（2）在单元格内编辑。

①选择活动单元格。

②将鼠标移到需要修改的位置上双击或按 F2 键，使该位置成为插入点。

③对单元格内容进行修改，完成按回车键。

（3）修改操作。

①替换式修改：选定一个或多个字符（字符加亮），输入新的字符，新输入的字符替换被选定的字符；选定一个单元格，直接输入新的内容，替换单元格中原来的内容。

②插入数据：按 Insert 键，在单元格的插入点处插入新数据。

③删除数据：按 Del 键，直接删除选定一个或多个字符。

一旦编辑了单元格内容，系统重新对公式计算，并显示新的结果。

2. 复制和移动单元格的内容

（1）用剪贴板操作。若在文档中进行了两次以上的剪切或复制操作，在"剪贴板"任务窗口单击所需要的内容即可。在 Excel 2010 中，"剪贴板"可以保留 24 个复制的信息。如果要将剪贴板的内容全部粘贴下来，可以单击"全部粘贴"按钮；如果要将剪贴板中的内容全部清除，可以单击"全部清空"按钮。

在"开始"选项卡"剪贴板"功能组单击右下方的向下按钮，可以打开"剪贴板"任务窗格。

（2）用"选择性粘贴"复制单元格数据。用"选择性粘贴"功能可以选择性地复制单元格数据。例如，只对公式、数字、格式等进行复制，将一行数据复制到一列中，或将一列数据复制到一行中。

①选定要复制的单元格数据区域，在"开始"选项卡"剪贴板"功能组中单击"复制"按钮；

②选定准备粘贴数据的区域，在"开始"选项卡"剪贴板"功能组中单击"粘贴"按钮；在列表中选择"选择性粘贴"命令，弹出"选择性粘贴"对话框，如图 4-11 所示；

③按照对话框中的选项选择需要粘贴的内容，单击"确定"按钮。

图 4-11 "选择性粘贴"对话框

- 若在"运算"区域中选择了"加"、"减"、"乘"、"除"等单选按钮，所复制单元格中的公式或数值进行相应的运算。

- 若选中"跳过空单元"复选框，可以使粘贴目标单元格区域的数值被复制区域的空白单元格覆盖。

- 若选中"转置"复选框，可完成对行、列数据的位置转置。例如，把一行数据转换成工作表中的一列数据。此时，复制区域顶端行的数据出现在粘贴区域左列处；左列数据出现在粘贴区域的顶端行上。

注意："选择性粘贴"只能将用"复制"命令定义的数值、格式、公式或附注粘贴到当前选定的单元格区域中；用"剪切"命令定义的选定区域不起作用。

3. 用拖动鼠标的方法复制和移动单元格的内容

（1）选择活动单元格。

（2）鼠标指针指向活动单元格的底部。位置正确时，鼠标指针变为指向左上方的箭头。

（3）按住鼠标左键（复制时，同时按住 Ctrl 键）并拖动到目标单元格。

（4）释放鼠标左键（复制时，同时释放 Ctrl 键）完成移动（或复制），源数据被移动（或复制）到目标单元格中。

对单元格区域，也可以采用同样的方法进行复制或移动。选定区域后，鼠标拖动区域的边框。复制时，按下 Ctrl 键后，鼠标指针旁边出现一个小加号“+”，表示正在进行复制。

【思考与练习】

1. 创建一个工作簿“商品.xlsx”，在工作表 Sheet1 中输入如表 4-2 所示内容，然后将该工作表的内容复制到 Sheet2~Sheet12 中。

表 4-2 商品表

序号	商品名	单价	库存量	库存金额
1	主板	900	32	
2	硬盘	1200	25	
3	显示卡	180	21	
4	内存条	320	45	
5	微型计算机	4200	18	

2. 思考：如何使用菜单命令完成上述操作?

3. 将工作表中的单元格区域 A5:C9 中的内容移动到 D5:F9 中，写出操作步骤。

4. 将工作表中的单元格区域 A5:C9 中的内容复制到 D5:F9 中，写出操作步骤。

任务 5 填充单元格区域（1）

【任务描述】

本任务通过案例学习自动序列填充功能操作，提高输入大量重复而规律的数据的效率。

【案例】 利用 Excel 2010 制作校历，如图 4-12 所示。

	A	B	C	D	E	F	G	H
1								
2				2011－2012学年第二学期校历				
3		日	一	二	三	四	五	六
4	1	2月20日	2月21日	2月22日	2月23日	2月24日	2月25日	2月26日
5	2	2月27日	2月28日	2月29日	3月1日	3月2日	3月3日	3月4日
6	3	3月5日	3月6日	3月7日	3月8日	3月9日	3月10日	3月11日
7	4	3月12日	3月13日	3月14日	3月15日	3月16日	3月17日	3月18日
8	5	3月19日	3月20日	3月21日	3月22日	3月23日	3月24日	3月25日
9	6	3月26日	3月27日	3月28日	3月29日	3月30日	3月31日	4月1日
10	7	4月2日	4月3日	4月4日	4月5日	4月6日	4月7日	4月8日
11	8	4月9日	4月10日	4月11日	4月12日	4月13日	4月14日	4月15日
12	9	4月16日	4月17日	4月18日	4月19日	4月20日	4月21日	4月22日
13	10	4月23日	4月24日	4月25日	4月26日	4月27日	4月28日	4月29日
14	11	4月30日	5月1日	5月2日	5月3日	5月4日	5月5日	5月6日
15	12	5月7日	5月8日	5月9日	5月10日	5月11日	5月12日	5月13日
16	13	5月14日	5月15日	5月16日	5月17日	5月18日	5月19日	5月20日
17	14	5月21日	5月22日	5月23日	5月24日	5月25日	5月26日	5月27日
18	15	5月28日	5月29日	5月30日	5月31日	6月1日	6月2日	6月3日
19	16	6月4日	6月5日	6月6日	6月7日	6月8日	6月9日	6月10日
20	17	6月11日	6月12日	6月13日	6月14日	6月15日	6月16日	6月17日
21	18	6月18日	6月19日	6月20日	6月21日	6月22日	6月23日	6月24日
22	19	6月25日	6月26日	6月27日	6月28日	6月29日	6月30日	7月1日
23	20	7月2日	7月3日	7月4日	7月5日	7月6日	7月7日	7月8日
24	21	7月9日	7月10日	7月11日	7月12日	7月13日	7月14日	7月15日

图 4-12 校历

【方法与步骤】

一般情况下，一个学期校历只有20周，每周有7天，再加上标题、星期、周次等，需要输入近170个数据，而且这些数据主要是日期，十分相似，容易出错。如果采用任务2中介绍的方法输入数据，将需要很长的时间，而且出错的几率比较大。

对校历表中的数据进行观察，发现"周"一列中的数据每次增加"1"；某一周所在的那一行是增量为"1"的一系列数；而表中的每一行相邻的单元格日期增加"1"，但每列中日期的数据相邻增加 7，也是一个非常有规律的数据变化。因此，可以通过序列填充来输入数据。

1．用鼠标快速填充周次和日期

（1）新建一个工作簿，命名为"校历"。

（2）选中单元格A2，输入文字"2011—2012学年第二学期校历"。

（3）选中单元格区域A2:H2，在"开始"选项卡"对齐方式"功能组中单击右下角的箭头，弹出"设置单元格格式"对话框，在"对齐"选项卡选中"合并单元格"复选框，在"水平对齐"下拉列表框中选择"居中"，单击"确定"按钮。

（4）选中单元格B3，输入星期序列填充的第一个数据"日"。

（5）将鼠标指向单元格填充柄，当指针为十字光标时，沿需要填充星期的方向拖动填充柄，数据"日"、"一"、"二"、"三"、"四"、"五"、"六"顺序填充在单元格B3、C3、D3、E3、F3、H3中，同时在填充柄右下方出现"自动填充选项"按钮，如图4-13所示。

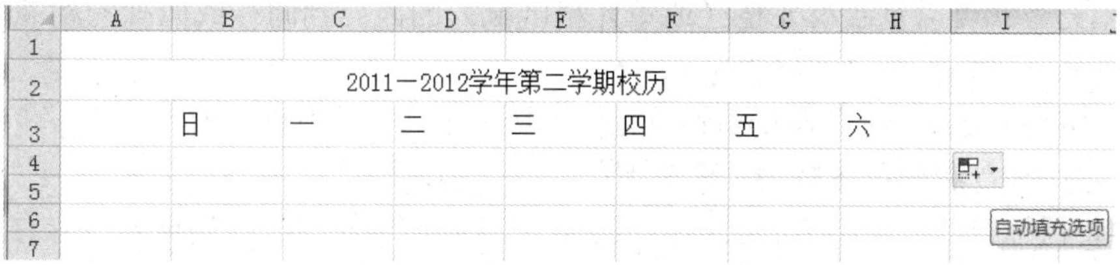

图4-13　拖动填充柄填充数据

（6）单击"自动填充选项"右侧的向下箭头，弹出如图4-14所示的下拉式菜单，从中选择填充选项。本例选择"填充序列"选项。

（7）选中A4，输入数字1，按下Ctrl键拖动鼠标到单元格A24，在单元格区域A4:23中填充数字1～21。

2．用菜单命令填充日期

（1）选中单元格B4，输入"2-21"按回车键输入结束。

（2）拖动填充柄到单元格H4，进行序列填充。

（3）选择单元格区域B4:H24，拖动鼠标到第24行，并保持单元格区域B4:H24为选中状态。

（4）在"开始"选项卡"编辑"功能组单击"填充"按钮，在列表中选择"系列"选项，弹出"序列"对话框，如图4-15所示。

（5）选中"列"单选按钮，在"步长值"文本框中输入数字"7"，单击"确定"按钮。

以上操作完成后，填充效果如图4-12所示。

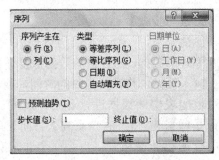

图 4-14 "自动填充选项"下拉列表   图 4-15 "序列"对话框

【相关知识与技能】

1. 在 Excel 2010 中可以建立序列的类型

（1）等差序列：建立一个等差序列时，使用一个常量值步长增加或减少数值。

（2）等比序列：建立一个等比序列时，使用一个常量值因子与步长值相乘。

（3）日期：时间序列可以包含指定的日、星期或月增量，或者诸如工作日、月名或季度重复序列。

（4）根据汇总的传统习惯设定序列：根据中国传统习惯，预先设置有：一月、二月、……、十二月；正月、二月……腊月；第一季度、第二季度、……；星期一、星期二、……；子、丑、……；甲、乙、丙、丁、……等。

2. 填充数据

利用填充方式可以复制单元格（或单元格区域）的内容到同行或同列的相邻单元格（或单元格区域）。

例如，将单元格 E1 的内容复制到单元格区域 E1:H1 的操作步骤如下：

（1）选中被复制的单元格，本例为 E1。

（2）将鼠标指针（原是空心的粗十字形状）移到该单元格（活动单元格）右下角的填充柄上，鼠标指针变成实心的十字形状。

（3）按住鼠标左键不放，拖动到目标区域的右下角单元，本例为 H1。

（4）释放鼠标左键，原单元格的内容复制到目标单元格区域 E1:H1。

3. 填充公式

在任务 1 案例建立的成绩表中，若用公式逐个计算每位学生的总分或平均分，操作过程烦琐且费时费力，利用填充公式的方法可以快速完成计算工作。

用填充方式可以在同行、同列填充同一个公式。若填充带公式的单元格，还可以按递增数填充相邻单元格。操作步骤如下：

（1）计算每位学生的总分。用公式计算每一位学生总分后，将鼠标移到单元格 F2 右方的填充柄上，鼠标指针变为黑色十字形状；按住鼠标左键向下拖动到单元格 F9，即可完成总分计算（见图 4-2）。

（2）计算每位学生的平均分。用公式计算第一位学生的平均分后，将鼠标移到单元格 G2 右下方的填充柄上，鼠标指针变为黑色十字形状；按住鼠标左键向下拖动到单元格 G9，即可完成平均分的计算（见图 4-2）。

任务6　填充单元格区域（2）

【任务描述】

本任务通过建立数字序列的案例进一步学习自动序列填充功能的操作。

【案例】 在单元格区域A1:A10中建立一个数字序列：1、2、3、4、5、6、7、8、9、10。

【方法与步骤】

（1）在基准单元格A1中输入基数1。

（2）选择单元格区域A1:A10。

（3）在“开始”选项卡“编辑”功能组中单击“填充”按钮，在列表中选择“系列”选项，弹出“系列”对话框，如图4-15所示。

（4）选中“列”单选按钮，设置步长值为1，终止值为系统默认值。

（5）单击“确定”按钮。

注意：若要产生一个日期序列，需要按日期格式在基准单元格中输入基准日期。

【相关知识与技能】

在“开始”选项卡“编辑”功能组中单击“填充”按钮，列表中的命令可以将选定单元格区域填充到相邻区域中，操作步骤如下：

（1）确定并选择要填充到相邻区域的单元格，或某一行、某一列单元格区域。

注意：被填充的信息应位于选择区域的首列或首行。

（2）在“开始”选项卡“编辑”功能组中单击“填充”按钮，下拉列表中有7个选项：向下填充、向右填充、向上填充、向左填充、至同组工作表、序列、内容重排，可以根据需要选择。其中，“序列”选项可以在一个单元格区域中自动产生数字或日期序列。

若在“序列”对话框中选择“预测趋势”复选框，可用选定区域顶端或左端已有的数值计算步长值，以产生一条最佳拟合直线（等差级数序列）或最佳拟合曲线（等比级数序列）。

【知识拓展】

1．自动填充

图4-16为自动填充的几种效果。如果第一个单元格中输入的数据是数字，用上述方法填充的所有数据都相同：如果按住Ctrl键同时拖动鼠标填充柄，可以填充步长值为“1”的等差数列；如果需要输入的序列差值是2或2以上，则要求先输入两个数据，选中这两个单元格后再沿填充方向拖动鼠标进行填充。

	A	B	C	D	E	F	G	H
1	一月	正月	Jan	January	星期日	Sun	Sunday	子
2	二月	二月	Feb	February	星期一	Mon	Monday	丑
3	三月	三月	Mar	March	星期二	Tue	Tuesday	寅
4	四月	四月	Apr	April	星期三	Wed	Wednesday	卯
5	五月	五月	May	May	星期四	Thu	Thursday	辰
6	六月	六月	Jun	June	星期五	Fri	Friday	巳
7	七月	七月	Jul	July	星期六	Sat	Saturday	午
8	八月	八月	Aug	August	星期日	Sun	Sunday	未
9	九月	九月	Sep	September	星期一	Mon	Monday	申
10	十月	十月	Oct	October	星期二	Tue	Tuesday	酉
11	十一月	十一月	Nov	November	星期三	Wed	Wednesday	戌
12	十二月	腊月	Dec	December	星期四	Thu	Thursday	亥

图4-16　自动填充的几种效果示意

如果要求输入的序列比较特殊，需要用菜单命令填充。方法：在“开始”选项卡的“编辑”功能组中单击“填充”按钮，在下拉列表中选择“系列”选项，在弹出的“序列”对话框中选择选项后，单击"确定"按钮。

2. 自定义序列

利用自定义序列功能可以添加新数据序列，以用于自动填充复制。

（1）直接在"自定义序列"对话框内建立序列。

方法：在"文件"选项卡选择"选项"选项，弹出"Excel选项"对话框；在左边窗口中选择"高级"，在右边窗口中单击"编辑自定义列表"按钮（比较靠下）；如图4-17所示在"自定义序列"对话框中单击"添加"按钮，在输入序列中逐项输入自定义的数据序列，每项数据输入完即按回车键（例如，添加1,2节，3,4节，5,6节）；单击"确定"按钮。

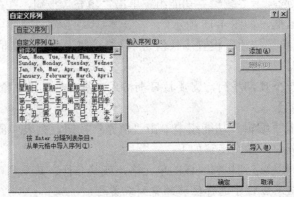

图4-17　建立自定义序列

（2）从工作表导入。

如果在工作表中已经用手工方式输入了一个新的数据序列，可以通过自动导入直接添加到系统中，供以后直接自动填充用。

方法：选择工作表中已经输入的序列；在"文件"选项卡选择"选项"选项，弹出"Excel选项"对话框；在左边窗口中选择"高级"，在右边窗口中单击"编辑自定义列表"按钮（比较靠下），弹出"自定义序列"对话框；"从单元格中导入序列"文本框填有工作表中所选的数据序列地址；单击"导入"按钮，工作表中的数据序列出现在"自定义序列"列表框中。

自定义序列的使用规则：

● 使用数字以外的任意字符作为序列的首字母。

● 建立序列时，错误和公式都被忽略。

● 单个序列最多可以包含80个字符。

● 每个自定义序列最多可以包含2000个字符。

（3）编辑或删除自定义序列。

对已经存在的序列，可以进行编辑或删除，操作步骤如下：

①在"自定义序列"选项卡（见图4-17）的"自定义序列"列表框中选定要编辑或删除的自定义序列，使其出现在"输入序列"列表框中。

②选择要编辑的序列项，进行编辑。

③若要删除序列中某一项，可以按Backspace键；若要删除一个完整的自定义序列，可以单击"删除"按钮。此时，Office助手出现一个警告"选定序列将永远删除"，单击"确定"按钮。

注意：不可对系统内置的序列进行编辑或删除操作。

【思考与练习】

1. 按表 4-3 建立一个工作表（设工作簿文件名为 Book1.xslx），并计算商品的库存金额。

表 4-3 商品库存表

序号	商品名	单价	库存时	库存金额
1	主板	900	32	
2	硬盘	1200	25	
3	显示卡	180	21	
4	内存条	320	45	
5	微型计算机	4200	18	

2. 用序列填充法在单元格区域 C2:C32 中输入日期序列 2012 年 3 月 1 日—2012 年 3 月 31 日。

任务 7 工作表中数据的插入与删除

【任务描述】

本任务通过案例学习在工作表中插入、删除数据的方法。

【案例】 在图 4-1 所示的学生成绩表中增加一行或一列，效果如图 4-18 所示。

	A	B	C	D	E	F	G	H
1				2011—2012学年第一学期成绩表				
2	学号	姓名	政治	英语	高等数学	计算机基础	总分	平均分
3	10101	王涛	80	90	80	95		
4	10102	李冰	82	80	56	75		
5	10103	谢红	68	55	75	52		
6	10104	郑伟	72	62	67	88		
7	10105	袁明	69	50	70	60		
8	10106	张莉	70	52	49	58		
9	10107	张平	88	76	63	80		
10	10108	罗娟	75	86	78	92		

图 4-18 插入数据的学生成绩表

【方法与步骤】

在工作表中输入数据后，如果发现少输入了一行或一列，或者在以后的工作表中发现需要增加一行或一列，可以先插入行、列或单元格，然后输入数据。

增加一行在数据区的最前面，用户输入标题行；增加一列位于数据区的中间，用于输入政治课成绩。

（1）插入工作表行。

①单击要插入位置下面一行（即第一行）的任意单元格，在"开始"选项卡"单元格"功能组中单击"插入"按钮，在列表中选择"插入工作表行"选项，可以在选定行上边插入一个空白行，同时在选择的单元格右下角出现"插入格式"按钮，单击其右侧的向下箭头，弹出下拉列表，从中选择"与上面格式相同"选项。插入后，原有单元格作相应移动。

②在新插入的一行中插入数据。

（2）插入工作表列。

①单击要插入列右侧（即第 C 列）的任意单元格，在"开始"选项卡"单元格"功能组中单击"插入"按钮，在列表中选择"插入工作表列"选项，在选定列的右边插入一个空白列，同时在选择的单元格右下角出现"插入格式"按钮，单击其右侧的向下的箭头，弹出下拉列表，从中选择"与左边格式相同"选项。插入后，原有单元格作相应移动。

②在新插入的列中输入数据。

【相关知识与技能】

1. 插入单元格

选定需要插入单元格的区域，插入单元格的个数应与选定的个数相等；在"开始"选项卡"单元格"功能组中单击"插入"按钮，在下拉列表中选择"插入单元格"选项；或右击并在快捷菜单中选择"插入"选项，弹出"插入"对话框；选择单元格插入的方式，单击"确定"按钮。

插入单元格功能可以将大小和形状与选定区域相同的行、列（或空白单元格，或单元格区域）插入到选定的单元格区域（或插入到用"复制"、"剪切"命令定义的区域）。插入后，所有单元格作相应移动。

2. 插入行/列

在"开始"选项卡"单元格"功能组中单击"插入"按钮，在下拉列表中选择"插入工作表行"（或"插入工作表列"）选项，可以在选定（列）的上方（右边）插入一行或多行（一列或多行）空白行（列）。插入后，原有单元格作相应移动。

提示：插入行（列）的数量与选定行（列）的数量相同。

3. 清除与删除

清除与删除的区别：

清除：仅清除单元格的信息，保留单元格。

删除：将选定的单元格连同其中内容一起删除。

（1）清除。

选定单元格区域，在"开始"选项卡"编辑"功能组中单击"清除"按钮；下拉列表中包括"全部清除"、"清除格式"、"清除内容"、"清除批注"等选项。其中，"全部清除"选项清除选定单元格区域中的所有信息；"清除格式"选项清除选定单元格区域中设置的格式，保留其中的内容和批注；"清除内容"选项清除选定单元格区域的内容，保留其中的格式和批注；"清除批注"选项清除选定单元格区域的批注，保留其中的格式和内容。

（2）删除。

①删除整行或整列：选定行或列（可以是一行、一列、多行、多列），在"开始"功能区的"单元格"命令组中单击"删除"按钮，在下拉列表中选择相应选项。

②删除单元格或单元格区域：选定单元格区域，在"开始"选项卡"单元格"功能组中单击"删除"按钮，在下拉式菜单中选择"删除单元格"选项，在"删除"对话框中选择"右侧单元格左移"、"下方单元格上移"、"整行"、"整列"。

4. 查找与替换

查找和替换功能可以在工作表中快速定位要查找的信息，并且可以有选择地用指定的值替换。可以查找和替换的字符包括文字、数字、公式或部分公式；既可以在一个工作表中进行查找和替换，也可以在多个工作表中查找和替换。查找和替换前，应先选定搜索范围，否则将搜索整个工作表。

（1）查找：在"开始"选项卡"编辑"功能组中单击"查找和替换"按钮，在下拉列表中选择"查找"选项，或按 Ctrl+F 组合键，弹出"查找和替换"对话框，如图 4-19 所示。可以通过选项确定查找范围、查找内容和搜索方式。

（2）替换：在"开始"选项卡"编辑"功能组中单击"查找和替换"按钮，在下拉列表中选择"替换"选项，或按 Ctrl+H 组合键，弹出"查找和替换"对话框，如图 4-20 所示。在"查找内容"和"替换为"文本框中分别输入要查找和替换的数据，若单击"替换"按钮，则替换查找的单元格数据；若单击"全部替换"按钮，则替换整个工作表中所有符合条件的单元格数据。

图 4-19　"查找和替换"对话框的"查找"选项卡　　图 4-20　"查找和替换"对话框的"替换"选项卡

5. 单元格的批注

在"开始"选项卡"编辑"功能组中单击"查找和替换"按钮，在下拉列表中选择"批注"选项，弹出"单元格批注"对话框，可以输入选定单元格的批注内容。完成批注后，在该单元格的右上方出现一个单元格批注标志。

6. 插入图片

在"插入"选项卡"插图"功能组中单击"图片"按钮，在弹出的"插入图片"对话框选择将其他应用程序的图形文件（图片）插入到当前工作表中。

【思考与练习】

在图 4-18 所示学生成绩表的"计算机基础"右边插入一行，输入"体育"课的成绩。

任务 8　工作表的操作

【任务描述】

本任务通过案例学习常用的工作表操作方法。工作表的操作包括工作的选择、移动、复制、插入、删除、重命名等。

【案例】　创建一个工作簿文件，在该工作簿为一年级的 6 个班分别建立一个成绩表，并且按一班到六班的顺序排列，如图 4-21 所示。

【方法与步骤】

新建一个工作簿时默认有 3 个工作表，6 个班共需要 6 张工作表。因此，要求工作簿中包含 6 个工作表。一般是建立工作簿后，根据需要增加工作表的数量。

新建的工作簿中，默认的工作表名称是 Sheet1、Sheet2、Sheet3，为了使用方便，需要将工作表分别用班级命名。本案例需要为工作表重命名。

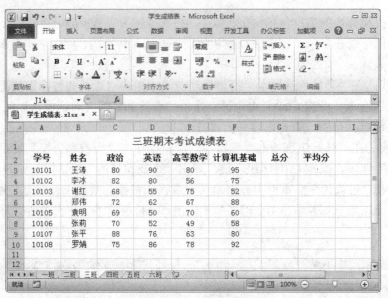

图 4-21　一年级学生成绩表

（1）新建一个工作簿，将其命令为"学生成绩表"。

（2）双击工作表 Sheet1 的标签，将其重命名为"一班"。

（3）重复步骤（2），将工作表 Sheet2、Sheet3 的标签分别重命名为"二班"、"三班"。

（4）选中工作表"三班"，在"开始"功能区的"单元格"组中单击"插入"按钮，在下拉列表中选择"插入工作表"选项，在"三班"工作表的前面插入一个工作表；双击新插入的工作表，重命名为"三班"；选择工作表"四班"，用鼠标将其拖功到工作表"三班"的右侧。

（5）重复步骤（4），插入工作表"五班"和"六班"。

操作完成后，效果如图 4-22 所示。

图 4-22　设置格式后的学生成绩表

【相关知识与技能】

1. 工作表的选择

在新建立的工作表中，总是将 Sheet1 作为活动工作表。若单击其他工作表的标签，该工作表成为当前活动工作表。例如，当前活动工作表是 Sheet1，若单击 Sheet3 的表标签，Sheet3 将成为当前活动工作表。可以用标签滚动按钮向左（右）移动工作表的表标签，以便选择其他工作表。

如果建立了一组工作表，而在这些工作表中某单元格区域需要进行同样的操作（例如输入数据、制表、画图等），需要同时选择多个工作表。

同时选择一组工作表的方法如下：

（1）选择相邻的一组工作表：选定第一个工作表，按住 Shift 键并单击本组工作表最后一个表标签。

（2）选择不相邻的一组工作表：按住 Ctrl 键，依次单击要选择的工作表标签。

（3）选择全部工作表：右击工作表标签，在快捷菜单中选择"选择全部工作表"选项。选择全部工作表后，对任何一个工作表进行操作，本组其他工作表也得到相同的结果。因此，可以对一组工作表中相同部分进行操作，提高了工作效率。

单击工作表组以外的表标签或者打开表标签快捷菜单，并选择"取消成组工作表"选项，均可以取消工作组的设置。

2．工作表的命名

可以按工作表的内容命名工作表。方法：在"开始"选项卡"单元格"功能组中单击"格式"按钮，在下拉列表中选择"重命名工作表"选项；或右击需要重命名的工作表的标签，在快捷菜单中选择"重命名"选项，表标签反相显示，输入工作表名字后按回车键，表标签中出现新的工作表名。

3．移动或复制工作表

方法一：在表标签中选定工作表，可以用鼠标直接拖动到当前工作簿的某一个工作表之后（前）；若在移动时按住 Ctrl 键，可将该工作表复制到其他工作表之后（前）。同样，也可以将选定的工作表移动或复制到其他的工作簿中。

方法二：在"开始"选项卡"单元格"功能组中单击"格式"按钮，在下拉列表中选择"移动或复制工作表"选项，弹出"移动或复制工作表"对话框，选择相应选项后，可以将选定的工作表移动、复制到本工作簿的其他位置（或其他工作簿）中。

4．删除工作表

选定工作表后，在"开始"选项卡"单元格"功能组中单击"删除"按钮，在下拉列表中选择"删除工作表"选项，可以删除选定工作表。

5．插入工作表

在"开始"选项卡"单元格"功能组中单击"插入"按钮，在下拉列表中选择"插入工作表"选项，可以在当前工作表前插入一个新的工作表。

【知识与拓展】

1．隐藏和取消隐藏工作表

隐藏工作表：选定工作表，在"开始"选项卡"单元格"功能组中单击"格式"按钮，在下拉列表中选择"隐藏和取消隐藏"→"隐藏工作表"选项。

取消隐藏工作表：选定工作表，在"开始"选项卡"单元格"功能组中单击"格式"按钮，在下拉列表中选择"隐藏和取消隐藏"→"取消隐藏工作表"选项，在弹出的"取消隐藏"对话框中选择要取消隐藏的工作表，单击"确定"按钮。

2．设定工作簿中的工作表数

一个工作簿默认包含 3 个工作表，根据需要可以设置工作表的数量。方法：在"文件"

选项卡选择"选项"选项，在左边窗格中选择"常规"，在右边窗格的"新建工作簿"设置区的"包含的工作表数"文本框中设定工作表数，单击"确定"按钮。

3. 窗口的拆分与冻结

（1）拆分窗口。

拆分窗口是把当前工作簿窗口拆分为几个窗格，每个窗格都可以滚动显示工作表的各个部分。拆分窗口可以在一个文档窗口中查看工作表的不同部分。

方法一：选定活动单元格（拆分的分割点），在"视图"选项卡"窗口"功能组中单击"拆分"按钮，工作表在活动单元格处拆分为 4 个独立的窗格。此时，4 个窗格中各有一个滚动栏，单元格可以在 4 个分离的窗格中分别移动。用鼠标指向水平、垂直两条分割的交叉点时，鼠标指针变为十字箭头。此时按下鼠标左键，向上、向下、向左、向右拖动，可以改变窗口的分割位置。

方法二：在水平滚动条的右端和垂直滚动条的顶端有一个小方块，称为拆分框。拖动拆分框于要拆分的工作表分割处，可以将窗口拆分为 4 个独立窗格。

（2）撤消拆分窗口：在"视图"选项卡"窗口"功能组中单击"拆分"按钮，或双击分隔条，可恢复窗口原来的形状。

（3）冻结窗格。

冻结窗格可将工作表的上窗格和左窗格冻结在屏幕上；滚动工作表时，行标题和列标题可以一直在屏幕上显示。

方法：选定活动的单元格（冻结点），在"视图"选项卡"窗口"功能组中单击"冻结窗格"按钮，在下拉列表中选择"冻结窗格"选项，活动单元格上边和左边的所有单元格被冻结，一直在屏幕上显示。

冻结拆分窗口后，按 Ctrl+Home 组合键使单元格光标移动到未冻结区的左上角单元格；在"视图"选项卡"窗口"功能组中单击"冻结窗格"按钮，在下拉列表中"取消冻结窗格"选项，可以恢复工作表的原样。

4. 放大或缩小窗口

系统默认以 100%的比例显示工作表，可以在"视图"选项卡"显示比例"功能组中单击"显示比例"按钮，在"显示比例"对话框中选择显示比例；也可以在"自定义"文本框中输入自定显示比例，或在"视图"栏中拖动显示比例的滑块改变显示比例。

【思考与练习】

新建一个工作簿，增加工作簿数目，使其共有 12 个工作表，分别将 12 张工作表命名为"一月"、"二月"、……"十二月"。

4.3 格式化工作表

在最初建立的工作表中输入时，所有的数据都用默认的格式，如文字左对齐、数字右对齐、字体采用五号字体黑色字等。这样一来，工作表一般是不符合要求的。因此，创建工作表后还要对工作表进行格式化。

Excel 2010 对工作表提供了丰富的格式化功能，可以完成对数字显示格式、文字对齐方式、字体、字形、框线、图案和颜色等的设置，使工作表表达得更加清晰、美观。

任务9 编排工作表的格式

【任务描述】

本任务通过案例学习编排工作表格式的方法。

【案例】 学生成绩表刚创建时，输入的数据是默认格式。现要求改变工作表的格式，使其如图4-23所示设置。

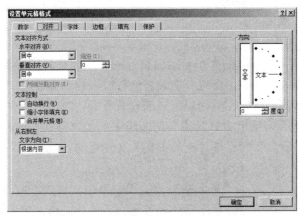

图4-23 "设置单元格格式"对话框

【方法与步骤】

工作表的数据一般都是居中对齐的；当一个单元格中的内容比较多时，单元格的行宽和列高可能需要调整；工作表中一般包含文字、数字等不同类型的数据，往往希望不同类型的数据采用不同的数据格式与对齐方式。如图4-22所示的工作表中，标题居中，第2行数据项目名称和学生姓名（B列）居中，所有数字居中。

（1）设置标题居中。

方法一：选中单元格区域A1:H1，在"开始"选项卡"对齐方式"功能组中单击"合并后居中"按钮，在下拉列表中选择"合并后居中"选项。

方法二：选中单元格区域A1:H1，在"开始"选项卡"对齐方式"功能组中单击右边向下箭头，弹出"设置单元格格式"对话框，如图4-23所示；选择"对齐"选项卡，在"水平对齐"下拉列表框中选择"居中"选项，在"垂直对齐"下拉列表框中选择"居中"选项；选中"合并单元格"复选框；在"文字方向"下拉列表框中选择"根据内容"选项；单击"确定"按钮。

（2）选择单元格区域A2:H2，在"开始"选项卡"对齐方式"功能组中单击"合并后居中"按钮，在下拉列表中选择"合并后居中"选项。

（3）选择单元格区域B2:B10，在"开始"选项卡"对齐方式"功能组中单击"合并后居中"按钮，在下拉列表中选择"合并后居中"选项。

（4）选择单元格区域A3:A10、C3:H10，在"开始"选项卡"对齐方式"功能组中单击"合并后居中"按钮，在下拉列表中选择"合并后居中"选项。

【相关知识与技能】

1. 设置工作表的列宽

选定需要设置列宽的列，然后用以下方法设置列宽：

方法一：在"开始"选项卡"单元格"功能组中单击"格式"按钮，在下拉列表中选择"列宽"选项，弹出"列宽"对话框，在其中输入要设置的列宽值，单击"确定"按钮。

提示：在工作表中，每列宽度的默认值为 8.38。

方法二：在"开始"选项卡"单元格"功能组中单击"格式"按钮，在下拉列表中选择"自动调整列宽"选项，所选列的列宽自动调整至适合的列宽值，单击"确定"按钮。

方法三：将鼠标移到所选列标的右边框，鼠标指针变为一条竖直黑短线和两个反向的水平箭头；按住鼠标左键，拖动边框（向右拖动加宽，向左拖动变窄）改变列宽度；或双击，该列的宽度自动设置为最宽项的宽度。

2. 设置工作表行高

输入数据时，系统根据字体的大小自动调整行的高度，使其能够容纳行中最大的字体。此外，也可以根据需要设置行高，可以一次设置一行或多行的高度。

先选定需要设置行高的行，然后用以下方法设置行高：

方法一：在"开始"选项卡"单元格"功能组中单击"格式"按钮，在下拉列表中选择"行高"选项，弹出"行高"对话框，在其中输入要设置的行高值（0～409 之间的正数，代表行高的点数），单击"确定"按钮。

方法二：在"开始"选项卡"单元格"功能组中单击"格式"按钮，在下拉列表中选择"自动调整行高"选项，所选行的行高自动调整至合适的行高值，单击"确定"按钮。

方法三：将鼠标移到所选行号的下边框，鼠标指针变为一条水平黑短线和两个反向的垂直箭头；用鼠标拖动该边框改变行的高度；或双击，该行的高度自动设置为最高项的高度。

3. 单元格内容的对齐

选定单元格区域，在"开始"选项卡"对齐方式"功能组中单击右边的向下箭头，弹出"设置单元格格式"对话框，在"对齐"选项卡中选择需要的选项。

【思考与练习】

根据图 4-24 给定的工作表，在第一行前插入一个标题行，标题内容为"电脑商品表"，对齐方式为"合并及居中"，表格中的其他数据居中排列。

	A	B	C	D	E
1	序号	品名	单价	数量	金额
2	1	微型计算机	4050	32	¥129,600.00
3	2	微型计算机	3600	21	¥75,600.00
4	3	显示卡	180	19	¥3,420.00
5	4	内存条	320	50	¥16,000.00
6	5	显示卡	160	33	¥5,280.00
7	6	内存条	300	43	¥12,900.00
8	7	微型计算机	4100	11	¥45,100.00
9	8	显示器	700	12	¥8,400.00

图 4-24　电脑商品表

任务 10　修饰工作表的文字

【任务描述】

本任务通过案例学习修饰工作表文字的方法。

【案例】　对学生成绩表中的文字进行修饰，效果如图 4-25 所示。

	A	B	C	D	E	F	G	H	I
1				2011—2012学年第一学期成绩表					
2	学号	姓名	政治		英语	高等数学	计算机基础	总分	平均分
3	10101	王涛	80		90	80	95		
4	10102	李冰	82		80	56	75		
5	10103	谢红	68		55	75	52		
6	10104	郑伟	72		62	67	88		
7	10105	袁明	69		50	70	60		
8	10106	张莉	70		52	49	58		
9	10107	张平	88		76	63	80		
10	10108	罗娟	75		86	78	92		

图 4-25　文字进行修饰后的学生成绩表

要求：标题文字为"华文细黑"字体、字号 16、蓝色；第二行数据项目名称文字为"隶书"字体、字号 14、黑色；其余单元格中的文字为"楷体_GB2312"字体、字号 12、红色。

新建的工作表中，数字和文字都采用了默认的五号宋体字。在一张工作表中，如果全部文字和数字都采用默认的五号宋体字，不仅使整个工作表看起来乏味，而且数据不突出，也不利于阅读。Excel 2010 对于的单元格中使用的字体、字号、文字颜色等，既可以在数据输入前设置，也可以在数据输入完成后进行设置。

【方法与步骤】

（1）选中标题所在的单元格 A1，在"开始"选项卡"字体"功能组中设置字体为"华文细黑"，字号为 16，字体颜色为"蓝色"。

（2）选中数据项目所在的单元格区域 A2:I2，在"开始"选项卡的"字体"选项卡中设置字体为"隶书"，字号为 14，字体颜色为"黑色"。

（3）选中单元格区域 A3:I10，在"开始"选项卡的"字体"选项卡中设置字体为"楷体_GB2312"，字号为 12，字体颜色为"红色"。

【相关知识与技能】

1. 设置单元格的文字格式

在"开始"选项卡"字体"功能组中，可以设置单元格的文字格式。在"字体"功能组中单击右边的向下箭头，可以弹出"设置单元格格式"对话框，在"字体"选项卡中可以设置字体、字形、字号、下划线、颜色、特殊效果（删除线、上标和下标）等；完成设置后，可以在"预览"框中预览当前选定的字体及其格式。

2. 设置单元格的颜色和图案

选定单元格区域，在"开始"选项卡"字体"功能组中单击右边的向下箭头，在"设置单元格格式"对话框的"填充"选项卡"图案样式"中选择需要的图案。

任务 11　设置单元格的数字格式

【任务描述】

本任务通过案例学习设置单元格数字格式的方法。

【案例】　某电器商根据商品销售记录制作一张电子表格，如图 4-26 所示。由图可见，工作表中的数据全部采用默认格式，且其中有多种数字，如日期、数量、货币等。对工作表进行格式设置后，效果如图 4-27 所示。

	A	B	C	D	E	F
1	电器商品销售记录表					
2	序号	日期	商品名	单价	数量	金额
3	1	2012-02-01	电视机	1999	5	9995
4	2	2012-02-01	电视机	3500	3	10500
5	3	2012-02-01	DVD机	900	5	4500
6	4	2012-02-03	DVD机	900	3	2700
7	5	2012-02-03	空调机	3450	2	6900
8	6	2012-02-03	电视机	1990	8	15920
9	7	2012-02-05	数码相机	2450	5	12250
10	8	2012-02-05	电视机	3500	3	10500

图 4-26　未格式化的商品销售记录表

	A	B	C	D	E	F
1	电器商品销售记录表					
2	序号	日期	商品名	单价	数量	金额
3	1	2012年2月1日	电视机	¥1,999.00	5	¥9,995.00
4	2	2012年2月1日	电视机	¥3,500.00	3	¥10,500.00
5	3	2012年2月1日	DVD机	¥900.00	5	¥4,500.00
6	4	2012年2月3日	DVD机	¥900.00	3	¥2,700.00
7	5	2012年2月3日	空调机	¥3,450.00	2	¥6,900.00
8	6	2012年2月3日	电视机	¥1,990.00	8	¥15,920.00
9	7	2012年2月5日	数码相机	¥2,450.00	5	¥12,250.00
10	8	2012年2月5日	电视机	¥3,500.00	3	¥10,500.00

图 4-27　格式化后的商品销售记录表

【方法与步骤】

工作表中的数字、日期、时间、货币等都以纯数字存储，在单元格内显示时，则按单元格的格式显示。如果单元格没有重新设置格式，则采用通用格式，将数值以最大的精度显示。当数值很大时，用科学计数法表示，如 2.3456E+0.5。如果单元格的宽度无法以设定的格式将数字显示出来，用"#"号填满单元格，此时只要将单元格加宽，即可将数字显示出来。

将图 4-26 中的工作表设置为如图 4-27 所示的格式，除将标题行设置为"合并及居中"、将第 2 行与第 E 列设置为居中外，还要将单元格区域 B3:B10 设置为日期格式，将单元格区域 D3:D10、F3:F10 设置为货币格式。

（1）选择单元格区域 A1:F1，设置标题格式为"合并及居中"。

（2）选中单元格区域 A2:F2，在"开始"选项卡"对齐方式"功能组单击"居中"按钮。

（3）选择单元格区域 E3:E10，在"开始"选项卡"对齐方式"功能组单击"居中"按钮。

（4）选中单元格区域 B3:B10，在"开始"选项卡的"对齐方式"功能组单击右边的向下按钮，弹出"设置单元格格式对话框"；在"数字"选项卡"分类"列表框选择"日期"选项，在"类型"列表框中选择"2001 年 3 月 14 日"选项，如图 4-28 所示；单击"确定"按钮。

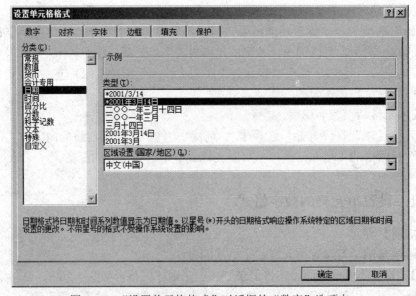

图 4-28　"设置单元格格式"对话框的"数字"选项卡

（5）分别选择单元格区域 D3:D10 和 F3:F10，用同样的方法设置数字格式为"货币"。

【相关知识与技能】

1. 数字格式概述

不同的应用场合，需要使用不同的数字格式。因此，要根据需要设置单元格中的数字格式化。默认的数字格式为"常规"格式。输入时，系统根据单元格中输入数值进行适当的格式化。例如，输入$1000 时，自动显示为 1,000；输入 1/3，自动显示为 1 月 3 日，输入 25%时，系统默认为是 0.25 并显示 25%。

2. 设置单元格数字格式

方法一：选定单元格区域，在"开始"选项卡"字体"功能组中单击右边的向下箭头，弹出"设置单元格格式"对话框，在"数字"选项卡"分类"列表框选择数字类型及数据格式，单击"确定"按钮或按回车键。

方法二：在"开始"选项卡"数字"功能组中有 5 个用于设置单元格数字格式的工具按钮，分别是货币样式、百分比样式、千位分隔样式、增加小数位数、减少小数位数，可以用于设置单元格的数字格式。

3. 创建自定义格式

若 Excel 2010 提供数字格式不够用，可以创建自定义数字格式，如专门的会计或科学数值表示、电话号码、区号或其他必须以特定格式显示的数据等。

方法：选定单元格区域，在"开始"选项卡"字体"功能组中单击右边的向下箭头，弹出"设置单元格格式"对话框，在"数字"选项卡"分类"列表框选择"自定义"选项，在"类型"列表中选择一个最接近需要的自定义格式并进行修改，单击"确定"按钮，保存新的数字格式。

【思考与练习】

1. 设置数字格式

（1）在工作表的任意单元格中输入数字 1234，观察该数字在单元格的对齐方式。

（2）将该单元格的数字格式改为文本格式（左对齐）。

（3）选中 1234 所在的单元格，在"开始"选项卡"数字"功能组中分别单击"货币样式"、"百分比样式"、"增加小数位数"和"减少小数位数"按钮，观察该单元格数字格式的变化。

2. 自定义格式的设置

（1）在工作表中任选单元格，输入 12345.678。

（2）将该单元格的数字格式设置为自定义格式，类型为 0.00E+00，观察单元格中数据格式变化。

（3）将选中的单元格设置为其他格式（数字格式自定），观察单元格中数据公式的变化。

任务 12   设置单元格工作的背景和边框

【任务描述】

如果能给单元格或整个表格添加颜色或图案，将使表格变得漂亮，增加可读性。本任务通过案例学习设置工作背景和边框的要求。

【案例】 给图 4-27 所示的商品销售记录表添加边框线，效果如图 4-29 所示。

	A	B	C	D	E	F
1	电器商品销售记录表					
2	序号	日期	商品名	单价	数量	金额
3	1	2012年2月1日	电视机	¥1,999.00	5	¥9,995.00
4	2	2012年2月1日	电视机	¥3,500.00	3	¥10,500.00
5	3	2012年2月1日	DVD机	¥900.00	5	¥4,500.00
6	4	2012年2月3日	DVD机	¥900.00	3	¥2,700.00
7	5	2012年2月3日	空调机	¥3,450.00	2	¥6,900.00
8	6	2012年2月3日	电视机	¥1,990.00	8	¥15,920.00
9	7	2012年2月5日	数码相机	¥2,450.00	5	¥12,250.00
10	8	2012年2月5日	电视机	¥3,500.00	3	¥10,500.00

图 4-29 添加边框后的商品销售记录表

【方法与步骤】

一般情况下，工作表需要加上边框线，有些比较特殊的单元格还需要突出显示。本案例为表格加上粗边框线，表格内部单元格之间用细实线分割，数据项目名称与表格内容之间用双横线分开。表格标题填充颜色为"黄色"，表格第一行（数据项目名称）填充颜色为天蓝色，其余单元格填充颜色为白色，深色 15%。

（1）选择标题所在的单元格（A1），在"开始"选项卡"字体"功能组中单击右边的向下箭头，弹出"设置单元格格式"对话框，选择"边框"选项卡，如图 4-30 所示。

图 4-30 "设置单元格格式"对话框的"边框"选项卡

（2）在"线条"样式中指定表格线型为粗单实线，在"颜色"下拉列表框中指定表格边框线的颜色为"黑色"，单击"外边框"按钮。

（3）在"线条"样式中指定表格线型为粗单实线，在"颜色"下拉列表框中指定表格边框线的颜色为"黑色"，单击"外边框"按钮。

（4）选中单元格区域 A2:F2，在"样式"列表中选择单元格下方具有双下划线的选项。

（5）选择标题所在的单元格（A1），在"开始"选项卡"字体"功能组中单击"填充颜色"按钮右边的下拉按钮，在打开的调色板上选择"黄色"。

（6）用同样的方法设置单元格区域 A2:F2 的填充颜色为"天蓝色"，单元格区域 A3:F10 的填充颜色为"白色"，深色 15%。

【相关知识与技能】

对表格线与边框线的操作包括：

（1）在单元格区域周围加边框。在工作表中给单元格加上不同的边框，可以画出各种表格。若需要在工作表中分离标题、累计行及数据，可以在工作表中画线。

方法一：在"开始"选项卡"字体"功能组中单击右边向下箭头，弹出"设置单元格格式"对话框，在"边框"选项卡的"预置"框内设置边框的样式，在"线条"框内设置线型和颜色，单击"确定"按钮。

方法二：在"开始"选项卡"字体"功能组中单击"其他边框"按钮，在下拉列表中选择需要的边框类型。

（2）删除边框。选择有边框的单元格区域，在"开始"选项卡"字体"功能组中单击右边的向下箭头，弹出"设置单元格格式"对话框，在"边框"选项卡逐个单击所有选项，使其为空，单击"确定"按钮。

（3）取消网格线。在"视图"选项卡"显示/隐藏"功能组中选中"网格线"复选框，使其中的"√"符号消失。

（4）自动套用格式。系统设置了多种专业性的报表格式供选择，可以选择其中一种格式自动套用到选定的工作表单元格区域。

方法：选定要套用自动格式的单元格区域，在"开始"选项卡"样式"功能组中选择"套用表格格式"按钮，在下拉列表框中选择需要的样式。

任务 13 条件格式与格式刷的使用

【任务描述】

本任务通过案例学习条件格式与格式刷的使用。

【案例】 在成绩单元格中设置条件格式：如果超过 90 分，单元格加上绿色的背景；如果成绩不足 60 分，单元格加上红色的背景；不满足条件不作任何处理。设置结果如图 4-31 所示。

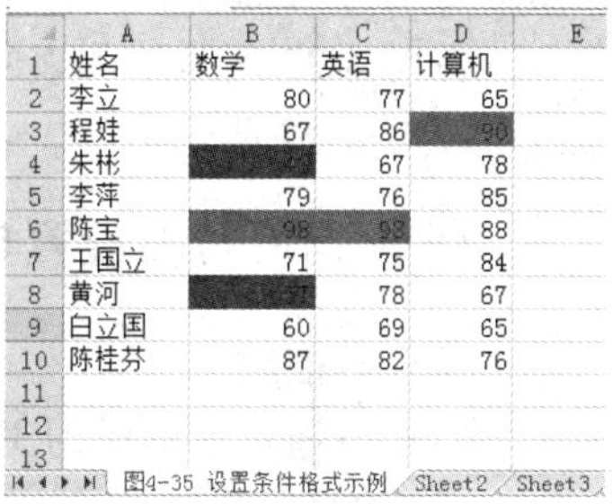

图 4-31 设置条件格式示例

【方法与步骤】

在工作表中，若要希望突出显示公式的结果或符合特定条件的单元格，可以使用条件格式。条件格式可以根据指定的公式或数值确定搜索条件，然后将格式应用到工作表选定范围中符合搜索条件的单元格中，并突出显示要检查的动态数据。

（1）在工作表中选定单元格区域 B2:D10。

（2）在"开始"选项卡"样式"功能组中单击"条件格式"按钮，在下拉列表中选择"突出显示单元格规则"→"大于"选项，如图 4-32 所示。

图 4-32 "大于"对话框

（3）在文本框中输入 89。

（4）在"设置为"列表框中选择"自定义格式"，在弹出"设置单元格格式"对话框中选择"填充"选项卡，在"背景色"中选择"绿色"。单击"确定"按钮，返回。

（5）单击"确定"按钮，完成"条件格式"对话框。

（6）用同样的方法将低于60分的设置为红色背景。

【相关知识与技能】

1. 条件格式的设置与删除

无论是否有数据满足条件或是否显示了指定的单元格格式，条件格式被删除前一直对单元格起作用。在已设置条件格式的单元格中，当其值发生改变而不满足设定的条件时，Excel将恢复这些单元格原来的格式。

在"开始"选项卡"样式"功能组中单击"条件格式"按钮，在下拉列表中选择"清除规则"→"清除整个工作表规则"选项，清除工作表中所有的条件格式。

2. 更改条件格式

选定单元格区域，在"开始"选项卡"样式"功能组中单击"条件格式"按钮，在下拉列表中选择"突出显示单元格规则"子菜单中符合要求的条件。

3. 使用格式刷

在编辑工作表的过程中，可以用"格式刷"按钮复制单元格或对象格式，格式刷的使用方法与 Word 中的一样。

【思考与练习】

在图 4-27 所示工作表中，用条件格式对不同商品名称填充不同的颜色（具体颜色自定）。

在图 4-27 所示工作表中添加一行记录，然后用格式刷将该行设置为相同的格式。

任务 14　页面设置与打印

【任务描述】

本任务通过案例学习工作表的页面设置与打印。

【案例】　将任务 1 案例所建立的成绩表打印出来。

【方法与步骤】

完成对工作表的编辑后，如果在本地计算机或本地网络上连接了打印机，可以将工作表直接打印出来；如果没有连接打印机，可以将其打印到文件，然后在连接有打印机的计算机上进行打印。在打印前设置打印区域、页面和分页符等。默认状态下，Excel 2010 自动选择有文字的最大行和列作为打印区域。

实际打印输出前，可以用"打印预览"功能将打印的效果在屏幕上显示出来，屏幕上显示的打印内容与真正打印输出的效果是一致的。此外，还可以根据所显示的情况进行相应的参数调整。

1. 页面设置

（1）在"页面布局"选项卡"页面布局"功能组中单击"页边距"按钮，在下拉列表中选择"自定义边距"选项，弹出"页面设置"对话框，如图 4-33 所示。

图 4-33　"页面设置"对话框

（2）选择"页面"选项卡，在"方向"区域选中"纵向"单选按钮（若工作表较宽，可以选择"横向"单选按钮）。

（3）在"缩放"区域指定工作表的缩放比例，本案例选择默认的 100%（若工作表比较大，可以选择"调整为 1 页宽，1 页高"）。

（4）在"纸张大小"下拉列表框中选择所需要的纸张大小，本案例选择 A4。

（5）在"打印质量"下拉列表框中指定工作表的打印质量，本案例选择默认值。

（6）在"起始页码"文本框中键入所需的工作表起始页码，本案例输入"自动"（默认值）。

（7）单击"确定"按钮，完成页面设置。

2．打印预览

在"文件"选项卡中选择"打印"选项，单击"打印"按钮，可以将工作表打印出来。

【相关知识与技能】

在"页面设置"对话框中可以对页面、页边距、页眉/页脚和工作表进行设置。

1．设置页眉、页脚

页眉用于标明文档的名称和报表标题，页脚用于标明页号以及打印日期、时间等。页眉和页脚并不是实际工作表的一部分。

注意：页眉、页脚的设置应小于对应的边缘，否则页眉、页脚可能覆盖文档的内容。

在"页眉设置"对话框的"工作表"选项卡中可以设置打印区域、打印标题、打印、打印顺序等。

2．插入和删除分页符

超过一页时，自动在分页符处对文档分页，也可以插入分页符强制分页。

（1）插入分页符：选定新一页开始的单元格，在"页面布局"选项卡的"页面设置"功能组中单击"分隔符"按钮，在下拉列表中选择"插入分页符"选项，可以插入分页符。若要插入一个垂直分页符，选定的单元格必须位于工作表的 A 列；如要插入一个水平分页符，选定的单元格必须位于工作表的第一行。若在其他位置选定单元格，则插入一个水平分页符和垂直分页符。

（2）删除分页符：选定垂直分页符下面第一行的任意单元格，在"页面布局"选项卡"页面设置"功能组中单击"分隔符"按钮，在下拉列表中选择"删除分页符"选项，可以删除一个垂直分页符。选定水平分页符右边第一列的任意单元格，选择"分隔符"下拉列表中的"删除分页符"，可以删除一个水平分页符。

3．打印工作表

在 Windows 系统安装的任何打印机，都可以打印工作表单元格区域。若工作表太大，系统在分页处分割工作表；也可以选择缩小尺寸，以使工作表放在一页或指定数目的页中。

在"文件"选项卡选择"打印"选项，在中部位置可以对打印机设置、页面设置、选择打印范围（全部或指定页数、选定区域、工作表或整个工作簿）和打印份数，在右侧可以看到预览效果，单击"确定"按钮开始打印，如图 4-34 所示。

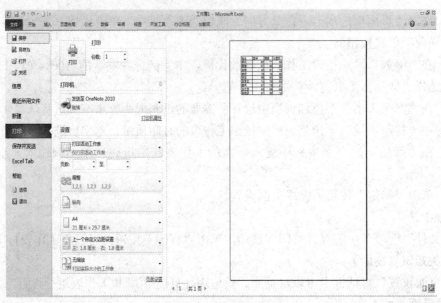

图 4-34　"打印"窗口

4.4　公式与函数

公式是进行计算和分析的等式，可以对数据进行加、减、乘、除等运算，也可以对文本进行比较。函数是 Excel 预定义的内置公式，可以进行数学、文本、逻辑运算或查找工作表中的信息。

任务 15　公式的使用

【任务描述】
本任务通过案例学习工作表中使用公式的方法。

【案例】　制作一张某公司的工资表，如图 4-35 所示。

	A	B	C	D	E	F	G	H	I
1					XX公司工资表				
2	序号	部门	姓名	基本工资	职务津贴	补贴	应发工资	扣款	实发工资
3	1	销售部	李剑荣	1500	800	800	3100	50	3050
4	2	销售部	翟亦峰	1000	200	500	1700		1700
5	3	销售部	刘颖仪	1000	200	500	1700		1700
6	4	销售部	黄艳妮	1000	200	500	1700		1700
7	5	财务部	李苗苗	1300	800	600	2700	50	2650
8	6	财务部	陈耿	1000	200	400	1600		1600
9	7	生产部	吴梓波	1300	800	600	2700		2700
10	8	生产部	唐滔	800	200	400	1400	100	1300
11	9	生产部	梁托	600	200	200	1000		1000
12	10	生产部	黄沛文	600	200	200	1000		1000

图 4-35　工资表

【方法与步骤】

Excel 具有强大的计算和统计功能。将数据输入到工作表后，可以使用公式进行计算。

本案例的工资表中，第一个职工的应发工资和实发工资采用公式进行计算，其余职工的应发工资与实发工资采用复制公式的方法得到。

任务 2 的案例中，总分和平均分通过公式计算得出。计算公式：总分=英语+高等数学+计算机基础，平均分=总分/3。

任务 11 的案例中，金额用公式计算得到。计算公式：金额=单价×数量。

（1）在工作表中选择单元格 G3，输入 "=" 号，表示开始进行公式输入。

（2）单击单元格 D3，输入 "+"，再单击单元格 F3，按回车键（或编辑栏中单击 ✔ 按钮），可以看到第一位职工的应发工资已经计算出来了。

（3）单击单元格 G3，将鼠标指针移动到单元格右下方的填充柄（黑色小方块）上，鼠标指针变成黑色十字形状时按住鼠标左键并向下拖动到单元格 G12，即可完成公式的复制。

（4）选择单元格 I3，输入 "="，单击单元格 G3，输入 "-"，再单击单元格 H3，按回车键（或在编辑栏单击 ✔ 按钮），可以看到第一位职工的实发工资已经计算出来了。

（5）单击单元格 I3，将鼠标指针移动到单元格右下方的填充柄上，鼠标指针变成黑色十字形状时按住鼠标左键并向下拖动至单元格 I12，即可完成公式复制。

【相关知识与技能】

1. 公式中的运算符

Excel 中的运算符一般有算数运算符、比较运算符、文本运算符和引用运算符。

（1）算术运算符。算术运算包括加（+）、减（−）、乘（×）、除（/）、幂（^）、负号（−）、百分号（%）等。算术运算符连接数字并产生计算结果。

例如，公式=30^2*20%是先求 30 的平方，然后再与 20%相乘，公式的值是 180。

（2）比较运算符。比较运算符比较两个数值的大小并返回逻辑值 True（真）和 False（假），包括等于（=）、大于（>）、小于（<）、大于等于（>=）、小于等于（<=）、不等于（<>）。

例如，若单元格 A1 的数值小于 25，则公式=A1<25 的逻辑值为 True，否则为 False。

（3）文本运算符。文本运算符 "&" 将多个文本（字符串）连接成一个连续的字符（功能组合文本）。

例如，设单元格 A1 中的文字 "广州市"，则公式="广东省"&A1 的值为 "广东省广州市"。

（4）引用运算符。引用运算符可以将单元格区域合并运算，包括冒号（:）、逗号（,）和空格。

①冒号（:）：区域运算符，可对两个引用之间（包括这个两个引用在内）的所有单元格进行引用。例如，A1:H1 是引用从 A1 到 H1 的所有单元格。

②逗号（,）：联合运算符，可将多个引用合并为一个引用。例如，SUM（A1:H1,B2:F2）是将 A1:H1 和 B2:F2 两个单元格区域合并为一个。

③空格：交叉运算符，可产生同时属于两个引用的单元格区域的引用。例如，SUM（A1:H1,B1:B4）只有 B1 同时属于两个引用 A1:H1 和 B1:B4）。

2. 运算符的运算顺序

如果一个公式中含有多个运算符，其执行的先后顺序为：冒号（:）→逗号（,）→空格→负号→幂→乘、除→加、减→&比较。括号可以改变运算的先后顺序。

3．公式编辑

单元格中的公式可以进行修改、复制、移动等编辑操作。

（1）修改公式：在输入公式过程中发现有错误，可以选中公式所在的单元格，然后在编辑栏中进行修改。修改完毕，按回车键。

（2）移动和复制公式：与单元格的操作相同，但是复制、移动公式有单元格地址的变化，对结果产生影响。

提示：Excel 自动调整所有移动单元格的引用位置，这些引用位置仍然引用到新的同一个单元格。如果将单元格移动到原先已被其他公式引用的位置上，由于原有单元格已经被移动过来的单元格代替了，公式会产生错误值"REF!"。

4．显示公式

一般情况下，在单元格中不显示实际的公式，而是显示计算的结果。只要选择单元格为活动单元格，即可在编辑栏中看到公式。

在单元格中显示公式的方法：在"公式"选项卡的"公式审核"功能组中单击"显示公式"选项。此时，工作表的单元格不再显示公式的计算结果，而是显示公式本身。

提示：按 Ctrl+、组合键（在 1 键的左边）可以在"显示公式值"和"显示公式"两者之间切换。

5．复杂公式的使用

（1）公式的数值转换。

在公式中，每个运算符与特定类型的数据连接，如果运算符连接的数值与其所需的类型不同，Excel 将自动更换数值类型。

（2）日期和时间的使用。

Excel 中显示时间和日期的数字是以 1900 年 1 月 1 日星期日为日期起点，数值设定为 1；以午夜（00：00）为时间起点，数值设定为 0.0，范围是 24 小时。

日期计算中经常用到两个日期之差，例如，公式＝"2012/2/29" – "2012/2/10"，计算结果为19。此外，也可以进行其他计算，例如，公式＝"2012/2/29" + "2012/2/10"，计算结果为 81917。

注意：输入日期，若以短格式输入年份（即年份输入两位数），Excel 2010 将作如下处理：若年份在 00～29 之间，作为 2000～2029 年处理。例如，输入 10/11/2，Excel 认为该日期是 2010 年 11 月 2 日。若年份在 30～99 之间，作为 1930～1999 年处理。例如，输入 89/8/10，Excel 认为该日期是 1989 年 8 月 10 日。

（3）公式返回错误值及产生原因。

使用公式时，出现错误将返回错误值。表 4-4 列出了常见的错误值及产生的原因。

表 4-4　公式返回的错误值及其产生的原因

返回的错误值	产生的原因
#####!	公式计算的结果太长，单元格宽度不够，增加单元格的列宽可以解决
@Div/0	除数为 0
#N/A	公式中使用或不存在的名称，以及名称的拼写错误
#NAME?	删除了公式中使用或不存在的名称，以及名称的拼写错误
#NULL!	使用了不正确的区域运算或不正确的单元格引用

续表

返回的错误值	产生的原因
#NUM!	在需要数字参数的函数中使用了不能接受的参数,或者公式计算结果的数字太大或太小，Excel 无法表示
#REF！	删除了其他公式引用的单元格，或将移动单元格粘贴到其他公式引用的单元格中
#VALUE!	需要数字或逻辑值时输入了文本

【知识拓展】

1. 数组公式的使用

用数组公式可以执行多个计算并返回多个结果。数组功能是数组公式作用于两个或多个功能组，称为数组参数值，每个数组参数必须具有相同数目的行和列。

（1）创建数组公式。

①如果希望数组公式返回一个结果，则单击输入数组公式的单元格；如果希望数组公式返回多个结果，则选定输入数组公式的单元格区域。

②输入公式的内容，按 Ctrl+Shift+Enter 组合键。

注意：若数组公式返回多个结果，删除数组公式时必须删除整个数组公式。

在数组公式中除了可以使用单元格引用外，也可以直接输入数值数组。直接输入的数值数组称为数组常量。

在公式中建立数组常量的方法：直接在公式中输入数值，并用大括号（{ }）括起来；不同列的数值用逗号分开，不同行的数值用分号分开。

（2）应用数组公式。在图 4-1 所示的学生成绩表中，可以用数组公式计算总分。

方法：选定要用数组公式计算结果的单元格区域 F2:F9，输入公式=B2:B9+C2:C9，按 Ctrl+Shift+Enter 组合键结束输入并返回计算结果。

2. 中文公式的使用

在复制、使用函数以及对工作中的某些内容进行修改时，涉及到单元格或单元格区域。为简化操作，Excel 允许对单元格或单元格区域命名，从而可以直接使用单元格或单元格区域的名称来规定操作对象的范围。

单元格或单元格区域命名是给工作表中的某一个单元格或单元格区域取一个名字，在以后的操作中，当涉及已命名的单元格或单元格区域时，只要使用名字即可操作，而不再需要进行单元格或单元格区域的选定操作。

（1）定义名称。在"公式"选项卡"定义名称"功能组中单击"定义名称"按钮，在下拉列表中选择"定义名称"选项，可以为单元格、单元格区域、常量或数值表达式建立名字。建立名字后，可以直接用来引用单元格、单元格区域、常量或数值表达式；可以更改或删除已定义的名字，也可以预先为以后要常用的常量或计算的数值定义名字。建立名字后，若选定一个命名单元格或已命名的整个区域时，名字出现在编辑栏的引用区域。

在编辑栏中单击名字框向下箭头（见图 4-3），打开当前工作表单元格区域名字的列表。移动单元格光标或引用时，可以在名字列表中选择名字而直接选择或引用单元格区域。

方法：在"公式"选项卡"定义名称"功能组中单击"定义名称"按钮，在下拉列表中选择"定义名称"选项，弹出"新建名称"对话框，如图 4-36 所示。在"名称"文本框中输入定义的名称，在"范围"列表框中选择名称用到的范围，在"引用位置"中设置定义名称框的区域。在"定义的名称"功能组中单击"名称管理器"按钮，弹出"名称管理器"对话框，可以管理定义的名称，包括编辑、删除、新建等。

图 4-36　"定义名字"对话框

（2）粘贴名称。可以将选定的名字插入到当前单元格或编辑栏的公式中。若当前正在编辑栏中编辑公式，则选定的名字粘贴在插入点；若编辑栏没有激活，则将选定的名字粘贴到活动单元格光标处，并在名字前加上"="号，同时激活编辑栏。

方法：在"公式"选项卡"定义的名称"功能组中单击"用于公式"按钮，在下拉列表中选择"粘贴名称"选项，弹出"粘贴名称"对话框；在"粘贴名称"列表框中选择要粘贴的名字后，单击"确定"按钮，完成粘贴。

（3）应用名称。将已定义的名字替换公式中引用的单元格区域。

方法：在"公式"选项卡"定义的名称"功能组单击"定义名称"按钮，在下拉列表中选择"应用名称"选项，弹出"应用名称"对话框，根据需要选择相应选项。

（4）根据所选内容创建。方法：在"公式"选项卡"定义的名称"功能组中单击"根据所选内容创建"按钮，弹出"以选定区域创建名称"对话框，根据需要选择相应的选项。

【思考与练习】

1．创建数组公式：在单元格 A1、A2、A3、A4 中分别输入 10、20、30、40，在单元格 B1、B2、B3、B4 中分别输入 1、2、3、4；在单元格区域 C1:C4 中输入公式=A1:A4*B1:B4，然后按 Ctrl+Shift+Enter 组合键。观察并分析公式的计算结果。

2．在"公式"选项卡"定义的名称"功能组分别选择各选项，观察弹出对话框的内容及其使用方法。

任务 16　公式中的引用

【任务描述】

本任务通过案例学习公式中引用、相对引用与绝对引用的使用。

【案例】　用输入公式的方法计算图 4-35 所示"工资表"中的"应发工资"和"实发工资"。

【方法与步骤】

Excel 公式一般不是指出哪几个数据间的运算关系，而是计算某些单元格中数据的关系，需要指明单元格的区域，即引用。在公式中常常需要引用单元格。任务 15 的案例中，步骤（2）实质是在单元格 G3 中输入公式=D3+E3+F3；步骤（4）实质是在单元格 I3 中输入公式=G3-H3。

上述公式中，单元格 D3 中的数据是 1500，单元格 E3 中的数据是 800，单元格 F3 中的数据是 800，单元格 G3 中的数据是公式的计算结果 3100；单元格 H3 中的数据是 50，单元格 I3 中的数据是公式的计算结果 3050。

（1）选中单元格 G3，输入公式=D3+E3+F3，按回车键（或在编辑栏中单击 ✔ 按钮）。

（2）选中单元格 I3，输入公式=G3-H3，按回车键（或在编辑栏中单击 ✔ 按钮）。

（3）将单元格 G3 中的公式复制到单元格区域 G4:G10，将单元格 I3 中的公式复制到单元格区域 I4:I10。

【相关知识与技能】

1. 在公式中引用其他单元格

在公式中可以引用本工作簿或其他工作簿中任何单元格区域的数据。此时，在公式中输入的是单元格区域的地址。引用后，公式的运算值随着被引用单元格的数据变化而变化。例如，在单元格 E1 中输入公式=A1+B1+C1，则 E1 中存放 A1、B1、C1 三个单元格的数据之和。

Excel 提供了 3 种不同的引用类型：相对引用、绝对引用和混合引用。实际应用中，要根据数据的关系决定采用哪种引用类型。

（1）相对应用：直接引用单元格的区域名，不需要加"$"符合。例如，公式=A1+B1+C1 中的 A1、B1、C1 都是相对引用。使用相对引用后，系统记住建立公式的单元格和被引用单元格的相对位置。复制公式时，新的公式单元格和被引用单元格之间仍保持这种相对位置关系。

（2）绝对引用：绝对引用的单元格名中，列标、行号前都有"$"符号。例如，上述公式改为绝对引用后，单元格中输入的公式应为\$A\$1+\$B\$1+\$C\$1。使用绝对引用后，被引用的单元格与引用公式所在单元格之间的位置关系是绝对的，无论这个公式复制到任何单元格，公式所引用的单元格不变，因而引用的数据不变。

（3）混合引用：混合引用有两种情况，若在列标（字母）前有"$"符号，而行号（数字）前没有"$"符号，被引用的单元格列的位置是绝对的，行的位置是相对的；反之，列的位置是相对的，行的位置是绝对的。例如，\$A1 是列绝对、行相对，A\$1 是列相对、行绝对。

以图 4-37 所示的工作簿文件为例，单元格区域 A1:D2 中存放的是常数，在 E1、E2、E3 三个单元格中输入含有相同单元格位置但引用类型不同的 3 个公式：=A1+B1+C1+D1、=\$A\$2+\$B\$2+\$C\$2+\$D\$2 和 A\$2+\$B\$2+C\$2+\$D\$2。将 E1 复制到 F1，公式变为=B1+C1+D1+E1；E2 复制到 F2，公式不变；E3 复制到 F3，公式变为=B\$2+\$B\$2+D\$2+\$D\$2。

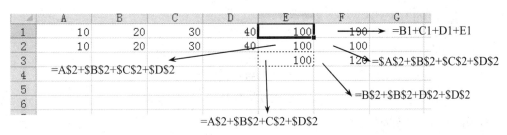

图 4-37　三种引用类型的示意图

可见，原来在 E1、E2、E3 的运算结果是相同的，但在 F1、F2、F3 中引用的单元格发生了变化，因此运算结果变为不同了。

2. 引用同一个工作簿中其他工作表的单元格

在同一个工作簿中，可以引用其他工作表单元格。设当前工作表是 Sheet1，要在单元格 A1 中求 Sheet2 工作表单元格区域 C3:C9 中的数据之和。

方法一：在 Sheet1 中选择单元格 A1，输入公式=SUM(Sheet2!C3:C9)，按回车键。

方法二：在 Sheet1 中选择单元格 A1，输入"SUM("或单击常用工具栏中的自动求和按钮；再选择 Sheet2 表标签，在 Sheet2 中选择单元格区域 C3:C9；最后在编辑栏中加上")"或直接按回车键由系统自动加上。

【知识扩展】

1. 引用其他工作簿的单元格

同样道理，也可以引用其他工作簿中单元格的数据或公式。例如，设当前工作簿是 Book1，要在工作表 Sheet1 的单元格 B1 中求工作簿文件 AAA.XLSX 中单元格区域\$B\$1:\$F\$1 的数据之和。

方法：移动单元格光标到 B1，输入公式"=SUM("或单击"编辑"选项卡中的"自动求和"命令。选择"文件"选项卡→"打开"命令，打开 AAA.XLSX 工作簿；在 AAA.XLSX 工作簿的 Sheet1 工作簿中选择单元格区域\$B\$1:\$F\$1；按回车键；关闭工作簿 AAA.XLSX。

注意：如果单元格中出现#REF，可能发生了以下错误：用零作除数、使用空白单元格作为除数、引用空白单元格、删除在公式中使用的单元格或包括显示计算结果的单元格引用。

2. 引用名字

若单元格已经命名，在引用单元格时可以引用其名字。

3. 循环应用

当一个公式直接或间接地引用了该公式所在的单元格时，产生循环引用。

计算循环引用的公式时，Excel 需要使用前一次迭代的结果计算循环引用中的每个单元格。迭代是指重复计算，直到满足特定的数值条件。如果不改变迭代的默认设置，Excel 将在 100 次迭代后或两次相邻的迭代得到的数值相差小于 0.001 时停止迭代运算。

迭代设置可以根据需要改变。改变默认迭代设置的方法：在"文件"选项卡中选择"选项"选项，在"Excel 选项"对话框左窗格中选择"公式"，在右窗格的"工作簿计算"功能组中选中"启用迭代计算"复选框，在"最多迭代次数"和"最大误差"文本框中输入新的设置值；单击"确定"按钮。

【思考与练习】

在工作表中进行以下循环引用练习：

（1）改变默认的迭代设置：将最多迭代次数更改为 50 次。

（2）在工作表的 A1 和 A2 单元格中分别输入 100 和 200。

（3）在 A3 单元格中输入公式=A3+A2/A1，按回车键。

（4）观察单元格 A3 中的公式计算并分析原因。

任务 17 函数的使用

【任务描述】

本任务通过案例学习函数的使用方法。

【案例】 用输入函数的方法计算图 4-1 所示学生成绩表中的"总分"和"平均分"。

【方法与步骤】

函数是 Excel 内部已经定义的公式，对指定的值区域执行运算。Excel 提供的函数包括数学与三角、时间与日期、财务、统计、查找和引用、数据库、文本、逻辑、信息和工程等，为数据运算和分析带来极大的方便。

本案例中，计算总分可以用函数=SUM(C2:E2)，不必输入公式=C2+D2+E2；计算平均分可以用函数=AVERAGE(C2:E2)，不必输入公式=F2/3。

（1）在单元格 F4 中输入函数=SUM(C2:E2)，按回车键（或在编辑栏中单击 ✔ 按钮）。

（2）在单元格 G3 中输入函数=AVERAGE(C2:E2)，按回车键（或在编辑栏中单击 ✔ 按钮）。

【相关知识与技能】

1. 函数的语法

函数由函数名和参数功能组成。函数名通常以大写字母出现，用以描述函数的功能。参数是数字、单元格引用、工作表名字或函数计算所需要的其他信息。例如，函数 SUM(A1:A10) 是一个求和函数，SUM 是函数名，A1:A10 是函数的参数。

（1）函数的语法规定：

①公式必须以"="开头，例如：=SUM(A1:A10)。

②函数的参数用圆括号"( )"括起来。其中，左括号必须紧跟在函数后，否则出现错误信息。个别函数如 PI 等虽然没有参数，也必须在函数名后加上空括号。例如：=A2*PI()。

③函数的参数多于一个时，要用","号分隔。参数可以是数值、有数值的单元格或单元格区域，也可以是一个表达式。例如：=SUM(SIN(A3*PI()),2*COS(A5*PI(),B6:B6,D6)。

④文本函数的参数可以是文本，该文本要用英文的双引号括起来。例如：=TEXT(NOW(), "年度核算")。

⑤函数的参数可以使用已定义的单元格或单元格区域名。例如，若将单元格区域 E2:E20 命名为 Total，则公式=SUM(Total)是计算单元格区域 E2:E20 中的数值之和。

⑥函数中可以使用数组参数，数组可以由数值、文本、逻辑功能组成。

⑦可以混合使用区域名、单元格引用和数值作为函数的参数。

（2）函数的参数类型。

①数字，如 21、-7、37.25 等。

②文字，如"a"、"word"、"Excel"等。若在文字中使用双引号，则在每个双引号处用两个双引号，如("""TEXT""")。

③逻辑值，如 True、False 或者计算时产生逻辑值的语句（A10>35）。

④错误值，如#REF！。

⑤应用，如 D11、C5:C10。

2. 功能组合函数

函数也可以用作其他函数的参数，从而构成功能组合函数。功能组合函数可以充分利用工作表中的数据，还可以充分发挥 Excel 快速计算和重复计算公式的能力。

函数被用作参数时，不需要前置"="号。

3. 函数的输入方式

（1）插入函数。

①选定要输入的函数单元格（可以输入单个函数或将函数作为公式的一部分）。

②在"公式"选项卡的"函数库"功能组中单击"插入函数"按钮，如图 4-38 所示。

③在"或选择类别"下拉列表框中选择函数类型，如"常用函数"。

④在"选择函数"列表框中选择要输入的函数，单击"确定"按钮，弹出"函数参数"对话框，如图 4-39 所示（以 AVERAGE 函数为例）。

⑤在"参数"文本框中输入数据或单元格引用。若单击"参数"文本框右侧的"折叠对话框"按钮，可暂时折叠对话框，在工作表中选择单元格区域后，单击折叠后的文本框右侧的按钮，即可恢复"函数参数"对话框。

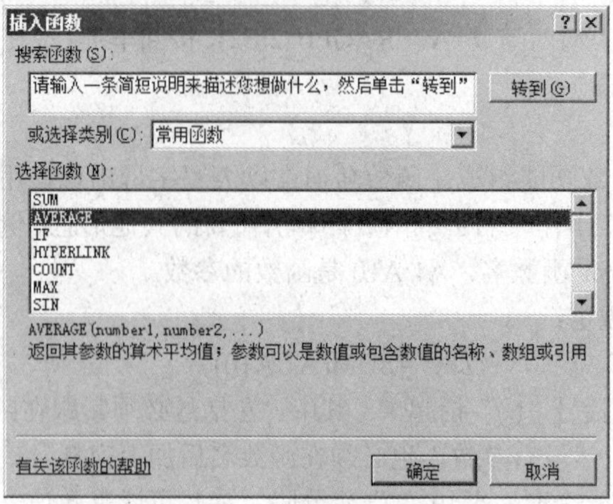

图 4-38　"插入函数"对话框

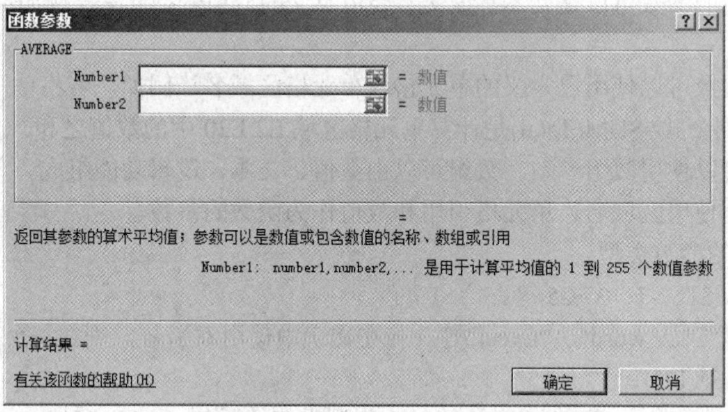

图 4-39　"函数参数"对话框

⑥输入函数的参数后，单击"确定"按钮，在选定的单元格中输入函数并显示结果。

提示："折叠对话框"按钮可将对话框折起而不妨碍单元格区域的选取。折叠是暂时的，通过单击折叠后的文本框右侧的按钮可以恢复对话框。

（2）直接输入函数。

选定单元格，直接输入函数，按回车键得出函数结果。

函数输入后，如果需要修改，可以在编辑栏中直接输入修改。如果要换成其他函数，应先选定要更换的函数，再选择其他函数，否则会将原函数嵌套在新函数中。

4. 使用"自动求和"按钮

求和是常用函数之一，在"开始"选项卡的"编辑"功能组中单击"自动求和"按钮 Σ，可以快速输入求和函数。"自动求和"按钮可将单元格中的累加公式转换为求和函数，例如，在某单元格中输入公式=A1+B1+C1+D1+E1，选定该单元格后，单击"自动求和"按钮 Σ，可将该公式转换为函数=SUM(A1:E1)。

如果要对一个单元格区域中的各行（列）数据分别求和，可选定该区域及右侧一列（下方一行）单元格，然后单击"自动求和"按钮 Σ，各行（各列）数据之和分别显示在右侧一列（下方一行）单元格中。

例如，在学生成绩中求各学生 3 门课程的总分，方法如下：

（1）选定单元格区域 C2:F9。

（2）单击"自动求和"按钮 Σ，求和函数显示在 F2:F9 单元格区域中，计算结果如图 4-40 所示。

	A	B	C	D	E	F	G
1	学号	姓名	英语	高等数学	计算机基础	总分	平均分
2	10101	王涛	90	80	95	265	
3	10102	李冰	80	56	75	211	
4	10103	谢红	55	75	52	182	
5	10104	郑伟	62	67	88	217	
6	10105	袁明	50	70	60	180	
7	10106	张莉	52	49	58	159	
8	10107	张平	76	63	80	219	
9	10108	罗娟	86	78	92	256	

图 4-40 "自动求和"功能示列

【思考与练习】

1. 假设在单元格区域 B1:B6 中已经有数据（可自行输入），在 A1 单元格中输入一个计算单元格区域 B1:B6 平均值的函数=AVERAGE(B1:B6)，观察计算结果。

2. 在单元格区域 A1:D5 自行输入 5 行 5 列数据，然后对每列求和，分别存入单元格区域 A6:D6；对每行求和，分别存入单元格区域 E1:E5 中；同时求出行列总和存入单元格 E6 中。

4.5 数据表管理

电子表格软件中的数据文件一般称为数据表（或数据清单）。Excel 不仅具有数据计算处理能力，还具有数据表管理的一些功能，特别是在制表、作图等数据分析方面的能力比一般的数据表更胜一筹。本节将 Excel 数据列表称为数据表。

任务 18 数据表的建立和编辑

【任务描述】

本任务通过案例学习建立和编辑数据表的方法。

【案例】 建立一个学生成绩数据表，在学生成绩数据表中找出所有性别为"男"、"计算机基础"成绩大于 70 分的记录。

【方法与步骤】

在 Excel 中建立一个表格，按图 4-41 所示逐条输入数据表中的记录。

（1）将单元格光标移动到第一条记录上，在"快速访问工具栏"上选择"记录单"选项，弹出"记录单"对话框。

（2）单击"条件"按钮，弹出"条件"对话框。

（3）输入条件：在"性别"字段名右边的字段框内输入"男"，在"计算机基础"字段名右边的字段框内输入">=70"。

（4）按回车键确认，单击"上一条"或"下一条"按钮，对话框内将显示满足条件（性别="男"且计算机基础>=70）的记录，此时可以在"条件"对话框内修改这些记录。

一年级第一学期成绩表							
学号	姓名	性别	政治	英语	高等数学	计算机基础	平均分
10101	王涛	男	80	90	80	95	86
10102	李冰	女	82	80	56	75	73
10103	谢红	女	68	55	75	52	63
10104	郑伟	男	72	62	67	88	72
10105	袁明	女	69	50	70	60	62
10106	张莉	女	70	52	49	58	57
10107	张平	男	88	76	63	80	77
10108	罗娟	女	75	86	78	92	83

图 4-41 学生成绩单数据表

【相关知识与技能】

数据表的建立方法是建立一个表格，再逐条输入数据表中的记录，如图 4-42 所示。

建立数据表后，既可以像一般工作表一样进行编辑，也可以通过"快速访问工具栏"中的"记录单"选项进行增加、修改、删除和检索等操作。

数据表编辑的方法：单元格光标移动到任意一条记录上，在"快速访问工具栏"中选择"记录单"选项，弹出"记录单"对话框并显示当前单元格所在行记录，如图 4-42 所示。该对话框最左列显示记录的字段名，其后显示各字段内容，右上角显示总记录（分母）和当前记录号。

图 4-42 "记录单"对话框

用户可以从中检索工作表的数据记录，并对记录进行增加、修改和删除等编辑操作。

思考：了解"记录单"对话框中各按钮的功能，分别练习各按钮操作。

【知识扩展】

（1）在 Excel 2010 默认状态下，"记录单"没有显示在"快速访问工具栏"上。在"文件"选项卡选择"选项"选项，弹出"Excel 选项"对话框；在左窗格中选择"快速访问工具栏"，在右窗格的"从下列位置选择命令"下拉列表中选择"不在选项卡中的命令"，在下面的列表框中选择"记录单"选项，单击"添加（A）"按钮，将"记录单"选项添加到右边的列表框中。单击"确定"按钮。

（2）实现数据功能的工作表应具有以下特点：

①数据由若干列功能组成，每一列有一个列标题，相当于数据表的字段名，如"学号"、"姓名"等。列相当于字段，每一列的取值方位称为域，每一列必须是相同类型的数据。表中每一行构成数据表的一个记录，每个记录存放一组相关的数据。其中，第一行必须是字段名，其余行称为一个记录。数据的排序、检索、增加、删除等操作都是以记录为单位进行的。

②在工作表中，数据列表与其他数据之间至少留出一个空白列和一个空白行。数据列表中避免空白行和空白列，单元格不要以空格开头。

按照上述特点建立一个数据表后，系统自动将这个范围内的数据视为一个数据表。

任务 19　数据表的排列

【任务描述】

本案例通过案例学习数据表排列的操作方法。

【案例】 在图 4-41 所示的学生成绩单数据表中，按平均分（G 列）从高分到低分排列。

【方法与步骤】

（1）选择单元格 G3，或选择成绩单数据表中的任一单元格。

（2）在"开始"选项卡"编辑"功能组中单击"排序和筛选"按钮，在下拉列表中选择"自定义排序"选项，弹出"排序"对话框，如图 4-43 所示。系统自动检查工作表中的数据，决定排序数据表范围，并判定数据表中是否包含不应排序的表标题，如表标题"学生成绩单数据表"等。

图 4-43 "排序"对话框

（3）在"排序"对话框中指定排序的主要关键字、排序依据、次序，如果需要增加排序条件（如次要关键字），单击"添加条件"按钮。本例在"主要关键字"下拉列表框中选择 G 列（平均分），单击"排序"单选按钮。

（4）单击"确定"按钮，即可在屏幕上看到排序结果。

【相关知识与技能】

（1）排序是将某个数据按从小到大或从大到小的顺序进行排列。

（2）如果只要求单列数据排序，先选择要排序的字段列（"平均分"列），再在"开始"选项卡的"编辑"功能组中单击"排序和筛选"按钮，在下拉列表中选择需要的排序方式。

（3）通常根据以下顺序进行递增排序："数字"→"文字（包括含数字的文字）"→"逻辑值"→"错误值"；递减排序的顺序与递增顺序相反。无论是递增排序还是递减排序，空白单元格总是排在最后。

（4）若在指定的主要关键字中出现相同值，可以在两个次要关键字下拉列表框（次要关键字、第三关键字）中指定排序的顺序，系统将按功能组合数据进行排序。例如，可以以"总分"为主要关键字，以"性别"为次要关键字。

（5）在"排序"对话框中单击"选项"按钮，将弹出"选项"对话框，可以指定区分大小写、排序方向（按列或行）、排序方法（字母排序或笔画排序）等。

任务 20 数据筛选

【任务描述】

本任务通过案例学习数据表中自动筛选的操作。

【案例】 在图 4-41 所示的数据表中，将男学生平均分大于等于 70 分的学生成绩筛选出来，如图 4-44 所示。

学号	姓名	性别	英语	高等数	计算机基础	平均分
		一年级第一学期成绩表				
10101	王涛	男	90	80	95	88
10104	郑伟	男	62	67	88	72
10107	张平	男	76	63	80	73

图 4-44　自动筛选的结果

【方法与步骤】

数据筛选功能可以将不感兴趣的记录暂时隐藏起来，只显示感兴趣的数据。

（1）将单元格光标移动到表头行（第 2 行）的任意位置，在"开始"选项卡"编辑"功能组中单击"排序和筛选"按钮，在下拉列表中选择"筛选"选项，系统自动在每列表头（字段名）上显示筛选箭头，如图 4-44 所示。

（2）单击表头"性别"右边的筛选箭头，打开下拉列表。列表中有"升序"、"降序"、"按颜色排序"、"文本筛选"、"男"、"女"等选项。本案列选择"男"。此时，性别为男的记录自动筛选出来，其中，含筛选条件列旁边的筛选箭头变为蓝色。

（3）单击表头"平均分"右边的筛选箭头，打开下拉列表，在列表中选择"数字筛选"→"大于或等于"选项，弹出"自定义自动筛选方式"对话框，如图 4-45 所示。

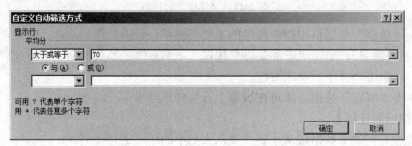

图 4-45　"自定义自动筛选方式"对话框

（4）在"平均分"区域内单击下拉列表框左边的箭头，在列表中选择"大于或等于"，在右边的筛选条件功能组合框中输入 70，或单击右边的箭头并从列表中选择一个记录值。

（5）若有两个筛选条件，可以选择"与"或"或"。其中，"与"表示两个条件均成立才作筛选，"或"表示只要有一个条件成立就可作筛选，系统默认选择"与"。

（6）单击"确定"按钮，满足指定条件的记录自动筛选出来，如图 4-44 所示。筛选的结果可以直接打印出来。

提示： 如果要取消自动筛选功能，恢复显示所有的数据，可以再次在"开始"选项卡的"编辑"功能组中单击"排序和筛选"按钮，在下拉列表中选择"筛选"选项。

【相关知识与技能】

在"数据"选项卡"排序和筛选"功能组中单击"高级"选项，可以将符合条件的数据复制（抽取）到另一个工作表或当前工作表的其他空白位置上。

高级筛选时，必须在工作表中建立一个条件区域，输入各条件的字段名和条件值。条件区由一个字段名行和若干条件行共同组成，可以放置在工作表的任何空白位置上，一般放在数据表范围的正上方或正下方，以防止条件区的内容受到数据表的插入或删除记录行的影响。条件区字段名行中的字段名排列顺序可以与数据表区域不同，但对应字段名必须完全一样，因而最好从数据表字段名复制过来。条件区的第二行开始是条件行，用于存放条件式，同一条件行不同单元格的条件互为"与"的逻辑关系，即其中所有的条件式都满足才算符合条件；不同条件行单元格的条件互为"或"的逻辑关系，即满足其中任何一个条件式就算符合条件。

【案例】 在图 4-41 所示的学生成绩单数据表中，将平均分大于等于 70 的女学生成绩单筛选出来。

操作步骤如下：

（1）选择要筛选的范围：A2:G10。

（2）在"数据"功能区的"排序和筛选"组中单击"高级"选项，弹出"高级筛选"对话框，如图 4-46 所示。

（3）选择"将筛选结果复制到其他位置"单选按钮。

（4）在"列表区域"文本框中指定要筛选的数据区域：$A$2: $G$10。

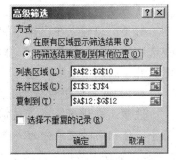

图 4-46 "高级筛选"对话框

（5）指定"条件区域"为$I$3: $J$4，在条件区域中输入条件，I3：性别，I4：女，J3：平均分，J4：>=70。

（6）在"复制到"文本框内指定复制筛选结果的目标区域：$A$12:$G$12。

（7）若选中"选择不重复的记录"复选框，则显示符合条件的筛选结果时不包括重复的行。

（8）单击"确定"按钮，筛选结果复制到指定的目标区域，如图 4-47 所示。

学号	姓名	性别	英语	高等数学	计算机基础	平均分		性别	平均分
10101	王涛	男	90	80	95	88		女	>=70
10102	李冰	女	80	56	75	70			高级筛选的条件
10103	谢红	女	55	75	52	61			
10104	郑伟	男	62	67	88	72			
10105	袁明	女	50	70	60	60			
10106	张莉	女	52	49	58	53			
10107	张平	男	76	63	80	73			
10108	罗娟	女	86	78	92	85			
学号	姓名	性别	英语	高等数学	计算机基础	平均分			
10102	李冰	女	80	56	75	70	→	高级筛选的结果	
10108	罗娟	女	86	78	92	85			

图 4-47 将平均分大于等于 70 分的女学生记录筛选出来

注意：条件在同一行是与的关系（全部条件必须满足才能筛选出符合所有条件的数据），条件在不同行是或的关系（只要其中有一个条件满足就能筛选出符合其中一个条件的数据），如图 4-48 所示。

学号	姓名	性别	英语	高等数学	计算机基础	平均分		性别	平均分	计算机基础	→ 不管有多少字段，所有的字段都在同一行
10101	王涛	男	90	80	95	88		女	>=70		条件在同一行是与的关系
10102	李冰	女	80	56	75	70				>=90	
10103	谢红	女	55	75	52	61					条件在不同行是或的关系
10104	郑伟	男	62	67	88	72					
10105	袁明	女	50	70	60	60			以上条件区域表达的意思是：筛选出姓名为女且平均分大于等于70		
10106	张莉	女	52	49	58	53			分以上的或者是计算机基础大于等于90的数据		
10107	张平	男	76	63	80	73					
10108	罗娟	女	86	78	92	85					

图 4-48 高级筛选中"与"和"或"的关系

【思考与练习】

在学生成绩数据单中，将平均分小于等于 80 分的男学生成绩表筛选出来。

任务 21　分类汇总

【任务描述】

本任务通过案例学习数据表中分类汇总的方法。

【案例】　在学生成绩数据单中，按性别对平均分进行分类汇总。

【方法与步骤】

分类汇总建立在已排序的基础上，将相同类型的数据进行统计汇总。Excel 可以对工作表中选定的列进行分类汇总，并将分类汇总结果插入到相应类别数据行的最上端或最下端。分类汇总并不局限于求和，也可以进行计数、求平均分等其他运算。

（1）选择要进行分类汇总的单元格区域。

注意： 在进行分类汇总前，可以先指定或建立一列分类字段，然后进行排序。系统自动将字段值相同的记录分为一类。

（2）在"数据"选项卡"分级显示"功能组中单击"分类汇总"选项，弹出"分类汇总"对话框，如图 4-49 所示。

（3）在"分类字段"下拉列表框中选择"性别"（含有分类字段的列）。

（4）在"汇总方式"下拉列表框中选择"平均值"（汇总方式）。

（5）在"选定汇总项"列表框中指定"平均分"（进行分类汇总的数据所在列）。

（6）选中"替换当前分类汇总"复选框（新的分类汇总替换数据表中原有的分类汇总）。

（7）选中"汇总结果显示在数据下方"复选框（将分类汇总结果和总计行插入到数据之下）。

提示： 若取消对"汇总结果显示在数据下方"复选框的选择，可以将分类汇总结果行和总计插入到明细数据之上；若单击"全部删除"按钮，则从现有的数据表中删除所有分类汇总。

（8）单击"确定"按钮，结果如图 4-50 所示。

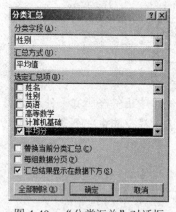

图 4-49　"分类汇总"对话框

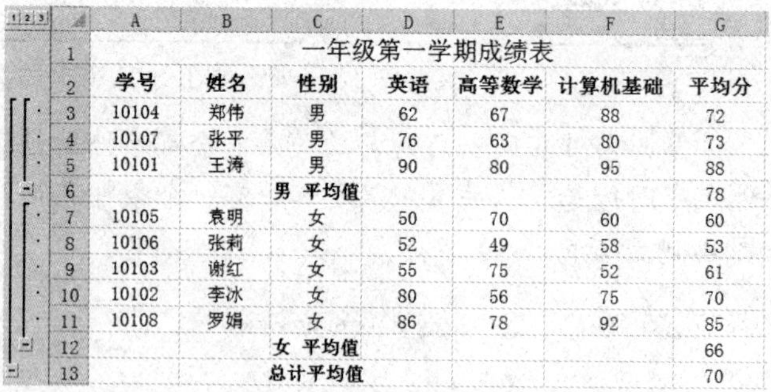

图 4-50　分类汇总结果

【相关知识与技能】

进行分类汇总时，如果选择分类汇总区域不明确，或只是指定一个单元格，没有指定区域，系统将无法确定将哪一列作为关键字段来汇总。这时，系统提问是否用当前单元格区域的第一列作为关键字。确认后，弹出"分类汇总"对话框，可以在其中指定分类汇总的关键字。

分类汇总后，在工作表左端自动产生分级显示控制符。其中 1、2、3 为分级编号，+、-为分级分功能组标记。单击分级编号或分级分功能组标记，可以选择分级显示。单击分级编号"1"，将只显示（总计）数据；单击分级编号"2"，将显示包括第二级以上汇总的数据；单击分级编号"3"，将显示第三级以上的（全部）数据；单击分级分功能组标记"-"，将隐藏本级或本功能组细节；单击分级分功能组标记"+"，将显示本级或本功能组细节。

设置分级显示的方法：在"数据"选项卡"分级显示"功能组中单击"取消功能组合"按钮，在下拉列表中选择"清除分级显示"选项，可以清除分级显示区域；在"数据"选项卡的"分级显示"功能组中单击"创建功能组"按钮，在下拉列表中选择"自动建立分级显示"，显示分级显示区域。

取消分类汇总的方法：在"数据"选项卡"分级显示"功能组中单击"分类汇总"选项，在弹出的"分类汇总"对话框中单击"全部删除"按钮。

【思考与练习】

在学生成绩数据单中，按性别对计算机基础的平均分进行分类汇总。

任务 22　数据表函数的使用

【任务描述】

本任务通过案例学习数据表函数的使用。

【案例】以图 4-41 所示的学生成绩单数据为例，用数据库函数计算男生英语课的平均分。

【方法与步骤】

数据库函数包括 3 个参数：数据库单元格区域、要处理的列或字段、条件区域，在条件区域中可以指定要处理数据的条件范围。

（1）在单元格 A14 中输入字段名"性别"，在单元格 A15 中输入条件"男"。

（2）在单元格 C14 中输入公式=AVERAGE(A2:G12,D2,A14:A15)，按回车键后在单元格C14 中得到男生的英语平均分。

【相关知识与技能】

在单元格中输入条件应符合以下格式：

（1）先输入比较运算符，如=、>、>=、<=等，后面输入数据。

（2）若数据是字符串，则用英文双引号将字符串括起来。

（3）若条件式前面只有"="号，可以省略"="号，例如，条件="男"可以直接输入"男"。

（4）函数中可以使用功能组合条件，参数功能组合的不同条件分别输入在不同单元格中。

任务 23　数据透视表

【任务描述】

本任务通过案例学习数据透视表的使用方法。

【案例】假设现有"南方公司 2012 年 3 月商品销售列表"，现要求在该工作表中建立一个按商品统计的各商店总销售额列表，即建立一个数据透视表，如图 4-53 所示。

【方法与步骤】

（1）在"插入"选项卡"表格"功能组中单击"数据透视表"按钮，在下拉列表中选择"数据透视表"选项，弹出"创建数据透视表"对话框，如图 4-51 所示。

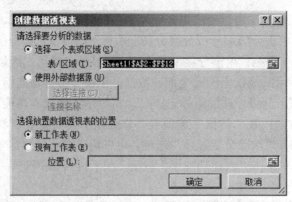

图 4-51　"创建数据透视表"对话框

（2）选择分析的数据。此时，系统自动选定当前光标所在表格的数据区域。

（3）选择放置数据透视表的位置。可以将数据透视表放置在新工作表中或现有工作表某个位置。为便于数据的分析，将数据透视表放置到新的工作表中，单击"确定"按钮。

（4）系统将新建一个工作表，在空白的工作表中创建一个没有任何数据的工作表。这时，可以通过右侧的"数据透视表字段列表"任务窗格向表中添加相应的数据信息，如图 4-52 所示。

（5）将"日期"字段拖动到"报表筛选"栏目中，将"商品"字段拖动到"列标签"栏目中，将"商店"字段拖动到"行标签"栏目中，将"总金额"字段拖动到"数值"栏目中，效果如图 4-53 所示。

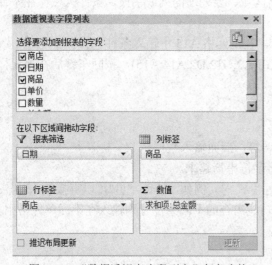

图 4-52　"数据透视表字段列表"任务窗格

	A	B	C	D	E
1	日期	(全部)			
2					
3	求和项:总金额	商品			
4	商店	商品丙	商品甲	商品乙	总计
5	东方	39000	5488	3885	48373
6	旅游		7448	4725	12173
7	南海	21750	8100	10710	40560
8	前进		12054	1890	13944
9	总计	60750	33090	21210	115050

图 4-53　新建立的数据透视表

【相关知识与技能】

（1）数据透视表的数据源可以是 Excel 数据表或表格，也可以是外部数据和 Internet 上的数据源，还可以是通过合并计算的多个数据区域以及另一个数据透视表。

（2）数据透视表一般由以下 7 部分功能组成：

①页字段：数据透视表中指定为页方向的源数据表或表格中的字段。

②页字段项：源数据表或表格中的每个字段、列条目或数值都成为页字段列表中的一项。

③数据字段：含有数据的源数据表或表格中的字段项。

④数据项：数据透视表中的每个数据。

⑤行字段：在透视表中被指定为行方向的源数据表或表格的字段。

⑥列字段：在透视表中被指定为列方向的源数据表或表格的字段。

⑦数据区域：含有汇总数据的数据透视表中的一部分。

（3）数据透视表是一种对大量数据快速汇总和建立交叉列表的交互式格式报表，主要具有以下功能：

①创建汇总表格：汇总数据表，提供数据的概况视图。

②重新组织表格：分析不同字段之间的关系，通过鼠标拖放相关字段按钮来重新组织数据。

③筛选数据透视表数据和创建数据透视表数据功能组。

④创建数据透视图表，局部数据透视表创建的图表可以动态地变化。

（4）数据透视表选项设置。

单击数据透视表数据区域，右击选择相应的命令对数据透视表进行详细的设置。

【思考与练习】

1．筛选数据，使数据透视表中显示前进商店和南海商店在 12 日商品乙的销售额。

2．将图 4-53 所示的数据透视表行、列互换，即列字段为"商品"，行字段为"商店"。

任务 24　图表

【任务描述】

本任务通过案例学习 Excel 中图表的建立与编辑方法。

【案例】　根据图 4-54 所示的学生成绩表创建簇状柱形图图表。

一年级第一学期成绩表					
学号	姓名	英语	高等数学	计算机基础	平均分
10101	王涛	90	80	95	88
10102	李冰	80	56	75	70
10103	谢红	55	75	52	61
10104	郑伟	62	67	88	72
10105	袁明	50	70	60	60
10106	张莉	52	49	58	53
10107	张平	76	63	80	73
10108	罗娟	86	78	92	85

图 4-54　学生成绩表

【方法与步骤】

本案例采用图表向导创建图表。图表向导引导用户根据工作表的数据建立图表或修改现有图表的设置。无论采用哪种途径创建图表，都应先选定创建图表的数据区域。选定的数据区域可以是连续的，也可以是不连续的。

注意：若选定的数据区域不连续，第二个区域应和第一个区域所在的行或列具有相同的矩形；若选定的区域有文字，则文字应在区域最左列或最上行，用于说明图表中数据的含义。

（1）选择用来生成图表的数据区域（本例\$B\$2:\$F\$10），如果图表中要包含这些数据标题，则应将标题包含在所选区域内。

（2）在"插入"选项卡"图表"功能组中单击"柱形图"按钮，在下拉列表中选择"二维图"中的"簇状柱形图"按钮，结果如图 4-55 所示。

（3）选择图表，右击鼠标，在快捷菜单中选择"选择数据源"，在"选择数据源"对话框的"图例项（系列）"列表框中单击"编辑"按钮，编辑图例，如图 4-56 所示。

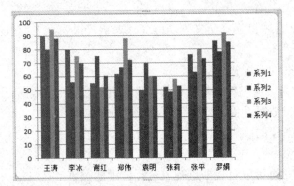

图 4-55　选择簇状柱形图结果

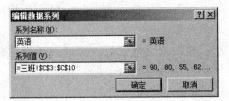

图 4-56　"编辑数据系列"对话框

分别编辑每个数据序列，如图 4-57 所示。单击"确定"按钮，创建的图表如图 4-58 所示。

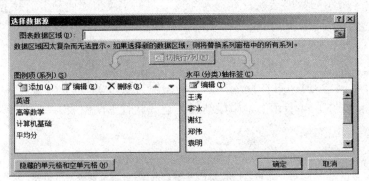

图 4-57　分别编辑每个系列

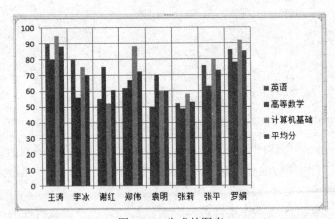

图 4-58　生成的图表

【相关知识与技能】

将单元格中的数据以各种图表的形式显示，可使繁杂的数据更加生动、易懂，可以直观、清晰显示不同的数据间的差异。当工作表中的数据发生变化时，图表中对应项的数据也自动更新。此外，Excel 还可以将数据创建为数据图，可以插入或描绘各种图形，使工作表中的数据、文字、图形并茂。

1. Excel 2010 中的图表

Excel 2010 提供了非常多的不同格式的图表供选用，包括二维图和三维图表。可以通过"插入"选项卡→"图表"功能组选择需要的图表。

2. 图表可以分为内嵌图表和独立图表两种

内嵌图表与数据源放置在同一工作表中，是工作表中的一个图表对象，可以放置在工作表的任意位置，与工作表一起保存和打印；独立图表视为独立的工作表，打印时与数据表分开打印。本例创建独立图表。

3. 创建图表的方法

（1）使用"图表"选项卡创建图表。"插入"选项卡"图表"功能组如图 4-59 所示。在"图表"功能组中选择需要的图表类型即可创建图表。

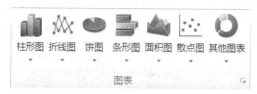

图 4-59　"图表"功能组

（2）一步创建独立图表。通过快捷键可以用 Excel 默认的柱形图一步创建一个独立的图表，操作步骤如下：

①选择要用于创建图表的数据。

②按 F11 键，产生一个名为 Chart1 的独立图表。

4. 图表的编辑

图表的编辑包括：图表的移动、复制、缩放和删除，改变图表类型等。单击图表，将显示"图表工具 设计"、"图表工具 布局"、"图表工具 格式"选项卡。其中：

（1）"图表工具 设计"选项卡用于对图表的位置、图表样式、图表布局、图表数据和类型设计进行设置。

（2）"图表工具 布局"选项卡用于对图表的属性、分析、背景、坐标轴、标签、插入选定内容进行布局。

（3）"图表工具 样式"选项卡用于对图表的形状样式、艺术字样式、排列、大小进行格式化。

5. 嵌入式图表的移动、复制、缩放和删除

选定图表，拖动图表到新的位置；若在拖动图表时按下 Ctrl 键，可以复制图表；将鼠标移动到图表中的————上，鼠标变为双向箭头时，拖动鼠标可以对图表进行缩放；按 Del 键可以删除该图表。

【思考与练习】

（1）用快捷方法创建图 4-58 所示的图表。

（2）将本任务案例创建的图表改成"折线图"和"三维柱形圆柱图"。

4.6 Excel 2010 综合技能

任务 25 制作学生信息表

【任务描述】

本任务通过案例帮助读者巩固前面所学的知识。

【案例】 根据图 4-60 所示的学生信息表创建"学生信息表.xlsx"。

学生信息表							
编号	学号	姓名	性别	班级	专业	出生日期	证件号码
001	1001119	陈文巧	1.男	计算机2班	网络工程与管理	1992-06-01	441625199206014123
002	1001115	陈锡坚	1.男	计算机2班	网络工程与管理	1992-02-20	441522199202203333
003	1011128	陈俞亨	1.男	计算机2班	网络工程与管理	1993-04-09	440882199304090444
004	1011171	邓伟昌	1.男	计算机2班	网络工程与管理	1992-06-14	441900199206146555
005	1011186	杜文浩	1.男	计算机2班	网络工程与管理	1992-06-03	441900199206031666
006	1011199	方树均	1.男	计算机2班	网络工程与管理	1992-11-03	441900199211033145
007	1011120	符翼飞	1.男	计算机2班	网络工程与管理	1992-08-22	440882199208220489
008	1011124	龚雪琪	2.女	计算机2班	网络工程与管理	1992-10-07	441900199210070198
009	1011135	何欢	2.女	计算机2班	网络工程与管理	1992-04-10	445321199204101073
010	1011143	何振东	1.男	计算机2班	网络工程与管理	1992-04-03	441900199204032442
011	1011136	黄建强	1.男	计算机2班	网络工程与管理	1992-03-17	441900199203176888
012	1011125	黄钦雄	1.男	计算机2班	网络工程与管理	1992-04-15	440508199204150999
013	1011126	黄卫均	1.男	计算机2班	网络工程与管理	1992-10-15	441900199210153912

图 4-60 学生信息表

【方法与步骤】

本案例中需要使用单元格数据填充，利用函数从身份证号码自动截取出生日期、数据的有效性等综合技能知识。

（1）启动 Excel 2010，按组合键 Ctrl+S，弹出"另存为"对话框；输入工作簿名"学生信息表"，单击"确定"按钮。

（2）双击工作表标签 Sheet1，输入工作表名"学生信息表"，按回车键确认，如图 4-61 所示。

图 4-61 学生信息表

（3）在单元格 A1 中输入"学生信息表"，在 A2:H2 中分别输入：编号、学号、姓名、性别、班级、专业、出生日期、证件号码等数据，如图 4-62 所示。

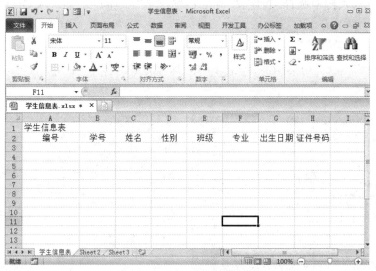

图 4-62 输入数据

（4）将字段"编号"的数据类型设置为"文本型"，分别在 A2、A3 单元格区域输入 001、002，利用填充柄填充数据，如图 4-63 所示，填充数据后的工作表如图 4-64 所示。

图 4-63 利用填充柄填充数据

图 4-64 利用填充柄填充数据后的工作表

（5）选定单元格区域 B3:B15，在"数据"选项卡"数据工具"功能组中单击"数据有效性"按钮，在下拉列表中选择"数据有效性"选项，在"数据有效性"对话框"有效性条件"功能组的"允许"列表框中选择"自定义"命名；在"公式"文本框中输入=COUNTIF(B:B,B3)=1，如图 4-65 所示。

（6）选择"出错警告"选项卡，在"标题"和"错误信息"文本框中自定义信息，"标题"：请注意输入学号；"错误信息"：学生的学号在本学院里是唯一的，你输入的学号有误，请重新输入，如图 4-66 所示；当输入重复的学号时，提示信息如图 4-67 所示。

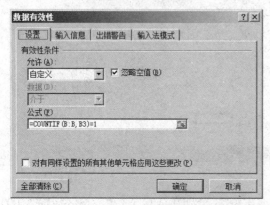
图 4-65　自定义有效性条件

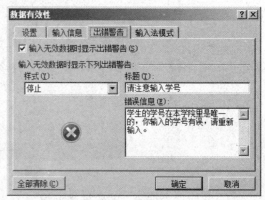
图 4-66　定义错误信息提示

图 4-67　输入重复学号后的提示信息

（7）分别输入学生的学号、姓名，如图 4-68 所示。

	A	B	C	D	E	F	G	H
1	学生信息表							
2	编号	学号	姓名	性别	班级	专业	出生日期	证件号码
3	001	1001119	陈文巧					
4	002	1001115	陈锡坚					
5	003	1011128	陈俞亨					
6	004	1011171	邓伟昌					
7	005	1011186	杜文浩					
8	006	1011199	方树均					
9	007	1011120	符翼飞					
10	008	1011124	龚雪琪					
11	009	1011135	何欢					
12	010	1011143	何振东					
13	011	1011136	黄建强					
14	012	1011125	黄钦雄					
15	013	1011126	黄卫均					

图 4-68　输入学生学号、姓名

（8）选择单元格区域 D3:D15，在"数据"选项卡"数据工具"功能组中单击"数据有效性"按钮，在下拉列表中选择"数据有效性"选项，在"数据有效性"对话框"有效性条件"功能组的"允许"列表框中选择"序列"选项，在"公式"文本框中输入"1.男, 2.女"（不包括""），如图 4-69 所示；单击"确定"按钮。此时，在"性别"字段中的单元格后面显示一个向下的三角形，单击选择需要的“男”或“女”，如图 4-70 所示为选择性别“男”。

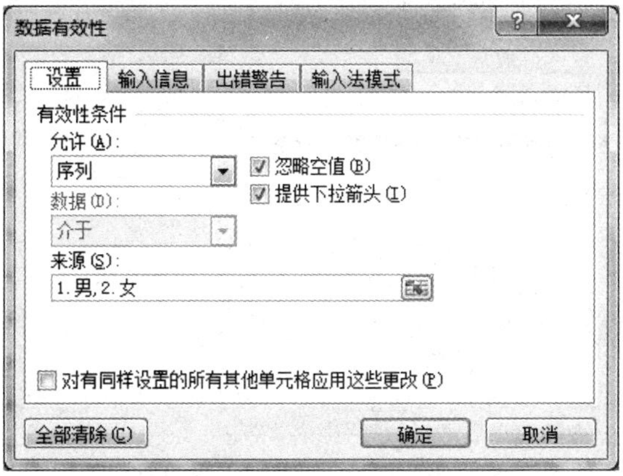

图 4-69　设置序列

编号	学号	姓名	性别
001	1001119	陈文巧	1.男
002	1001115	陈锡坚	1.男 2.女
003	1011128	陈俞亨	1.男
004	1011171	邓伟昌	1.男
005	1011186	杜文浩	1.男
006	1011199	方树均	1.男
007	1011120	符翼飞	1.男
008	1011124	龚雪琪	2.女
009	1011135	何欢	2.女
010	1011143	何振东	1.男
011	1011136	黄建强	1.男
012	1011125	黄钦雄	1.男
013	1011126	黄卫均	1.男

图 4-70　通过序列选择性别“男”

（9）在单元格区域 E2:E15 中输入班级，在单元格区域 F3:F15 中输入专业，如图 4-71 所示。

	A	B	C	D	E	F	G	H
1	学生							
2	编号	学号	姓名	性别	班级	专业	出生日期	证件号码
3	001	1001119	陈文巧	男	计算机2班	网络工程与管理		
4	002	1001115	陈锡坚	男	计算机2班	网络工程与管理		
5	003	1011128	陈俞亨	男	计算机2班	网络工程与管理		
6	004	1011171	邓伟昌	男	计算机2班	网络工程与管理		
7	005	1011186	杜文浩	男	计算机2班	网络工程与管理		
8	006	1011199	方树均	男	计算机2班	网络工程与管理		
9	007	1011120	符翼飞	男	计算机2班	网络工程与管理		
10	008	1011124	龚雪琪	女	计算机2班	网络工程与管理		
11	009	1011135	何欢	女	计算机2班	网络工程与管理		
12	010	1011143	何振东	男	计算机2班	网络工程与管理		
13	011	1011136	黄建强	男	计算机2班	网络工程与管理		
14	012	1011125	黄钦雄	男	计算机2班	网络工程与管理		
15	013	1011126	黄卫均	男	计算机2班	网络工程与管理		

图 4-71　输入班级和专业

（10）在单元格区域 H3:H15 中输入证件号码。输入证件号码前，需要把单元格数据格式设置为文本型或数值型，如图 4-72 所示。

学生信息表							
编号	学号	姓名	性别	班级	专业	出生日期	证件号码
001	1001119	陈文巧	1.男	计算机2班	网络工程与管理		441625199206014123
002	1001115	陈锡坚	1.男	计算机2班	网络工程与管理		441522199202203333
003	1011128	陈俞亨	1.男	计算机2班	网络工程与管理		440882199304090444
004	1011171	邓伟昌	1.男	计算机2班	网络工程与管理		441900199206146555
005	1011186	杜文浩	1.男	计算机2班	网络工程与管理		441900199206031666
006	1011199	方树均	1.男	计算机2班	网络工程与管理		441900199211033145
007	1011120	符翼飞	1.男	计算机2班	网络工程与管理		440882199208220489
008	1011124	龚雪琪	2.女	计算机2班	网络工程与管理		441900199210070198
009	1011135	何欢	2.女	计算机2班	网络工程与管理		445321199204101073
010	1011143	何振东	1.男	计算机2班	网络工程与管理		441900199204032442
011	1011136	黄建强	1.男	计算机2班	网络工程与管理		441900199203176888
012	1011125	黄钦雄	1.男	计算机2班	网络工程与管理		440508199204150999
013	1011126	黄卫均	1.男	计算机2班	网络工程与管理		441900199210153912

图 4-72　输入证件号码

（11）选定单元格区域 G3:G15，将数值型数字转换为日期型，如图 4-73 所示。

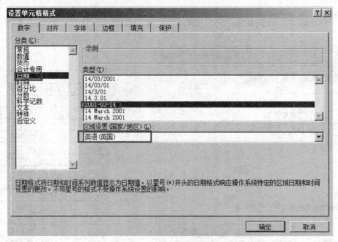

图 4-73　设置单元格数据类型

（12）单击"确定"按钮，在单元格 G3 中输入函数：=DATE(MID(H3,7,4),MID(H3,11,2),MID(H3,13,2))（自动截取出生日期），按回车键，利用填充柄向下填充公式，如图 4-74 所示。

编号	学号	姓名	性别	班级	专业	出生日期	证件号码
001	1001119	陈文巧	1.男	计算机2班	网络工程与管理	1992-06-01	441625199206014123
002	1001115	陈锡坚	1.男	计算机2班	网络工程与管理	1992-02-20	4415221199202203333
003	1011128	陈俞亨	1.男	计算机2班	网络工程与管理	1993-04-09	440882199304090444
004	1011171	邓伟昌	1.男	计算机2班	网络工程与管理	1992-06-14	441900199206146555
005	1011186	杜文浩	1.男	计算机2班	网络工程与管理	1992-06-03	441900199206031666
006	1011199	方树均	1.男	计算机2班	网络工程与管理	1992-11-03	441900199211033145
007	1011120	符翼飞	1.男	计算机2班	网络工程与管理	1992-08-22	440882199208220489
008	1011124	龚雪琪	2.女	计算机2班	网络工程与管理	1992-10-07	441900199210070198
009	1011135	何欢	2.女	计算机2班	网络工程与管理	1992-04-10	445321199204101073
010	1011143	何振东	1.男	计算机2班	网络工程与管理	1992-04-03	441900199204032442
011	1011136	黄建强	1.男	计算机2班	网络工程与管理	1992-03-17	441900199203176888
012	1011125	黄钦雄	1.男	计算机2班	网络工程与管理	1992-04-15	440508199204150999
013	1011126	黄卫均	1.男	计算机2班	网络工程与管理	1992-10-15	441900199210153912

图 4-74　利用函数截取出生日期

（13）对表格设置边框、字体等，如图 4-75 所示。

学生信息表

编号	学号	姓名	性别	班级	专业	出生日期	证件号码
001	1001119	陈文巧	1.男	计算机2班	网络工程与管理	1992-06-01	441625199206014123
002	1001115	陈锡坚	1.男	计算机2班	网络工程与管理	1992-02-20	4415221199202203333
003	1011128	陈俞亨	1.男	计算机2班	网络工程与管理	1993-04-09	440882199304090444
004	1011171	邓伟昌	1.男	计算机2班	网络工程与管理	1992-06-14	441900199206146555
005	1011186	杜文浩	1.男	计算机2班	网络工程与管理	1992-06-03	441900199206031666
006	1011199	方树均	1.男	计算机2班	网络工程与管理	1992-11-03	441900199211033145
007	1011120	符翼飞	1.男	计算机2班	网络工程与管理	1992-08-22	440882199208220489
008	1011124	龚雪琪	2.女	计算机2班	网络工程与管理	1992-10-07	441900199210070198
009	1011135	何欢	2.女	计算机2班	网络工程与管理	1992-04-10	445321199204101073
010	1011143	何振东	1.男	计算机2班	网络工程与管理	1992-04-03	441900199204032442
011	1011136	黄建强	1.男	计算机2班	网络工程与管理	1992-03-17	441900199203176888
012	1011125	黄钦雄	1.男	计算机2班	网络工程与管理	1992-04-15	440508199204150999
013	1011126	黄卫均	1.男	计算机2班	网络工程与管理	1992-10-15	441900199210153912

图 4-75　格式化的工作表

【相关知识与技能】

本任务案例用到 COUNTIF、DATE、MID 函数和数据有限性规则。

1. COUNTIF 函数

作用：计算区域中满足给定条件的单元格的个数。

语法：COUNTIF(range,criteria)

参数：

range：需要计算其中满足条件的单元格数目的单元格区域，即范围。

criteria：确定哪些单元格将被计算在内的条件，形式可以是数字、表达式或文本，即条件。

举例：

（1）计算 D 列中内容是"男"的个数。

=COUNTIF(A:A,"男")

（2）返回包含值为 10 或-10 的单元格数量。

=COUNTIF(DATA,10)+COUNIF(DATA,-10)

2. DATE 函数

作用：返回表示特定日期的连续序列号。

语法：DATE(year, month, day)

提示：如果在输入该函数前单元格格式为"常规"，将使用日期格式，而不是数字格式。若要显示序列号或更改日期格式，可在"开始"选项卡的"数字"功能组中选择其他数字格式。

参数：

year：可以是 1～4 位数字。Microsoft Excel 将根据所使用的日期系统解释 year 参数。默认情况下，Microsoft Excel for Windows 将使用 1900 日期系统，而 Microsoft Excel for Macintosh 将使用 1904 日期系统。

month：代表一年中从 1 月到 12 月（一月到十二月）各月的正整数或负整数。

day：代表一月中从 1 日到 31 日各天的正整数或负整数。

举例：

（1）使用单元格 A2、B2 和 C2 作为 DATE 函数的参数，使用 1900 日期系统得到日期的序列日期。

=DATE(A2,B2,C2)

（2）已知助学贷款日期为 2012-3-1，贷款 4 年，求还款时间？

=DATE(2012+4,3,1)

3. MID 函数

作用：从字符串中返回指定数目的字符。

语法：MID(text,start_num,num_chars)

参数：

text：字符串表达式，从中返回字符。如果 text 包含 Null，则返回 Null。

start_num：text 中被提取字符部分的开始位置。如果 start 超过了 text 中字符的数目，MID 将返回零长度字符串（""）。

num_chars：要返回的字符数。如果省略或 num_chars 超过或等于文本的字符数（包括 start 处的字符），将返回字符串中从 start_num 到字符串结束的所有字符。

举例：

（1）已知 A3=3200，分别在 A1 单元格显示 3，在 A2 单元格显示 20。

=MID(M,1,1)，A1 单元格

=MID(M,2,2)，A2 单元格

（2）已知 A1 单元格中存放身份证号：51102419860412517，利用 MID 函数截取出生年份。

=MID(A1,7,4)

提示：身份证号里出生年份是从第 7 位开始，第 10 位结束。

4. 数据有限性

在 Excel 中录入数据时，有时会要求某列单元格中的数据具有唯一性，不可重复。例如，身份证号码、发票号码等数据。

保证数据唯一性的方法：

（1）选定目标单元格区域（假设 B1:B20），在"数据"选项卡"数据工具"功能组中单击"数据有效性"选项，弹出"数据有效性"对话框。

（2）在"设置"选项卡"有效性条件"功能组的"允许"列表框中选择"自定义"；在"公式"中输入=COUNTIF($B$1:$B$20,B1)=1。

（3）选择"出错警告"选项卡，在"样式"列表框中选择"停止"；分别在"标题"和"错误信息"中输入错误提示标题和信息。设置完毕后，单击"确定"按钮退出。

此后，在目标单元格录入数据时，Excel 会对数据的唯一性进行检验。出现重复数据时，将出现设置的错误提示信息。

【知识拓展】

1. 日期与时间函数

（1）DAY()函数。

语法：DAY(serial,number)

作用：返回一个月中的第几天，其中 number 参数的取值范围（1，31）。

（2）NOW()函数。

语法：NOW()

作用：返回当前时间。

（3）TODAY()函数。

语法：TODAY()

作用：返回当前的日期。

（4）WEEKDAY()函数

语法：WEEKDAY(serial_number，return_type)

作用：返回某日期的星期几。默认值为 1（星期日）到 7（星期六）之间的一个整数。

参数：

serial_number：必选，要返回日期数的日期。

return_type：可选，确定返回值类型的数字。

return_type：返回数字类型注释如表 4-5 所示。

表4-5 return_type 返回数字类型注释

1 或省略	数字 1（星期日）到数字 7（星期六），同 Microsoft Excel 早期版本
2	数字 1（星期一）到数字 7（星期日）
3	数字 0（星期一）到数字 6（星期日）
11	数字 1（星期一）到数字 7（星期日）
12	数字 1（星期二）到数字 7（星期一）
13	数字 1（星期三）到数字 7（星期二）
14	数字 1（星期四）到数字 7（星期三）
15	数字 1（星期五）到数字 7（星期四）
16	数字 1（星期六）到数字 7（星期五）
17	数字 1（星期日）到数字 7（星期六）

2．MOD()函数

语法：MOD(number,divisor)

作用：返回两数相除的余数。结果的正负号与除数相同。

参数：

number：被除数。

divisor：除数。如果 divisor 为零，函数 MOD 返回值为原来 number。

3．统计函数

（1）SUM( )函数。

语法：SUM(number1,number2,…)

作用：返回某一单元格区域中所有数值的和。number1，number2 等参数可以是数值，也可以是含有数值的单元格引用。

（2）AVERAGE()函数。

语法：AVERAGE(number1,number2,number3,…)

作用：计算机参数的算术平均值。其参数可以使数值，也可以是单元格引用。

（3）COUNT()函数。

语法：COUNT(value1,value2,value3,…)

作用：计算机区域中包含数字单元格的个数。

（4）COUNTIF()函数。

语法：COUNTIF(range,Criteria)

作用：计算区域满足某个条件的单元格个数。其中，criteria 为确定哪些单元格将被计算在内的条件，其形式可以为数字、表达式、单元格引用或文本。

（5）MAX()函数。

语法：MAX(number1,number2,…)

作用：返回一组数值中的最大值。

（6）MIN()函数。

语法：MIN(number1,number2,…)

作用：返回一组数值中最小值。

4．逻辑函数和其他函数

（1）AND 函数。

语法：AND(logical1,logical2,…)

作用：表示逻辑与关系，仅在所有条件全部为真时，才能返回逻辑值 True，只要有一个条件不满足，就会返回逻辑值 False。

（2）OR()函数。

语法：OR(logical1,logical2,…)

作用：表示逻辑或关系，只要有一个条件成立，则返回逻辑值 True，当所有的条件均不成立时，才返回逻辑 Flase。

（3）IF()函数。

语法：IF(logical1,value-if-true,value-if-false)

作用：根据对指定条件进行逻辑真假值判断，从而返回指定的值。

【思考与练习】

1．利用 Excel 2010 帮助功能中的介绍，熟悉上述函数或帮助文档中的其他函数。

2．参考网址：http://office.microsoft.com/zh-cn/excel-help。

任务 26　逻辑函数的使用

【任务描述】

本任务通过案例学习 Excel 2010 中逻辑函数的使用方法。

【案例】 利用逻辑函数评定成绩等级。若每科成绩大于 85 分，显示“优秀”；若低于 60 分，显示“差”，其余显示“良好”，评定结果如图 4-76 所示。

	A	B	C	D	E	F	G	H
1	学号	姓名	英语	数学	计算机导论	总分	平均分	评定等级
2	10101	王涛	90	80	95	265	88	良好
3	10102	李冰	80	56	75	211	70	差
4	10103	谢红	55	75	82	212	71	差
5	10104	郑伟	62	67	88	217	72	良好
6	10105	袁明	50	70	60	180	60	差
7	10106	张莉	52	49	58	159	53	差
8	10107	张平	76	63	80	219	73	良好
9	10108	张娟	86	78	92	256	85	良好

图 4-76　评定等级

【方法与步骤】

（1）打开“学生成绩表”，添加“评定等级”字段，如图 4-77 所示。

	A	B	C	D	E	F	G	H
1	学号	姓名	英语	数学	计算机导论	总分	平均分	评定等级
2	10101	王涛	90	80	95	265	88	
3	10102	李冰	80	56	75	211	70	
4	10103	谢红	55	75	82	212	71	
5	10104	郑伟	62	67	88	217	72	
6	10105	袁明	50	70	60	180	60	
7	10106	张莉	52	49	58	159	53	
8	10107	张平	76	63	80	219	73	
9	10108	张娟	86	78	92	256	85	

图 4-77　添加“评定等级”字段

（2）选定 H3 单元格，输入函数“=IF(AND(C2>=85,D2>=85,E2>=85),"优秀",IF(OR(C2<60,D2<60,E2<60),"差","良好"))”（输入时不包括“ ”），如图 4-78 所示。

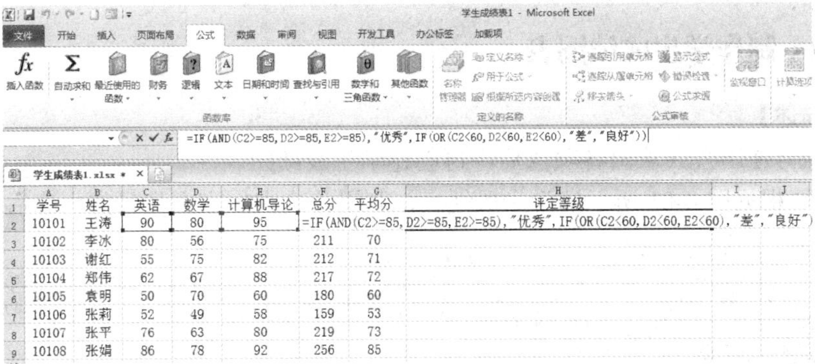

学号	姓名	英语	数学	计算机导论	总分	平均分	评定等级
10101	王涛	90	80	95	=IF(AND(C2>=85,D2>=85,E2>=85),"优秀",IF(OR(C2<60,D2<60,E2<60),"差","良好")		
10102	李冰	80	56	75	211	70	
10103	谢红	55	75	82	212	71	
10104	郑伟	62	67	88	217	72	
10105	袁明	50	70	60	180	60	
10106	张莉	52	49	58	159	53	
10107	张平	76	63	80	219	73	
10108	张娟	86	78	92	256	85	

图 4-78　输入函数

（3）按回车键，显示结果如图 4-79 所示。

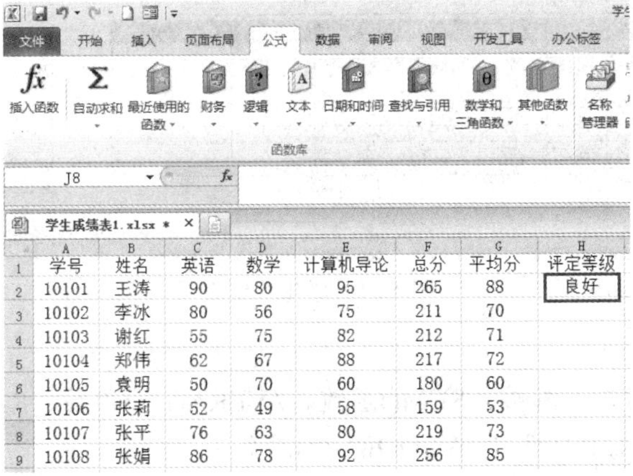

学号	姓名	英语	数学	计算机导论	总分	平均分	评定等级
10101	王涛	90	80	95	265	88	良好
10102	李冰	80	56	75	211	70	
10103	谢红	55	75	82	212	71	
10104	郑伟	62	67	88	217	72	
10105	袁明	50	70	60	180	60	
10106	张莉	52	49	58	159	53	
10107	张平	76	63	80	219	73	
10108	张娟	86	78	92	256	85	

图 4-79　输入函数后得到的结果

（4）利用复制公式方法，复制 H2 单元格的函数，最终结果如图 4-80 所示。

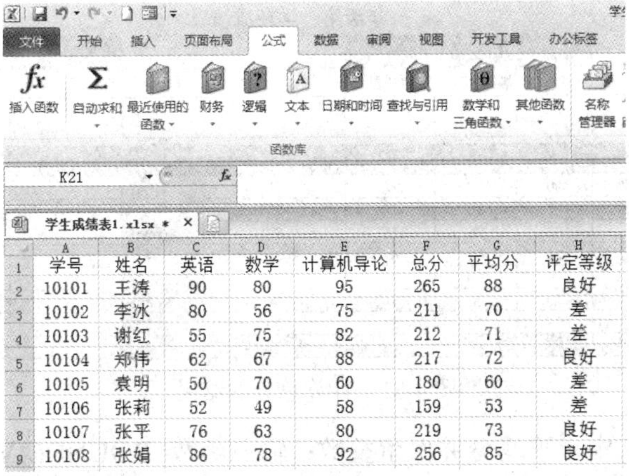

学号	姓名	英语	数学	计算机导论	总分	平均分	评定等级
10101	王涛	90	80	95	265	88	良好
10102	李冰	80	56	75	211	70	差
10103	谢红	55	75	82	212	71	差
10104	郑伟	62	67	88	217	72	良好
10105	袁明	50	70	60	180	60	差
10106	张莉	52	49	58	159	53	差
10107	张平	76	63	80	219	73	良好
10108	张娟	86	78	92	256	85	良好

图 4-80　最终结果

【思考与练习】

增加字段"评优条件"，用 IF 函数判断：总分大于 200 且平均分大于 70 分，显示"合格"，否则显示"继续努力"。

任务 27 制作学生成绩图表

【任务描述】

本任务综合使用公式求出各项值后，再创建学生成绩图表。

【案例】 根据图 4-81 所示的学生成绩表，利用公式求出空白项目的内容后创建统计图。

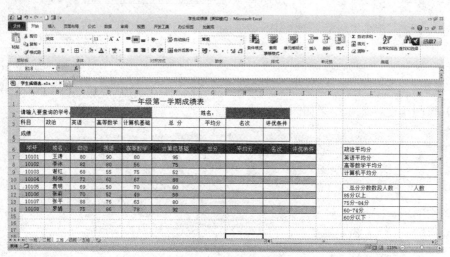

图 4-81 学生成绩表

【方法与步骤】

本案例中需要使用几个函数：SUM()函数、AVERAGE()函数、RANK()函数、ROUND()函数、IF()函数、COUNTIF()函数、VLOOKUP()函数。

（1）在单元格 G7 中求总分：输入函数=SUM(C7:F7)，复制函数到 G8:G14，如图 4-82 所示。

图 4-82 计算总分的结果

（2）在单元格 H7 中求平均分并保留整数：输入函数=ROUND(AVERAGE(C7:F7),0)，复制函数到 H8:H14 区域，如图 4-83 所示。

	A	B	C	D	E	F	G	H	I	J
1	一年级第一学期成绩表									
2	请输入要查询的学号：						姓名：			
3	科目	政治	英语	高等数学	计算机基础	总 分	平均分	名次	评优条件	
4	成绩									
6	学号	姓名	政治	英语	高等数学	计算机基础	总分	平均分	名次	评优条件
7	10101	王涛	80	90	80	95	345	86		
8	10102	李冰	82	80	56	75	293	73		
9	10103	谢红	68	55	75	52	250	63		
10	10104	郑伟	72	62	67	88	289	72		
11	10105	袁明	69	50	70	60	249	62		
12	10106	张莉	70	52	49	58	229	57		
13	10107	张平	88	76	63	80	307	77		
14	10108	罗娟	75	86	78	92	331	83		

图 4-83 计算平均分的结果

（3）在单元格 I7 中求名次：输入函数=RANK(H7,$H$7:$H$14,0)，复制函数到 I8:H14 区域，如图 4-84 所示。

	A	B	C	D	E	F	G	H	I	J
1	一年级第一学期成绩表									
2	请输入要查询的学号：						姓名：			
3	科目	政治	英语	高等数学	计算机基础	总 分	平均分	名次	评优条件	
4	成绩									
6	学号	姓名	政治	英语	高等数学	计算机基础	总分	平均分	名次	评优条件
7	10101	王涛	80	90	80	95	345	86	1	
8	10102	李冰	82	80	56	75	293	73	4	
9	10103	谢红	68	55	75	52	250	63	6	
10	10104	郑伟	72	62	67	88	289	72	5	
11	10105	袁明	69	50	70	60	249	62	7	
12	10106	张莉	70	52	49	58	229	57	8	
13	10107	张平	88	76	63	80	307	77	3	
14	10108	罗娟	75	86	78	92	331	83	2	

图 4-84 计算名次的结果

提示：计算名次的数据范围需要绝对引用。

（4）在单元格 J7 中判断出是否符合评优条件：输入函数=IF(H7>=85,"优秀，评优",IF(H7>=75,"良好",IF(H7>=60,"及格",IF(H7<60,"不及格"))))，复制函数到 J8:J14 区域，如图 4-85 所示。

	B	C	D	E	F	G	H	I	J
1	一年级第一学期成绩表								
2	查询的学号：					姓名：			
3	政治	英语	高等数学	计算机基础	总 分	平均分	名次	评优条件	
4									
6	姓名	政治	英语	高等数学	计算机基础	总分	平均分	名次	评优条件
7	王涛	80	90	80	95	345	86	1	优秀，评优
8	李冰	82	80	56	75	293	73	4	及格
9	谢红	68	55	75	52	250	63	6	及格
10	郑伟	72	62	67	88	289	72	5	及格
11	袁明	69	50	70	60	249	62	7	及格
12	张莉	70	52	49	58	229	57	8	不及格
13	张平	88	76	63	80	307	77	3	良好
14	罗娟	75	86	78	92	331	83	2	良好

图 4-85 计算评优的结果

（5）在单元格 M6 中计算"政治"的平均分：输入函数=AVERAGE(C7:C14)；在单元格 M7 中计算"英语"的平均分：输入函数=AVERAGE(D7:D14)；在单元格 M8 中计算"高等数学"的平均分：输入函数=AVERAGE(E7:E14)；在单元格 M9 中计算"计算机"的平均分：输入函数=AVERAGE(F7:F14)，结果如图 4-86 所示。

H	I	J	K	L	M
名次	评优条件				
平均分	名次	评优条件		政治平均分	76
86	1	优秀，评优		英语平均分	69
73	4	及格		高等数学平均分	67
63	6	及格		计算机平均分	75
72	5	及格			
62	7	及格		平均分分数段人数	人数
57	8	不及格		85分以上（优秀，评优）	
77	3	良好		75分-84分（良好）	
83	2	良好		60-74分（合格）	
				60分以下（差）	

图 4-86　计算政治、英语、高等数学、计算机平均分的结果

（6）用 COUNTIF 函数统计各分数段的学生人数：在单元格 M12 统计 85 分以上的人数，输入函数=COUNTIF(H7:H14,">=85")；在单元格 M13 中统计 75-84 分的人数，输入函数=COUNTIF(H7:H14,">=75")–M12；在单元格 M14 中统计 60-74 分的人数，输入函数=COUNTIF(H7:H14,">=60")–(M12+M13)；在单元格 M15 中统计 60 分以下的人数，输入函数=COUNTIF(H7:H14,"<60")，结果如图 4-87 所示。

H	I	J	K	L	M
名次	评优条件				
平均分	名次	评优条件		政治平均分	76
86	1	优秀，评优		英语平均分	69
73	4	及格		高等数学平均分	67
63	6	及格		计算机平均分	75
72	5	及格			
62	7	及格		平均分分数段人数	人数
57	8	不及格		85分以上（优秀，评优）	1
77	3	良好		75分-84分（良好）	2
83	2	良好		60-74分（合格）	4
				60分以下（差）	1

图 4-87　统计各分数段人数

（7）要求在单元格 C2 中输入学号时，自动在 H2 显示学生姓名：在单元格 H2 中输入函数=VLOOKUP(C2,A7:J14,2,FALSE)，如图 4-88 所示。

| H2 | ▼ | fx | =VLOOKUP(C2,A7:J14, 2, FALSE) |

学生成绩表.xls * × ▣

	A	B	C	D	E	F	G	H	I	J
1	一年级第一学期成绩表									
2	请输入要查询的学号：		10101				姓名：	王涛		
3	科目	政治	英语	高等数学	计算机基础	总 分	平均分	名次	评优条件	
4	成绩									
6	学号	姓名	政治	英语	高等数学	计算机基础	总分	平均分	名次	评优条件
7	10101	王涛	80	90	80	95	345	86	1	优秀，评优
8	10102	李冰	82	80	56	75	293	73	4	及格

图 4-88 输入学号后自动显示姓名

（8）用同样的方法输入学号后，自动显示政治等各项数据：在单元格 B4 中输入函数=VLOOKUP(C2,$A$6:$J$14,3,FALSE),在单元格 C4 中输入=VLOOKUP(C2,$A$6:$J$14,4,FALSE)，在 D4 单元格中输入=VLOOKUP(C2,$A$6:$J$14,5,FALSE)，在 E4 单元格中输入=VLOOKUP(C2,$A$6:$J$14,6,FALSE)，在 F4 单元格中输入=VLOOKUP(C2,$A$6:$J$14,7,FALSE)，在 G4 单元格中输入=VLOOKUP(C2,$A$6:$J$14,8,FALSE)，在 H4 单元格中输入=VLOOKUP(C2,$A$6:$J$14,9,FALSE)，在 I4 单元格中输入=VLOOKUP(C2,$A$6:$J$14,10,FALSE)。函数输入完成后，如图 4-89 所示。

	A	B	C	D	E	F	G	H	I	J
1	一年级第一学期成绩表									
2	请输入要查询的学号：		10108				姓名：	罗娟		
3	科目	政治	英语	高等数学	计算机基础	总 分	平均分	名次	评优条件	
4	成绩	75	86	78	92	331	83	2	良好	
6	学号	姓名	政治	英语	高等数学	计算机基础	总分	平均分	名次	评优条件
7	10101	王涛	80	90	80	95	345	86	1	优秀，评优
8	10102	李冰	82	80	56	75	293	73	4	及格
9	10103	谢红	68	55	75	52	250	63	6	及格
10	10104	郑伟	72	62	67	88	289	72	5	及格
11	10105	袁明	69	50	70	60	249	62	7	及格
12	10106	张莉	70	52	49	58	229	57	8	不及格
13	10107	张平	88	76	63	80	307	77	3	良好
14	10108	罗娟	75	86	78	92	331	83	2	良好

图 4-89 输入完成函数得到的结果

（9）表格中各项数据计算完成后，即可制作直观的分数分布情况图表。在数据表中选择数据区域 L11:M15，在"插入"选项卡的"图表"功能组中单击右下角的向下箭头 ▣，弹出"插入图表"对话框；选择"饼图"中的"分离型三维饼图"选项，如图 4-90 所示；单击"确定"按钮，产生默认图表，如图 4-91 所示。

（10）单击图表，在"图表工具 布局"选项卡"标签"功能组中单击"图表标题"按钮，在下拉列表中选择"图表上方"选项，再输入图表标题"各分数阶段分布图"，如图 4-92 所示。

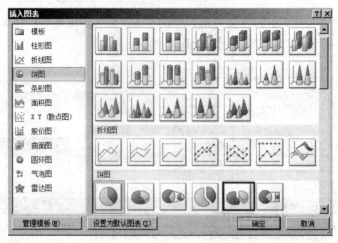

图 4-90　"插入图表"对话框

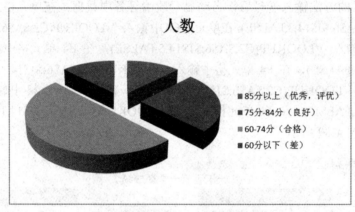

图 4-91　生成的默认图表

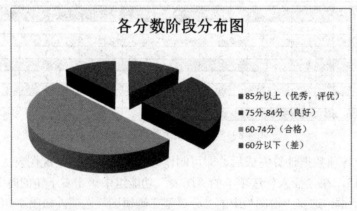

图 4-92　输入标题：各分数阶段分布图

　　（11）单击"图例"按钮，在下拉列表中选择"在底部显示图例"选项，如图 4-93 所示。
　　（12）在"图表工具 布局"选项卡"标签"功能组中单击"数据标签"按钮，在下拉列表中选择"其他数据标签选项"选项，弹出"设置数据标签格式"对话框，如图 4-94 所示。

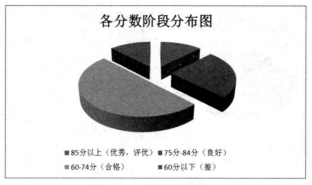

图 4-93　在底部显示图例

图 4-94　"设置数据标签格式"对话框

（13）在"设置数据标签格式"对话框选中"标签选项"中的"百分比"复选框，如图
4-95 所示。

图 4-95　设置百分比

（14）格式化标题。选择标题"各分数阶段分布图"，右键单击，在快捷菜单中选择"字
体"选项，设置参数后，单击"确定"按钮，如图 4-96 所示。

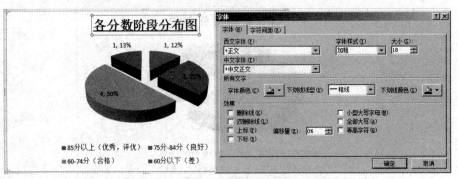

图 4-96　格式化标题

（15）在"格式"选项卡"形状样式"功能组单击右下角的向下箭头 <img>，弹出"设置图表区格式"对话框；在左边窗格中选择"边框样式"，在右边窗格中选中"圆角"复选框，如图 4-97 所示；在左边窗格中选择"填充"，在右边窗格中设置填充格式，如图 4-98 所示。单击"关闭"按钮，最终效果如图 4-99 所示。

图 4-97　设置"边框样式"

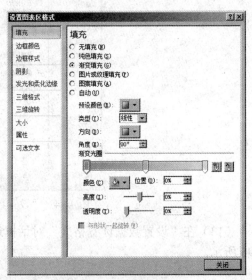

图 4-98　设置"填充"

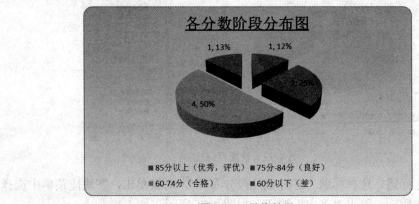

图 4-99　最终效果

【相关知识与技能】

1．ROUND 函数

语法：ROUND(expression, decimalizations)

作用：返回按指定位数进行四舍五入的数值。

参数：

expression：必选项。数值表达式被四舍五入。

decimalizations：可选项。数字表明小数点右边有多少位进行四舍五入。如果小数位数是负数，则 ROUND 函数返回的结果在小数点左端包含指定个零。如果省略，则 ROUND 函数返回整数。

举例：

=ROUND(2.15, 1) 将 2.15 四舍五入到一个小数位 (2.2)；

=ROUND(2.149, 1) 将 2.149 四舍五入到一个小数位 (2.1)；

=ROUND(-1.475, 2) 将 -1.475 四舍五入到两个小数位 (-1.48)；

=ROUND(21.5, -1) 将 21.5 四舍五入到小数点左侧一位 (20)。

2．RANK 函数

语法：RANK() ([<partiton_by_clause>]<order_by_clause>)

作用：返回一个数字在数字列表中的排位。数字的排位是其大小与列表中其他值的比值（如果列表已排过序，则数字的排位就是它当前的位置）。

参数：

partition_by_clause：将 FROM 子句生成的结果集划分为应用到 RANK 函数的分区。

order_by_clause：确定将 RANK 值应用到分区中的行时所使用的顺序。

举例：

=RANK(H7,$H$7:$H$14,0)，计算出 H7 单元格中的值在单元格区域 H7:H14 中的排名，并按降序排列（0：降序，1：升序）。

【思考与练习】

1．利用 Excel 2010 帮助功能，熟悉常用函数。

2．参考网址：http://office.microsoft.com/zh-cn/excel-help。

习　题

一、简答题

1．如何启动、退出 Excel 2010？退出时，怎样才能保存输入的内容。

2．如何选定活动单元格和活动工作表？

3．保存工作簿有哪些方法？各种方法使用什么命令？

4．如何调整窗口大小？如何重排和分隔窗口？

5．哪些方法可在工作表中选择活动单元格？比较不同情况下用哪种方法最方便？

6．输入文本、数字、日期和时间各有什么规则？如何输入分数？

7．如何建立自定义填充序列？填充时，怎么操作是复制？怎样操作是建立序列？请在实际操作环境下，在不同情况下用不同方法复制和建立序列。

8. 如何在工作表中输入公式和函数？什么情况下会产生错误值？

9. 单元格的引用有哪几种表示法？何谓绝对引用和相对引用？

10. 移动、删除、插入和复制对引用位置有什么影响？

11. 在工作表中使用名字有什么好处？如何命名单元格、区域和工作表？

12. 如何在公式中引用同一工作簿不同工作表的数据？

13. 如何在工作表中移动和复制单元格？如何在工作表中插入行、列和单元格？

14. 如何插入和删除单元格、行和列，插入和删除后对工作表结构有什么影响？

15. 有哪些方法调整列宽和行高？试比较哪种方法最简便？

16. 如何在工作表中设置文字和数字的格式？如何设定工作表数据的对齐方式？

17. 如何在数据表中对数据进行排序？

18. 数据筛选有哪几种方法？每种方法如何实现？

19. 试说明进行自动分类汇总的方法和使用命令？

20. 如何更改图表类型？如何在图表中修改各个图项？

21. 如何建立内嵌表和工作簿中的独立图表？

22. 如何创建一个数据透视表，请自行设计一个工作表，并用该工作表创建一个数据透视表。

二、上机操作题

1. 根据表 4-6 建立工作表，并用复制公式的方法计算各职工的实发工资。将该工作表所在的工作簿以文件名 ESJ1.XLSX 保存。计算公式：实发工资=基本工资-水电费。

表 4-6　XXX 学校职工情况表

编号	姓名	性别	职称	基本工资	水电费	实发工资
A01	洪国武	男		1034.70	45.60	
B02	张军宏	男	讲师	1478.70	56.60	
A03	刘德名	男	讲师	1310.20	120.30	
C04	刘乐红	女	助讲	1179.10	62.30	
B05	洪国林	男	教授	1621.30	67.00	
C06	王小乐	男	助讲	1125.70	36.70	
C07	张红艳	女	副教授	1529.30	93.20	
A08	张武学	男		1034.70	15.00	
A09	刘冷静	男	讲师	1310.20	120.30	
B10	陈红	女	助讲	179.10	62.30	
C11	吴大林	男	教授	1621.30	67.00	
C12	张乐意	男	助讲	1125.70	36.70	
A13	邱红霞	女	副教授	1529.30	93.20	

2. 打开工作簿 ESJ1.XLSX，对工作表进行格式设置。

（1）设置纸张大小为 B5，方向为纵向，页边距为 2 厘米。

（2）将"基本工资"和"水电费"的数据设置为保留一位小数。

（3）设置标题字号为18，字体为黑体，颜色为绿色，对齐选择合并单元格，垂直、水平均为居中。

（4）设置各列的格式。

"编号"列格式：14 号斜宋体、水绿色 40%。

"姓名"列格式：14 号字体、浅绿色。

"性别"列格式：12 号幼圆、蓝色。

"职称"列格式：12 号宋体、梅红色。

（5）设置各列的宽度，要求：A、B 列为 5，C、D 列 6，E、F、G 列为 11。

（6）设置表头文字的格式：16 号常规楷体，垂直与水平居中，行高 27，底纹为 6.25%灰色。颜色与所在列的数据相同。

3．对第 1 题建立的工作表进行以下操作：

（1）在表中增加"补贴"、"应发工资"和"科室"3 列。

（2）用函数计算每个职工的补贴，计算方法：助讲的补贴为 50 元，讲师的补贴为 70 元，副教授的补贴为 90 元，教授的补贴为 110 元。

（3）用函数统计基本工资、水电费、补贴和应发工资的合计与平均。

（4）用函数求出水电费的最高值和最低值。

（5）用函数从编号中获得每个职工的科室，计算方法：编号中的第一个字母表示科室，A—基础室，B—计算机室，C—电子室。

（6）用函数统计教授与副教授两种职称的总人数。

4．对表 4-6 进行以下操作：

（1）用记录单输入表中的数据，命名为"职工情况表"。

（2）用函数和公式计算每个职工补贴、应发工资和实发工资。

（3）按基本工资进行排序，要求低工资在前。

（4）分别计算男、女职工的平均工资。

（5）显示水电费超过 70 元的男职工记录。

（6）筛选应发工资高于 1200 元的女讲师。

（7）统计补贴在 70 元以上且实发工资在 1300 元以下职工的人数。

（8）用分类汇总统计各种职称的平均水电费、平均应发工资、平均实发工资。

（9）用数据透视表统计各种职称的男女人数。

5．用表 4-7 的数据表建立一个工作表，将工作表所在工作簿以文件名 ESJ2.XLSX 保存。

表 4-7　2012 年产量统计表

月份	一车间	二车间
1	16	13
2	15	15
3	13	16
4	16	13
5	11	14

月份	一车间	二车间
6	12	16
7	11	13
8	11	15
9	13	16
10	11	17
11	12	18
12	11	18

6. 设置工作表中的数据如图 4-100 所示，对工作表如下操作：

（1）分别在单元格 H2 和 I2 中输入计算平均分和总分的公式，用公式复制的方法分别求出各学生的总分和平均分。

（2）根据平均分用 IF 函数求出每个学生的等级。等级的标准：平均分 60 分以下为 D；平均分 60 分以上（含 60 分）、75 分以下为 C；平均分 75 分以上（含 75 分）、90 分以下为 B；90 分以上为 A。

（3）筛选出姓"李"且性别为"男"的学生。

（4）筛选出平均分在 75 分以上或性别为女的学生。

（5）筛选出 1990-1-1 后出生的女学生或者课程一大于 80 分（不含 80 分）的同学。

（6）按性别对平均分进行分类汇总。

	A	B	C	D	E	F	G	H
1	学号	姓名	性别	出生日期	课程一	课程二	课程三	平均分
2	1001114	陈文巧	男	1992-06-01	83	77	65	
3	1001115	陈锡坚	男	1992-02-20	67	86	90	
4	1001116	陈俞亨	男	1993-04-09	43	67	78	
5	1001117	邓伟昌	男	1992-06-14	79	76	85	
6	1001118	杜文浩	男	1992-06-03	98	93	88	
7	1001119	方树均	男	1992-11-03	71	75	84	
8	1001120	符翼飞	男	1992-08-22	57	78	67	
9	1001121	龚雪琪	女	1992-10-07	60	69	65	
10	1001122	何欢	女	1992-04-10	87	82	76	
11	1001123	何振东	男	1992-04-03	90	86	76	
12	1001124	黄建强	男	1992-03-17	77	83	70	
13	1001125	黄钦雄	男	1992-04-15	69	78	65	
14	1001126	黄卫均	男	1992-10-15	63	73	56	
15	1001127	黎炜康	男	1993-06-12	79	89	69	
16	1001128	李龙辉	男	1993-07-08	84	90	79	
17	1001129	李伟超	男	1992-05-29	93	91	88	
18	1001130	李赟	男	1993-07-08	65	78	82	
19	1001131	李宗辉	男	1992-08-22	70	75	80	
20	1001132	梁玉宇	男	1991-06-14	86	72	69	

图 4-100　工作表

第 **5** 章　基于PowerPoint 2010 的演示文稿制作

本章导读

　　PowerPoint 为人们提供了一个很好的展示工具，使信息交流变得更为方便、快捷和生动。制作的 PowerPoint 演示文稿可以用于演讲、教学、新产品展示等。如果在网络上发布演示文稿，可以以演示文稿为主题举行联机会议；或举行专家论坛，讨论新产品的推出，展示并获取意见；或在网络上作精彩演讲等。

　　本章主要内容包括 PowerPoint 的基本操作、演示文稿的编辑和外观设置、设置演示文稿的放映效果、演示文稿的放映和打印等。

5.1　演示文稿的制作、编辑和格式设置

任务 1　初步认识 PowerPoint 2010

【任务描述】

　　本任务通过一个简单的案例，学会创建演示文稿，掌握 PowerPoint 2010 的基本操作，了解 PowerPoint 2010 的基本概念。

　　【案例】　制作一个简单的演示文稿，要求：包含两张幻灯片，第一张幻灯片的内容是演示文稿的标题，第二张幻灯片的内容是一些相关的文字内容，最后将演示文稿以文件名 w5-1.pptx 保存。

【方法与步骤】

　　（1）启动 PowerPoint 2010：在"开始"菜单中选择 "所有程序"→"Microsoft Office →Microsoft Office PowerPoint 2010"选项，打开 PowerPoint 2010 窗口，如图 5-1 所示。

　　（2）选择一种模板：在"文件"功能区选择"新建"选项，在"可用的模板和主题"选项区中选择自己需要的模板。

　　（3）在"最近打开的模板"中列出 PowerPoint 最近使用过的模板名称，用鼠标指向模板图标，可以看到该模板的名称，单击"创建"即可创建基于模板的幻灯片。本案例选择"PowerPoint 2010 简介"模板，如图 5-2 所示。

　　（4）设置第一张幻灯片的版式：在"开始"功能区的"幻灯片"功能组中单击"幻灯片版式"按钮，在下拉列表中选择"标题幻灯片"版式，进入 PowerPoint 的主工作窗口，即第一张幻灯片的工作窗口，如图 5-3 所示。

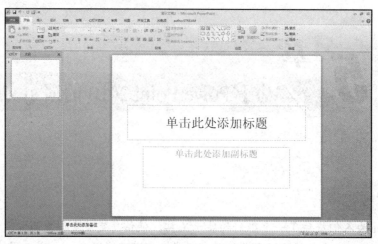

图 5-1　PowerPoint 窗口

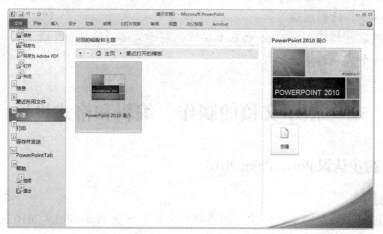

图 5-2　选择"PowerPoint 2010 简介"模板

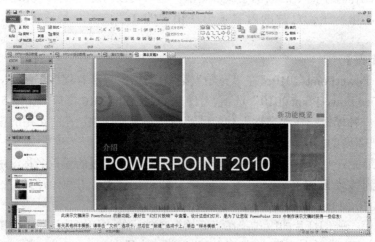

图 5-3　第一张幻灯片的工作窗口

说明：PowerPoint 2010 很多模板需要在线联机下载。

（5）向第一张幻灯片添加内容：按照提示在演示文稿页面（幻灯片）上方第一个虚线框内单击，输入标题"爱护我们的地球"；在第二个虚线框内单击，输入文字"绿色环保论坛"；双击第三个虚线框，弹出"插入剪贴画"对话框，按题意选择一张合适的剪贴画插入。第一张幻灯片制作完成，如图 5-4 所示。

图 5-4 添加内容后的第一张幻灯片

（6）插入新的幻灯片：按 Ctrl+M 组合键，或在"开始"功能区的"幻灯片"功能组中单击"新建幻灯片"按钮，在下拉列表中选择"标题和文本"版式，显示第二张幻灯片的工作窗口。

（7）在第二张幻灯片内添加文字：在"插入"功能区的"文本"功能组中单击"文本框"按钮，在下拉列表中选择"横排文本框"选项；在第二张空白幻灯片内拖动鼠标插入一个文本框，在文本框内添加相关的内容和文字。第二张幻灯片制作完成，如图 5-5 所示。

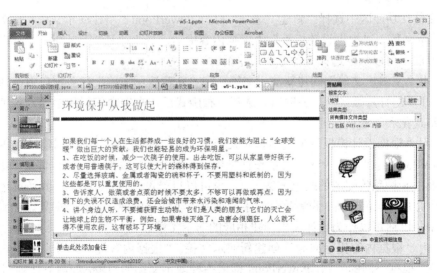

图 5-5 添加内容的第二张幻灯片

（8）保存演示文稿：在"文件"功能区中选择"保存"选项，以文件名 w5-1.pptx 保存。

（9）放映演示文稿：按 F5 键，启动幻灯片的全屏幕放映，屏幕上显示第一张幻灯片；单击鼠标切换到第二张幻灯片，再单击鼠标回到第一张幻灯片的工作窗口。

（10）在"文件"功能区选择"退出"选项，或在控制菜单中选择"关闭"命令，退出 PowerPoint。退出时，对正在操作的演示文稿提示是否保存文件，然后才退出。

【相关知识与技能】

用 PowerPoint 2010 制作幻灯片非常方便。在制作幻灯片的过程中，可以方便地输入标题、正文，可以根据制作者的喜好美化演示文稿并修改幻灯片的版面布局。

1. PowerPoint 的工作窗口

启动 PowerPoint 2010 后，打开 PowerPoint 工作窗口，如图 5-6 所示。

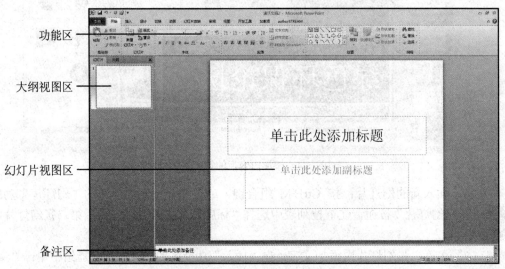

图 5-6　PowerPoint 的工作窗口

2. 建立演示文稿

在"文件"功能区中选择"新建"选项，打开 PowerPoint "新建演示文稿"任务窗格，提供了"空演示文稿"、"根据设计模板"、"根据内容提示向导"、"根据现有演示文稿"等创建新演示文稿方法，可以从中选择一种方法创建新的演示文稿。

（1）用"空演示文稿"创建新演示文稿。在"新建演示文稿"任务窗口中选择"空演示文稿"，打开"幻灯片版式"任务窗口。选择一种版式后，在空白幻灯片中插入各种对象，进行编辑、格式化和外观设计等。

（2）用"根据设计模板"创建新演示文稿。"根据设计模板"可以创建风格各异的演示文稿。PowerPoint 提供几十种演示文稿设计模板，每种设计模板都包含一种背景颜色、背景设计方案以及由 8 种颜色配成的配色方案。用户也可以自己设计每张幻灯片，并通过选择幻灯片版式、设计背景、配色方案、设置字体、字号等制作个性化的演示文稿。如果添加到"内容提示向导"中，以后可以作为设计模板创建相应的演示文稿。

（3）用"根据内容提示向导"创建新演示文稿。"根据内容提示向导"为用户提供建议和设计方案。根据不同的专题，PowerPoint 提供各种演示文稿的模版，如商务计划、项目总结、公司会议、市场计划等。

在创建演示文稿的过程中，向导提示用户做出一些选择，逐步完成创建演示文稿操作。创建的演示文稿幻灯片一般具有相同的结构、背景等。

（4）用"根据现有演示文稿"创建新演示文稿。如果已有一份演示文稿接近新创建演示文稿的大纲、格式等，可以在该演示文稿中做一些改动后作为新的演示文稿。

【知识拓展】

1. PowerPoint 概述

PowerPoint 2010 是集文字、图形、动画、声音于一体的专门制作演示文稿的多媒体软件，并且可以生成网页。所谓演示文稿，是若干张内容有内在联系的幻灯片组合。利用 PowerPoint 2010 可以方便地制作高质量的、交互式的多媒体演示文稿。如果在网络上发布演示文稿，可以以演示文稿为主题举行联机会议；或举行专家论坛，讨论新产品的推出，展示并获取意见；或在网络上作精彩演讲等。可见，PowerPoint 2010 具有网络、多媒体和幻灯片有机结合的鲜明特点。

2. 视图方式

PowerPoint 提供普通视图、幻灯片浏览视图、备注页视图等视图方式，可以方便地对演示文稿进行编辑和观看。单击 PowerPoint 工作窗口右下方的视图按钮，可以在各种视图之间切换；也可以在"视图"选项卡中切换视图方式。在一种视图中对演示文稿进行修改后，自动反映在演示文稿的其他视图中。

（1）普通视图。PowerPoint 的默认视图方式，主要用来编辑演示文稿的总体结构或编辑单张幻灯片或大纲。

普通视图包含 3 种窗格，左边是大纲窗格，右边上部是幻灯片窗格，下部是备注窗格（见图 5-6）。默认情况下，幻灯片窗格较大，其余两个窗格较小，但可以通过拖动窗格边框来改变窗格大小。

在大纲窗格中，可以编辑和显示演示文稿大纲的内容，也可以键入和修改每张幻灯片中的标题及各种提纲性的文字，并自动将修改回填到幻灯片中。在幻灯片窗格可以查看每张幻灯片中的文本外观；可以向单张幻灯片添加图形和声音；可以创建超链接和为其中的对象设置动画。备注窗格使演讲者可以添加与观众共享的演讲备注或其他信息。如果需要向备注窗格中插入图形、图片等，必须在备注页视图中操作。

（2）幻灯片浏览视图。演示文稿的全部幻灯片以压缩形式排列。该视图方式最容易实现拖动、复制、插入和删除幻灯片的操作，但是不能对单张幻灯片进行编辑。如果要对单张幻灯片进行编辑，可以双击单张幻灯片，切换到其他视图方式下进行编辑。可以利用幻灯片浏览视图检查各幻灯片是否有什么不适合，再对文稿的外观重新设计。

（3）幻灯片放映视图。一种动态的视图方式。单击视图按钮中的"幻灯片放映"按钮后，从当前幻灯片开始全屏幕放映演示文稿。单击鼠标可以从当前幻灯片切换到下一张幻灯片，继续放映，按 Esc 键可立即结束放映。

（4）备注页视图。备注页视图在视图按钮上没有对应的按钮，只能在"视图"功能区的"演示文稿视图"组中单击"备注页"按钮进行切换。备注页视图在屏幕上半部分显示幻灯片，下半部分用于添加备注。

3. 演示文稿的保存

在"文件"功能区中选择"保存"选项，可以将建立的演示文稿保存在指定的文件中；若选择"另存为"选项，可将当前文稿保存为不同的文件类型。表 5-1 为 PowerPoint 可保存的演示文稿文件类型。

表 5-1　PowerPoint 可保存的演示文稿文件类型

保存类型	拓展名	保存格式
演示文稿	pptx	典型的 PowerPoint 演示文稿
演示文稿模板	potx	存为模板的演示文稿
大纲/RTF	rtf	存为大纲的演示文稿
PowerPoint 放映	ppsx	以幻灯片放映方式打开的演示文稿
图形	jpg	压缩图形文件
图形	gif	图形交换文件格式
图形	png	便携网络图形文件格式
图形	bmp	设备无关位图格式
PowerPoint 宏	ppa	加载宏文件
网页	htm，html	网页格式

任务 2　制作会议简报

【任务描述】

本任务通过案例学习演示文稿的编辑，掌握在幻灯片中的插入文本、图片、数据表格等对象的操作。

【案例】　某公司为信息技术研讨会制作了一份会议简报，内容包括会议首页、演讲主题会会议议程等，以文件名 w5-2.pptx 保存，最终效果如图 5-7 所示。

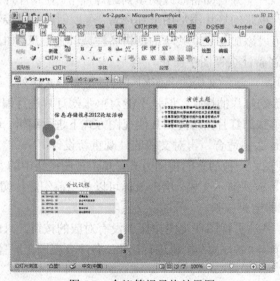

图 5-7　会议简报最终效果图

【方法与步骤】

创建演示文稿后，可以向幻灯片中插入文本。为了增强视觉效果，提高观众的注意力，向观众传递更多的信息，可以在幻灯片中插入图片、表格、图表等各种对象。

1. 启动 PowerPoint 2010

2. 制作会议简报首页

（1）在"文件"功能区选择"新建"选项，在"新建演示文稿"任务窗格中选择"空白演示文稿"；在"设计"功能区的"主题"功能组中选择"凸显"主题，如图 5-8 所示。

图 5-8 选择"凸显"主题

（2）单击幻灯片窗格的"单击此处添加标题"占位符，该占位符被闪烁的光标代替，表示可以输入标题文字。

提示： 占位符是带有虚线边缘的框，绝大多数幻灯片版式中都有这种框，可以在框内设置标题及正文等。由于演示文稿的标题文本有大有小，若标题文本的大小超出了占位符的容量，超出部分将无法显示。若要显示全部的标题文本，必须调整占位符的大小。

（3）输入主标题"信息存储技术 2012 论坛活动"。

（4）用同样的方法输入副标题"创新会展有限公司"。

（5）用鼠标选中主标题文字，在"开始"功能区的"字体"功能组中单击右边的向下箭头，弹出"字体"对话框，如图 5-9 所示。设置主标题文字的字型为"加粗"。

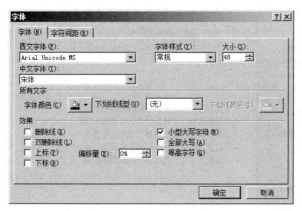

图 5-9 "字体"对话框

3. 制作会议简报的演讲主题

（1）在"文件"功能区选择"新建"选项，在"新建演示文稿"任务窗格中选择"空白演示文稿"，在"设计"功能区的"主题"功能组中选择"凸显"主题，插入第 2 张幻灯片，如图 5-10 所示。

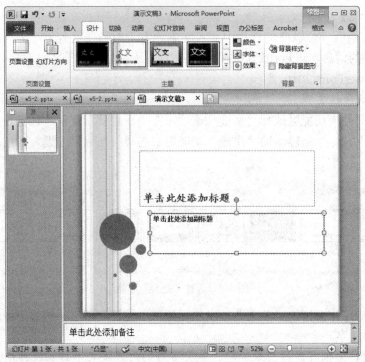

图 5-10　插入新幻灯片

（2）新幻灯片自动套用"标题与文本"的默认版式。在第 2 张幻灯片中输入标题和正文文字。在正文部分，每输完一次按 Enter 键，系统自动添加默认的项目符号，如图 5-11 所示。

图 5-11　"演讲主题"幻灯片

（3）设置文字颜色：设置"演讲主题"、"中国政府"、"最新规划"、"现状和趋势"、"发展趋势"等文字的颜色为红色，完成第2张"演讲主题"幻灯片的制作。

4. 制作会议简报的会议议程

（1）在"文件"功能区中选择"新建"选项，在"新建演示文稿"任务窗格中选择"空白演示文稿"。在"设计"功能区的"主题"功能组中选择"凸显"主题，插入第3张幻灯片。新幻灯片的版式与前面的完全一样。

（2）在"标题"占位符里输入标题文字：会议议程。

（3）在"内容"占位符里单击表格按钮。

（4）在"插入表格"对话框的"列数"框中输入 2，"行数"框中输入6，制作一个2列6行的表格，如图5-12所示。单击"确定"按钮。

图5-12 "插入表格"对话框

（5）输入表格中的内容。与Word表格操作相同，单击第一个单元格，输入"9：00－9：30"，依次完成表格中的全部内容。

（6）调整表格的行宽和列高：与Word表格操作相似，把鼠标放到行或列的边线上，当鼠标光标变为一个双箭头时，按住鼠标不放，向某个方向拖动后放开即可。

会议议程最终效果如图5-13所示。

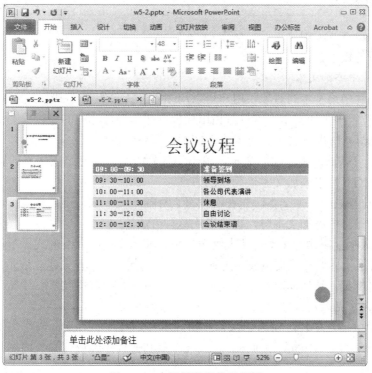

图5-13 会议议程最终效果图

5. 保存会议简报

（1）在"文件"功能区中选择"另存为"选项，弹出"另存为"对话框，操作方法与Word类似。

（2）单击"保存位置"下拉列表框，选择保存路径（如 D:\User），在"文件名"文本框中输入 w5-2.pptx，如图 5-14 所示，单击"保存"按钮。

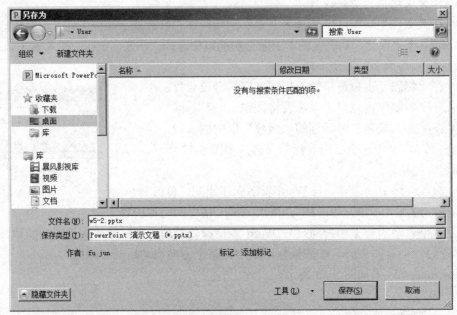

图 5-14 "另存为"对话框

【相关知识与技能】

1. 向幻灯片中添加文本

文本是幻灯片中最基本的对象，用户可以用多种方式向幻灯片中添加文本。

（1）在占位符中添加文本。占位符指用模板创建新幻灯片中的虚线框。这些虚线框作为一些对象，如幻灯片标题、文本、艺术字、图片、表格等占位符。

单击虚线框可以输入要添加的文本，单击幻灯片的空白处可结束文本的输入。在占位符中添加文本是向幻灯片中添加文本最简单的方法。

（2）在占位符之外添加文本。先在占位符之外插入文本框，再向文本框内添加文本。向"空白"版式幻灯片中添加文本时，也可以用这种方法。

（3）利用大纲视图输入文本。在大纲窗格中，演示文稿以大纲形式显示。大纲由每张幻灯片的标题、各层次标题和正文组成。在制作演示文稿的初期，首先建立演示文稿的提纲，即演示文稿的基本框架，然后才对每个层次标题、幻灯片的内容进行编辑。

2. 在幻灯片中插入图片等对象

在演示文稿中插入图片，作为一张、一组或所有幻灯片的背景；或作为幻灯片的一个对象。可以插入"剪辑库"中的剪辑画图片，或插入从其他程序和位置导入的图片以及来自扫描仪或数码相机的相片。

3. 插入组织结构图

组织结构图由一系列图框和连线组成，可以形象地表示一个单位、部门的内部结构、管理层次以及组成形式等，可以清楚地描述层次结构和相互关系。组织结构图也可以用来表示其他分类的信息，如商品物流、体育比赛项目等。

4. 插入表格

表格是一种简明、扼要的表达方式。可以用多种方法在 PowerPoint 中插入 Word 表格、绘制表格、插入 PowerPoint 表格、把 Excel 工作表复制或嵌入到演示文稿中等。

5. 制作图表幻灯片

制作图表幻灯片有两种方法：用版式中图表功能插入带图表版式的新幻灯片；用"插入"功能区"插图"组中"图表"命令向幻灯片中插入图表。

【思考与练习】

1. 将第 1 张幻灯片的标题的字体设置为"隶书"。

2. 在第 2 张幻灯片的左下方插入一幅剪贴画。

任务 3　编辑演示文稿

【任务描述】

本任务通过案例学习编辑演示文稿的方法。

【案例】　在演示文稿 w5-2.pptx 的第 3 张幻灯片之后插入来自演示文稿 w5-1.pptx 的第 2 张幻灯片。

【方法与步骤】

可以在 PowerPoint 中同时打开多个演示文稿，并在不同的演示文稿之间插入、移动和复制幻灯片，方法与在同一个幻灯片里移动幻灯片类似。

（1）在幻灯片浏览视图下，打开源演示文稿 w5-1.pptx 和目标演示文稿 w5-2.pptx。

（2）在"视图"功能区的"窗口"功能组中单击"全部重排"按钮，两个演示文稿的幻灯片浏览窗口并排显示，如图 5-15 所示。

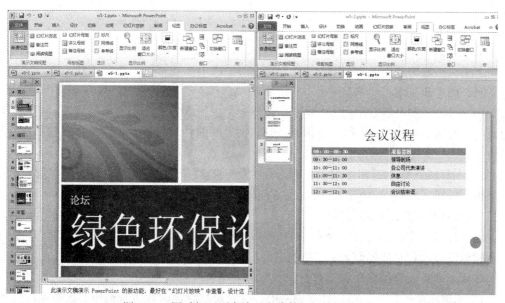

图 5-15　同时打开两个演示文稿的幻灯片浏览视图

（3）在源文件 w5-1.pptx 中选中要插入的幻灯片 2，用鼠标拖动到目标位置，即可复制入来自源演示文稿中的一张幻灯片。

Hello

Hello

Hello

Hello

Hello

Hello

Hello

Hello

Hello

Hello

Hello

Hello

Hello

Hello

Hello

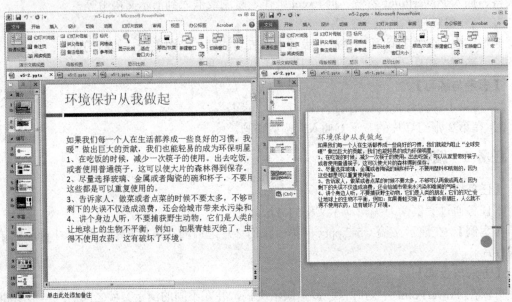

图 5-16　案例的操作结果

【相关知识与技能】

创建演示文稿后，可以对幻灯片进行编辑。可以在普通视图、大纲视图、幻灯片视图中对演示文稿进行编辑。一般在大纲视图里重组演示文稿大纲，在幻灯片视图里编辑单张幻灯片。

1. 用大纲视图重组演示文稿大纲

在演示文稿大纲中，可以方便地重新组织演示文稿的结构，改变演示文稿中各主题的顺序（如下层次标题的顺序）。可以把一个主题下的层次小标题移到另一个主题之下；还可以删除、复制、插入新主题。

（1）重排主题和层次小标题的顺序。选择一个主题或者一个层次小标题后，可以用鼠标拖动或用"大纲"工具栏（上移、下移）改变它们之间的相对位置，达到重排主题和层次标题顺序的目的。

（2）左移或右移主题和下层次标题。用大纲工具栏中的"升级"按钮（"左移"按钮）和"降级"按钮（"右移"按钮），可以很方便地提升或降低标题的级别。

2. 用幻灯片视图编辑幻灯片

在幻灯片视图中，左边有一个很小的幻灯片浏览窗格，显示演示文稿每张幻灯片的图标，拖动图标可以移动和复制幻灯片。窗口的右边显示当前选中的幻灯片。窗口的右边显示当前选中的幻灯片。非常适合编辑单张幻灯片。

（1）编辑单张幻灯片。在幻灯片窗格中，可以对幻灯片内容进行编辑。如对图片、声音、表格等对象进行输入、移动、复制、格式化、删除、插入等操作。

（2）移动、复制和删除幻灯片。在幻灯片视图中移动、复制、删除幻灯片，应先扩大左边浏览窗格，然后进行移动、复制和删除幻灯片的操作。

（3）利用幻灯片浏览视图整体修改演示文稿。在幻灯片浏览视图中不能对单张幻灯片进行编辑，但可以对演示文稿的外观和结构进行修改。例如，对演示文稿的所有幻灯片，或一张、一组幻灯片进行配色方案或背景的设置，对幻灯片进行移动、复制、插入和删除等操作。

可以用鼠标拖动、菜单命令、工具栏按钮或快捷键移动、复制幻灯片。

（4）在普通视图、大纲视图、幻灯片视图中，可以在幻灯片（除第一张幻灯片外）前的任意位置插入新幻灯片，在幻灯片浏览视图中显示选定的幻灯片。

任务 4　幻灯片的格式化

【任务描述】

本任务通过案例学习幻灯片格式的操作。

【案例】　制作某房地产公司的房屋销售统计报表的幻灯片，以 w5-3.pptx 为文件名保存，最终效果如图 5-17 所示。

图 5-17　标题幻灯片最终效果图

【方法与步骤】

幻灯片可以用文字格式、段落格式、对象格式进行设置，使其更加美观。使用母版和模板可以在短时间内制作出风格统一的幻灯片。

1．制作标题幻灯片

（1）启动 PowerPoint 2010，新建一张幻灯片。

（2）在"设计"功能区的"主题"功能组中选择"波形"主题；在"开始"功能区的"幻灯片"功能组中单击"版式"按钮，在下拉列表中选择"标题和内容"版式，如图 5-18 所示。

（3）在幻灯片的"单击此处添加标题"框中输入标题文字"房屋销售统计报告"，在"单击此处添加文本"框中输入文字"某房地产实业有限公司"。

（4）在"内容"占位符单击"剪贴画"按钮，弹出"剪贴画"任务窗格，选择"着火的房子"图片，如图 5-19 所示，单击"确定"按钮。

（5）调整文本、图片的位置和大小，最终效果如图 5-17 所示。

（6）将幻灯片以文件名 w5-3.pptx 保存。

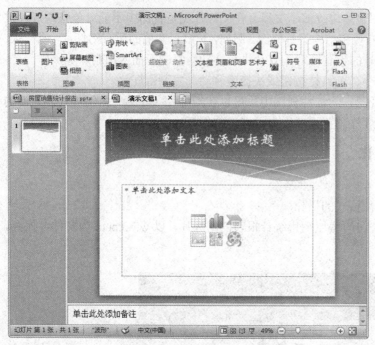

图 5-18　幻灯片版式应用　　　　　　　　　图 5-19　"剪贴画"任务窗格

【相关知识与技能】

（1）幻灯片可以用文字格式、段落格式以及对象格式进行设置，使其更加美观。

①"开始"功能区的"字体"功能组中的选项可以对文字的字号、加粗、倾斜、下划线和字体颜色等进行设置。

②"开始"功能区的"段落"功能组中的选项可以对演示文稿中输入的文字段落进行设置。

③插入的对象也可以进行填充颜色、边框、阴影等格式化，不同的对象需要使用同样格式时，可以用"格式刷"复制格式，不需要重复以前的操作。

（2）为了使演示文稿具有一致的外观，可以用母版、配色方案和应用设计模板 3 种方法设置外观。

①母版。母版用于预设每张幻灯片的格式，包括标题、正文的位置、大小、项目符号、背景图案等。PowerPoint 的母版有标题母版、幻灯片母版、讲义母版和备注母版 4 种。

在"视图"功能区的"母版视图"功能组中单击"幻灯片母版"按钮，显示"幻灯片母版"视图，如图 5-20 所示。同时，打开"幻灯片母版"功能区。

在母版中将光标指向对应位置（如标题），可以设置其样式或格式，修改该标题的设置即修改所有幻灯片对应的格式。例如，修改标题母版的日期和时间、幻灯片数字编号和页脚内容。

在母版中插入一个对象，表示在使用该母版的幻灯片中插入该对象。

在"幻灯片母版"功能区的"母版版式"功能组中选中"标题"复选框，可以切换到"标题母版"视图，如图 5-21 所示。标题母版一般是幻灯片的封面，需要单独设计。

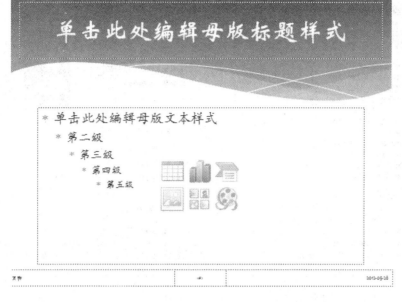

图 5-20　幻灯片母版

图 5-21　标题母版

②幻灯片配色方案。在"幻灯片母版"功能区的"编辑主题"功能组中单击"颜色"按钮，在下拉列表中选择合适的颜色，如图 5-22 所示。可以对幻灯片的文本、背景等进行重新配色。

如果需要自定义颜色方案，可在"编辑主题"功能组中"颜色"按钮的下拉列表中选择"新建主题颜色"，可根据喜好定义各个细节。单击"确定"按钮，对包括标题幻灯片在内的所有幻灯片应用相同的配色方案，如图 5-23 所示。

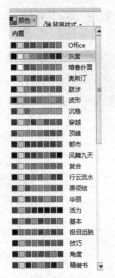 

图 5-22 "应用配色方案"任务窗格   图 5-23 "新建主题颜色"对话框

5.2 幻灯片的综合设置

任务 5 设置幻灯片的放映效果

【任务描述】

本任务通过案例学习幻灯片切换的效果配置，进而掌握演示文稿的放映与打印。

【案例】 为任务 2 案例制作的"会议简报"幻灯片设置放映效果。

【方法与步骤】

PowerPoint 提供了多种放映功能，以便在放映时运用各种功能加强放映效果。幻灯片放映分为自动放映和手动放映两种。本案例采用手动放映。

（1）打开任务 2 案例中建立的"会议简报"幻灯片。

（2）在"切换"功能区的"切换到此幻灯片"功能组中单击"百叶窗"按钮。

（3）在"计时"功能组中单击"全部应用"按钮。

（4）在"幻灯片放映"功能区的"开始放映幻灯片"功能组中单击"从头开始"按钮，放映幻灯片。第一张幻灯片放映完时，单击幻灯片的任意位置切换到下一张幻灯片，最后再单击，完成放映并退出。

提示：放映幻灯片的其他两种方法是单击屏幕左下角的"幻灯片放映"按钮和按 F5 键。

（5）将幻灯片另存为 w5-2-2.pptx。

【相关知识与技能】

所谓幻灯片放映切换，是添加在幻灯片之间的特殊效果。在幻灯片放映的过程中，由一张幻灯片切换到另一张幻灯片时，可以用多种技巧将下一张幻灯片显示到屏幕上。

幻灯片动画效果可以使幻灯片的播放更生动。幻灯片的动画效果有两种：一种是幻灯片内的动画效果，可以用不同动态效果出现幻灯片中的文字、图片、表格和图表等，控制幻灯片内各对象出现的顺序，突出重点和增加演示的趣味性；另一种是各种幻灯片间切换的动画效果。

【知识拓展】

1. 幻灯片内的动画设计

幻灯片内的动画效果表现为对不同层次逐步演示幻灯片的内容，如先演示一级标题，然后逐级演示下一次标题，显示的方式可有飞入法、打字机法、空投法等。

对插入的图片、表格、艺术字等对象，可以在"动画"功能区的"高级动画"功能组中单击"添加动画"按钮，打开动画种类窗格，可以在其中设置幻灯片中各对象；当一张幻灯片有多个动画时，可以在动画窗格中设置幻灯片内各种对象显示的顺序。

2. 幻灯片的切换效果

选定需要设置切换效果的幻灯片，若有多张幻灯片采用相同的切换效果，则按 Shift 键同时单击所需要的幻灯片。在"切换"功能区的"切换到此幻灯片"功能组中单击需要的幻灯片切换效果，即设定各张幻灯片之间的切换方式。

（1）手动控制放映：用鼠标单击的方式切换幻灯片。可以在放映过程中临时改变放映的次序，跳跃式地放映幻灯片。

（2）演讲者控制。

①用 PageUp、PageDown、Space、Enter 键和 4 个方向键切换幻灯片。

②在幻灯片的任意位置右击，在快捷菜单中选择"上一张"、"下一张"以及定位切换，如图 5-24 所示。

③在幻灯片播放时，通过幻灯片左下角的控制按钮控制幻灯片的播放。

3. 演示文稿的放映

演示文稿的放映可以有多种方式，用户可以在放映前设置播放方式。

（1）设置放映方式。在"幻灯片放映"功能区的"设置"功能组中单击"设置幻灯片放映"按钮，弹出"设置放映方式"对话框，如图 5-25 所示。

图 5-24 切换幻灯片的右键快捷菜单

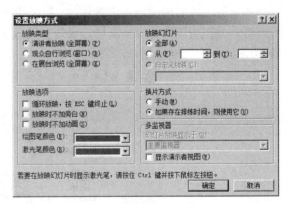

图 5-25 "设置放映方式"对话框

"放映类型"区域中有 3 个单选按钮：

①"演讲者放映（全屏幕）"：可以完整地控制放映过程，采用自动或人工方式放映。

②"观众自行浏览（窗口）"：可以利用滚动条或"浏览"菜单显示所需的幻灯片，这种方式很容易对当前放映的幻灯片进行复制、打印等操作。

③"在展台浏览（全屏幕）"：用于无人管理时放映幻灯片，放映过程不能控制。

在"放映幻灯片"区域中可以选择放映全部还是部分幻灯片。

（2）放映幻灯片。在"幻灯片放映"功能区的"开始放映幻灯片"功能组中单击"自定义幻灯片放映"按钮，在列表框中选择"自定义幻灯片放映"，弹出"自定义放映"对话框；单击"新建"按钮，弹出"定义自定义放映"对话框；在"幻灯片放映名称"文本框输入幻灯片名，"在演示文稿中的幻灯片"列表框中选择需要播放的幻灯片；单击"添加"按钮。

4．演示文稿的打印

PowerPoint 以演示为主，主要通过计算机、投影仪或网络进行切换，因而对打印和页面设置的要求不高。

PowerPoint 的默认幻灯片长 24cm，宽 18cm，可以根据需要设置页面。方法：在"设计"功能区的"页面设置"功能组中单击"页面设置"按钮，在弹出的对话框中进行设置。

打印演示文稿前可以打印预览，以便进行适当的调整；然后在"文件"功能区选择"打印"选项，打印演示文稿。

【思考与练习】

1．将第 2 张幻灯片的切换效果设置为"向下擦出"、"中速"。

2．如何将幻灯片切换到"黑屏"或"白屏"暂停其演示？播放幻灯片时如何隐藏鼠标？

3．如何将演示文稿保存为只需播放而无需编辑的幻灯片形式？

4．如何将本案例的幻灯片设置为循环播放？

任务 6　制作销售统计报表

【任务描述】

本任务通过案例学习如何为幻灯片添加动画效果，掌握在幻灯片中插入图表、修改图表的数据项目、设置图表的显示属性。

【案例】　在任务 4 的案例基础上，制作某房地产公司的房屋销售统计报告，包括 2011 广州和东莞地区的房屋销售额统计、广州市经济适用房的销售情况、广州商品房销售面积分布等内容，分布用图表和表格实现，最终实现效果如图 5-26 所示。

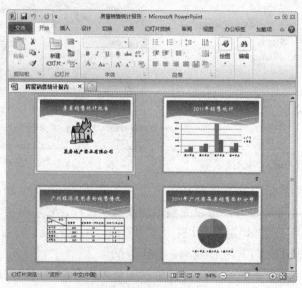

图 5-26　案例的效果图

【方法与步骤】

所谓动画效果，是当打开幻灯片时幻灯片中的各个主要对象不是一次全部显示，而是按照某种规律以动态的效果逐个显示出来。在幻灯片中使用动画效果，将使显示文稿看起来更生动。

制作图表时，PowerPoint 自动切换到"图表编辑环境"，Microsoft Graph 的功能区取代PowerPoint 的功能区，只有标题栏没有变。因此，需要熟悉"图表编辑环境"的界面。

（1）打开已制作好的标题幻灯片 w5-3.pptx。

（2）为标题栏添加动画效果。

①选择标题幻灯片，在"动画"功能区的"高级动画"功能组中单击"动画窗格"按钮，打开"动画窗格"任务窗格。

②选中标题文字，在"动画"功能组中选择动画效果"进入"→"飞入"，如图 5-27 所示。

图 5-27　添加"进入"效果

③在"动画窗格"中单击"标题 1：房屋……"右边的向下的三角形（见图 5-28），在下拉列表中选择"效果选项"选项。出现如图 5-29 所示的"飞入"对话框，在"效果"选项卡的"设置"组"方向"下拉列表框中选择"自左上部"选项，在"增强"组"动画文本"下拉列表框中选择"按字母"；在"计时"选项卡的"期间"列表框中选择"快速（1 秒）"，单击"确定"按钮，完成标题的自定义动画设置。

图 5-28　设置"飞入"动画效果

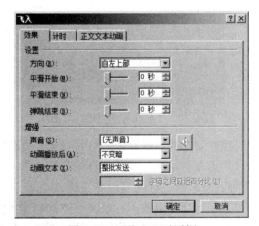

图 5-29　"飞入"对话框

④在幻灯片选中图片，在"动画"功能区的"动画"功能组中选择"擦除"按钮；在"动画窗格"中单击"Picture2"右边向下箭头，选择"从上一项之后开始"，选择"效果选项"选项，在"擦除"对话框"设置"中的"方向"列表框选择"自底部"，在"计时"选项卡的"期

间"列表框中选择"中速 2 秒"。

⑤在幻灯片中选中文本"某房地产实业有限公司"，在"动画"功能区的"高级动画"功能组单击"添加动画"向下箭头，选择"更多进入效果"选项，弹出"更改进入效果"对话框，在"细微型"选项区域中选择"旋转"，如图 5-30 所示。

⑥在"动画窗格"中单击"TextBox6"右边向下箭头，选择"从上一项之后开始"，选择"效果选项"选项，在"擦除"对话框"设置"中的"方向"列表框选择"自底部"，在"计时"选项卡的"期间"列表框中选择"中速 2 秒"；选择"效果"选项卡，在"增强"选项区的"动画文本"下拉列表框中选择"按字母"，单击"确定"按钮，完成标题的自定义动画设置。

设置完成后，可以按 F5 键放映幻灯片，观察动态效果。

（3）设置标题幻灯片的切换效果。选择标题幻灯片，在"切换"选项卡的"切换到此幻灯片"功能组中单击"闪耀"按钮。单击"切换到此幻灯片"功能组右侧的"效果选项"，在下拉列表中选择"从上方闪耀的六边形"，如图 5-31 所示。

图 5-30　"更改进入效果"对话框

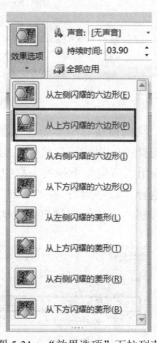

图 5-31　"效果选项"下拉列表

（4）制作柱形统计图幻灯片（第 2 张幻灯片）。

1）插入新幻灯片：在"开始"选项卡"幻灯片"功能组中单击"新建幻灯片"按钮，在下拉列表中选择"标题与内容"版式。

2）在幻灯片中输入标题文字"2011 年销售统计"。

3）单击"内容"占位符中的"图表"按钮，在窗口出现样本数据和样本图表，如图 5-32 所示。

4）删除数据中的 D 列内容，更改数据表中的数据，如图 5-33 所示。

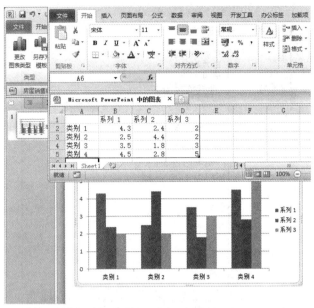

图 5-32　图表编辑状态

Microsoft PowerPoint 中的图表

	A	B	C	D
1		广州	东莞	
2	第一季度	100	180	
3	第二季度	200	290	
4	第三季度	1000	420	
5	第四季度	190	320	

图 5-33　更改后的数据表

5）单击图表区域，在“图表工具 布局”选项卡的“当前所选内容”功能组中单击“图表区”的向下箭头，选择系列“广州”，如图 5-34 所示。在“图表工具 布局”选项卡的“标签”功能组单击“数据标签”按钮，在下拉列表中选择“其他数据标签选项”选项，弹出“设置数据标签格式”对话框，设置需要的格式，如图 5-35 所示。

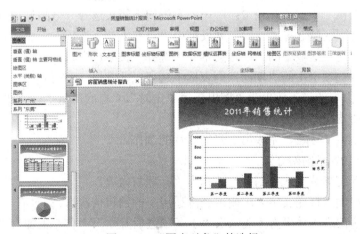

图 5-34　“图表对象”的选择

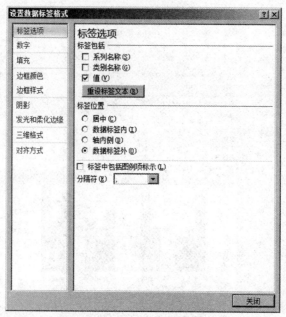

图 5-35 "设置数据标签格式"对话框

6）单击图表区域，在"图表工具 布局"选项卡"当前所选内容"功能组中单击"图表区"向下箭头，选择系列"东莞"。在"图表工具 布局"选项卡的"标签"功能组单击"数据标签"按钮，在下拉列表中选择"其他数据标签选项"选项，弹出"设置数据标签格式"对话框，设置需要的格式。

7）设置第 2 张幻灯片的切换效果为"揭开"。

思考：如何设置幻灯片的切换效果为"揭开"。

8）设置标题文字的动画效果。

①选中标题文字。

②在"动画"选项卡"动画"功能组中单击右边的向下箭头，在列表中选择"进入"→"飞入"按钮。

③在"动画窗格"中的"标题 2：广…"右侧向下箭头选择"从上一项之后开始"。

④在"动画窗格"中的"标题 2：广…"右侧向下箭头选择"效果选项"，在"飞入"对话框的"设置"选项区域选择"方向"列表框中"自右上部"选项。

⑤在"增强"选项区域中的"动画文本"中选择"按字母"选项。

⑥在"计时"选项卡中的"期间"列表框中选择"非常快（0.5 秒）"。

9）设置柱形图表的进入效果为"擦出"、"单击时"、"自底部"、"非常快"。

注意：首先要选择柱形图。

10）单击"确定"按钮，完成第 2 张幻灯片的制作。

（5）制作包含表格的幻灯片。

①插入一张新幻灯片，选择幻灯片版式为"标题与内容"。

②在幻灯片中输入标题文字"广州市经济适用房的销售情况"，参照前一张幻灯片的设置方法设置标题文字的进入效果为"飞入"、"上一项之后开始"、"自左上部"、"非常快"，设置动画文本"按字母"。

③在"内容"占位符中单击"表格"按钮，弹出"插入表格"对话框，设置"列数"为4，"行数"为5，单击"确定"按钮。

④输入表格内容，如图5-36所示。

广州市经济适用房的销售情况

情况 分布	销售量	销售面积（万平方米）	平均元/平方米
白元区	800	16	2
天河区	500	8	2.5
黄浦区	1103	19	1.5
花都区	300	25	1.8

图5-36 内容输入完成后的表格

⑤在"设计"选项卡的"绘图边框"功能组单击"绘制表格"按钮（见图5-37）。在表格的第一个单元格上画一条斜线。

⑥设置幻灯片的切换方式为"向右上插入"，设置表格的进入效果为"翻转式由远及近"、"从上一项之后开始"、"非常快（0.5秒）"。

注意： 操作前要先选中这个表格。

（6）制作饼形统计图幻灯片（第4张幻灯片）。

①插入新幻灯片，选择"标题和内容"幻灯片版式。

②在幻灯片中输入标题文字"2011年广州市商品房销售面积分布"。

③插入图表，选择"内容"占位符中的"图表"按钮，选择"图表类型"为"饼图"，"子图表类型"为"三维饼图"，如图5-38所示。单击"确定"按钮，图表效果如图5-39所示。

图5-37 "表格和边框"功能区

图5-38 "图表类型"对话框

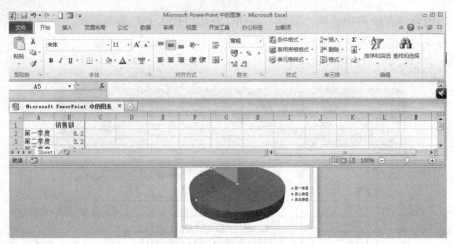

图 5-39 “饼图”的效果

④将系统默认的数据表更改为如图 5-40 所示的内容。

Microsoft PowerPoint 中的图表

	A	B	C	D
1		销售额		
2	白元区	2.5		
3	花都区	5		
4	黄浦区	2.5		
5	天河区	1.5		

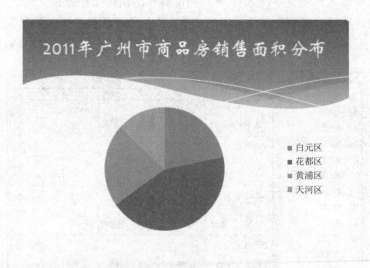

图 5-40 更好的数据表

⑤单击“数据表”窗口右上角的“关闭”按钮，关闭数据表的显示。更改数据表内容后的图表如图 5-41 所示。

图 5-41 更改数据后的图表样式

提示：如果希望再次在屏幕上显示数据表，可以在图表区域右击，在弹出的快捷菜单中选择“编辑数据”命名。

⑥在图表编辑区中选择图表，在"图表工具 布局"选项卡的"当前所选内容"功能组中单击"设置所选内容格式"按钮，弹出"设置图例格式"对话框；在"图例位置"选项区域中选择"底部"单选按钮，如图 5-42 所示。

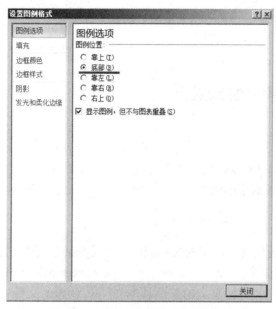

图 5-42　"设置图例格式"对话框

⑦图表编辑完成后，单击图表以外任意位置，退出图表编辑状态。第 4 张幻灯片的效果如图 5-43 所示。

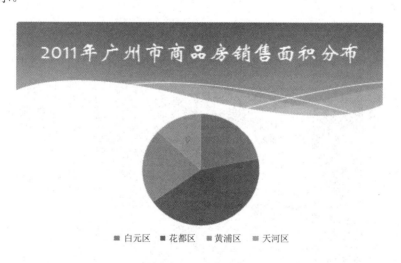

图 5-43　最终效果

⑧设置幻灯片的切换方法为"溶解"，标题文字的进入效果为"飞入"，"上一项之后开始"、"自右上部"、"非常快（0.5 秒）"，设置动画文本"按字母"。

⑨设置饼图的进入效果为"擦出"、"自左侧"，"中速（2 秒）"，在"飞入"对话框中"图表动画"选项卡的"组合类别"列表框中选择"按分类"。

（7）制作完成后，以文件名为 w5-5.pptx 保存。

【思考与练习】

1. 将第 1 张幻灯片的标题的动画设置为"溶解"，将第 2 张幻灯片的切换方式设置为"垂直百叶窗"、"中速"。

2. 如何将 Excel 数据复制到演示文稿中？例如，在演示文稿最后插入一张幻灯片，该幻灯片的内容来自 Excel 中的某班成绩表。

3. 如何在幻灯片中插入 MP3?

任务 7　演示文稿中的超链接

【任务描述】

本任务通过案例学习在演示文稿中建立超链接的操作方法。

【案例】 打开 w5-2-1.pptx，在第 2 张幻灯片中插入文本框，文本框内容为"协会宗旨"，放映时单击该文字可切换到第四张幻灯片，在第 4 张幻灯片中插入动作按钮◁，单击该按钮可以返回第 2 张幻灯片。

【方法与步骤】

幻灯片放映时，单击建立超链接的文本或图形可转到某个文件、文件的某个位置、Internet 或 Intranet 上的网页。超链接可以转到新闻组、Gopher、Telnet 和 FTP 站点。用户可以创建指向新文件、现有文件和网页、网页上的某个具体位置和 Office 文件中的某个具体位置的超链接，也可以创建指向电子邮件地址的超链接，还可以指定在将鼠标指针停放在超链接上时显示的提示。

（1）打开文件 w5-2-1.pptx，在第 2 张幻灯片的左下角插入文本框，输入文字"协会宗旨"，如图 5-44 所示。

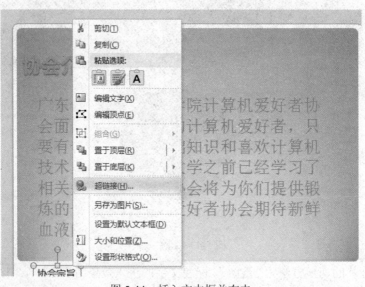

图 5-44　插入文本框并右击

（2）选择该文本框并右击，在快捷菜单中选择"超链接"选项，弹出"插入超链接"对话框，如图 5-45 所示。

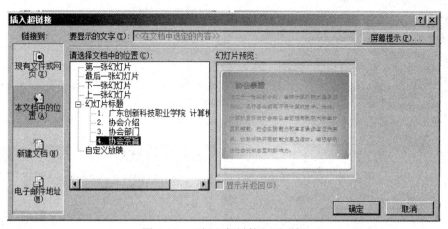

图 5-45　"插入超链接"对话框

（3）在"链接到："区域选择"本文档中的位置"，在"请选择文档中的位置"列表框中单击"协会宗旨"，再单击"确定"按钮。

（4）单击最后一张幻灯片，在"插入"选项卡"插图"功能组中单击"形状"按钮，在下拉列表的"动作"选项中选择动作按钮，如图 5-46 所示，弹出"动作设置"对话框；选择"单击鼠标"选项卡，选中"超链接到"单选按钮，对幻灯片命名；在"超链接到幻灯片"对话框的"幻灯片标题"框选择"2. 协会介绍"，如图 5-47 所示；单击"确定"按钮。

图 5-46　"动作按钮"选择

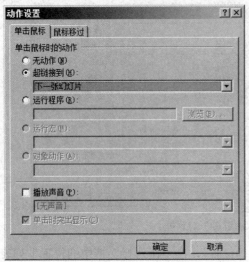
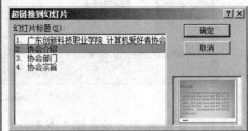

图 5-47 "动作设置"对话框及"超链接到幻灯片"对话框

【相关知识与技能】

1. 用"超链接"命令创建超链接

先在幻灯片中选中文字，然后在"插入"选项卡"链接"功能组中单击"超链接"按钮，弹出"插入超链接"对话框，如图 5-45 所示。在"链接到"区域中选择"现有文件或网页"、"本文档中的位置"、"新建文档"、"电子邮件地址"，在"请选择文档中的位置"列表框中选择指定的幻灯片位置，单击"确定"按钮。

2. 用动作按钮创建超链接

在"插入"选项卡"插图"功能组中单击"形状"按钮，选择动作按钮并在幻灯片中画出动作按钮，弹出"动作设置"对话框，如图 5-47 所示；在"单击鼠标"选项卡中选择"超链接到"单选按钮，在列表中选择超链接跳转的对象，再单击，即可激活链接对象。同样，"鼠标移过"选项卡可以设定链接对象，使鼠标移过时跳转到链接对象。

3. 编辑和删除超链接

编辑或删除超链接时，先选定已有链接对象并右击，在快捷菜单中选择"编辑超链接"选项，弹出相应的对话框，可以修改现有的链接；选择"取消链接"或"无动作"选项，可删除超链接。

任务 8 制作校园景点介绍

【任务描述】

本任务通过案例学习用 PowerPoint 2010 制作校园景点介绍。

【案例】 制作校园景点简介演示文稿，如图 5-48 所示。

【方法与步骤】

本案例主要学习内容：

- 图片、文本框的插入；
- 幻灯片启动切换效果以及幻灯片中对象的动画效果的设置；
- 幻灯片超链接的制作。

图 5-48　校园景点效果图

网页可以让 Internet 上的所有人随时观看，与标准的演示文稿不同。本案例利用 PowerPoint 提供的保存放映功能，创建直接播放的 PPSX 演示文稿。

为了实现各种幻灯片之间的跳转，使用 PowerPoint 的超链接功能；为了修饰页面，使主页有一些动感，在页面中插入一些 GIF 动画。另外，本案例还涉及 PowerPoint 制作的功能。

（1）打开 PowerPoint 2010，选中第 1 张幻灯片的标题占位符并删除，如图 5-49 所示。

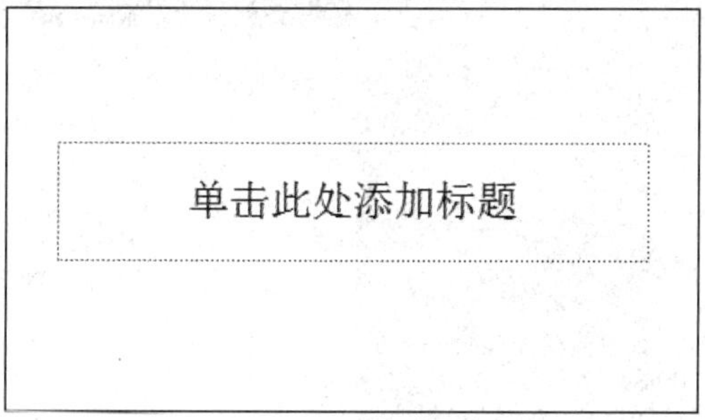

单击此处添加标题

图 5-49　删除占位符

（2）在标题文本框中输入"美丽的校园"，并对文本进行编辑、设置，效果如图 5-50 所示。

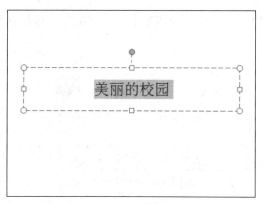

图 5-50　调整后的占位符

（3）在"设计"选项卡"主题"功能组中，单击"所有主题"列表并选择"奥斯汀"主题，如图 5-51 所示。

图 5-51 选择"奥斯汀"主题

（4）设置主题后的幻灯片效果如图 5-52 所示。

图 5-52 设置主题后的幻灯片

（5）在"插入"选项卡"图像"功能组中单击"图片"按钮（见图 5-53），弹出"插入图片"对话框。

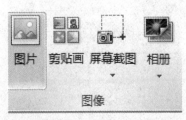

图 5-53 "图片"按钮

（6）在"查找范围"中查找图片所在位置，单击要插入的图片，如图 5-54 所示。

图 5-54 插入图片

（7）在"插入"选项卡"文本"功能组中单击"文本框"下拉按钮，如图 5-55 所示。

（8）在下拉列表中选择"垂直文本框"选项，如图 5-56 所示。

图 5-55 "文本框"下拉按钮　　　　　　　　　　　　图 5-56 选择"垂直文本框"选项

（9）在图片上绘制文本框，并输入内容"校园风光"，如图 5-57 所示。

图 5-57 插入垂直文本框并输入文字

（10）在"开始"选项卡的"字体"功能组对文本进行格式设置，如图 5-58 所示。

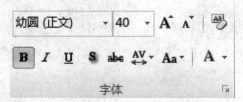

图 5-58　"字体"功能组

（11）再绘制一个文本框，输入内容，并设置字体格式，如图 5-59 所示。

图 5-59　绘制横排文本框并输入内容

（12）选中幻灯片，在"切换"选项卡"切换到此幻灯片"功能组中选择"时钟"效果并单击"效果选项"按钮，在下拉列表中选择"楔入"效果，如图 5-60 所示。

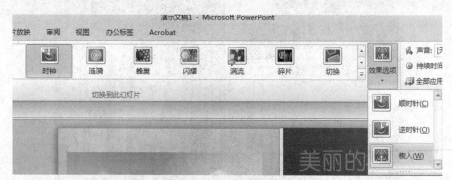

图 5-60　选择"始终"切换并选择"楔入"效果

（13）在切换方式中，如果要单击时才换页，则选中"单击鼠标时"复选框，如图 5-61 所示。

（14）单击幻灯片第 1 张图片，在"动画"选项卡的"动画"功能组中单击"浮入"按钮，如图 5-62 所示。

图 5-61　选择"单击鼠标时"复选框　　　　图 5-62　选择"浮入"动画

（15）单击幻灯片第一张图片，在"动画"选项卡的"动画"功能组中单击右侧的下拉列表，在"退出"选项区域单击"消失"动画按钮，如图 5-63 所示。

图 5-63　选择"消失"动画

（16）用同样的方法将幻灯片另外的图片和文本框设置需要的效果。

（17）单击第 1 张幻灯片，用"自定义形状"工具中的"按钮"形状，画出"下一页▷"及"最后一页▷▏"两个按钮。

（18）在第 2 张到倒数第 2 张幻灯片中均插入"◁ ▏◁ ▷ ▷▏ ▏◁"五个按钮。

注意：为了保证所有按钮的位置一致，可用复制和粘贴的方式得到。

（19）最后一张幻灯片插入"上一页◁"及"第一页▏◁"两个按钮。

（20）改变超链接的文字颜色：

选中已做了超链接的文本，打开"设计"选项卡，在"主题"功能组单击"颜色"下拉按钮，选择"新建主题颜色"，在主题颜色中修改超链接的文字颜色。

（21）将演示文稿转换为 PPSX 文件。

在演示文稿自动播放前，必须先把 PowerPoint 的演示文稿文件转换为 PPSX 文件，转换后可以用于直接播放，不需要安装 PowerPoint 2010。

在"文件"选项卡选择"另存为"选项，弹出"另存为"对话框。在"保存类型"下拉列表框中选择"PowerPoint 放映（*.ppsx）"，单击"保存"按钮。

【思考与练习】

1. 添加 4 张幻灯片，把第 1、2 张幻灯片的切换方式分别设置为"向下插入"和"向左下插入"，均为中速、单击鼠标换页、无声音；把第 3、4 张幻灯片中的文本动画效果设置为溶解，并伴有风铃声。

2．如何使设置了超链接的文字不带有下划线？

3．如何使鼠标停留的超链接图片上显示提示性文字？试试看。

4．如何快速复制其他演示文稿中的幻灯片？

习　　题

一、简答题

1．演示文稿和幻灯片是怎样的关系？

2．创建演示文稿的方法有几种？选择其中一种叙述。

3．新幻灯片的版式有多少种？分哪几类？

4．如何向幻灯片中添加文本和图形？

5．如何向幻灯片中添加声音？

6．怎样更改幻灯片的背景？

7．怎样对幻灯片演示文稿进行动画设置？

8．叙述在演讲文稿内创建超链接的方法。

9．某企业派一人参加展销会，在展销会上要放映该企业新产品的演示文稿，应该选择哪种放映类型？

二、上机操作题

1．运用"内容提示向导"的"市场计划"建立一个演示文稿，至少由 5 张幻灯片组成，设计每张幻灯片中的动画效果和换页的动画，若每张幻灯片的放映时间为两秒，以展台放映方式循环放映。

2．制作环江汽车技术开发公司简介演示文稿，包括首页、公司简介、组织结构、系列产品、经营理念 5 张幻灯片。

具体要求：

（1）5 张幻灯片标题文字的进入效果都为"霹雳"、"之前"、"上下向中央收缩"、"非常快"，并设置其动画文本为"按字母"。

（2）设置每张幻灯片标题下方内容的进入效果为"飞入"、"开始"为"之后"、"方向"为"自左侧"、"速度"为"非常快"，动画文本为"按字母"。

（3）第 3、4 张幻灯片用绘图工具制作（类似于 Word 的绘图工具），画矩形或椭圆形，然后在里面写文字、画箭头和直线，再利用阴影、三维效果等来完成。

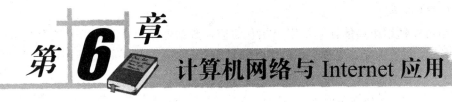

第6章 计算机网络与Internet应用

本章导读

计算机网络解决了不同计算机上的用户之间进行数据传输和资源共享的问题。进入21世纪，计算机网络尤其是Internet技术的发展，已成为推动社会发展的重要因素，计算机网络日益成为人们的日常生活的重要组成部分。Internet是一个把全球范围内的各种不同局域网连接起来的网络。Internet提供的服务既有传统的E-mail、FTP、WWW浏览，也有比较新兴的网上购物和视频点播等。计算机网络和Internet已成为一个巨大的信息库，它带来的深远影响必将远远超出人们所能预见的范围。

本章主要内容包括计算机网络基础知识、Internet的基本知识、Internet的基本操作等。

6.1 网络与Internet基础知识

任务1 初步认识计算机网络

【任务描述】

生活在信息时代的人们已经离不开计算机了，并且总是把多台计算机连接起来，形成网络，实现资源共享和相互通信。人们在家庭使用家庭网络，在办公室使用办公网络，在图书馆、机场、餐厅等公共场所使用无线网络等。人们通过网络可以进行文字、语音或视频聊天，可以查看新闻、在线看电影、在线玩游戏，也可以查询资料、在线学习等，企业可以通过计算机网络宣传产品、进行网上交易等。计算机网络不但给人们提供了新的生活方式，还为人们提供了资源共享和数据传输的平台。本任务了解计算机网络的定义，理解计算机网络的功能。

【案例】 通过参观，认识计算机网络的功能，了解计算机网络的组成，增强对网络的感性认识。

【方法与步骤】

（1）参观学校网络中心和网络实验室，了解校园网的总体布局；

（2）观察网络中心机房的主要设备；

（3）了解校园网的主要功能、可以提供的服务、各种网络设备的用途及网络连接方式。

【相关知识与技能】

计算机网络是20世纪60年代末期提出的一种新技术，是计算机技术和通信技术紧密结合的产物。计算机网络是将分散在不同地理位置上的，具有独立功能的多台计算机系统、各种终端设备、外部设备及其他附属设备，通过通信设备和通信线路连接起来，在网络协议和网络操作系统的管理和控制下，实现数据通信、资源共享和分布处理的系统。

1. 计算机网络的功能

计算机网络可以使远距离的计算机用户相互通信、数据处理和资源共享，从而能实现远程通信、远程医疗、远程教学、电视会议、综合信息服务等功能。概括起来，计算机网络的功能可归纳为以下几个方面：

（1）资源共享。资源共享包括硬件资源、软件资源和数据资源的共享，网络中的用户能在各自的位置上部分或全部地共享网络中的硬件、软件和数据，如绘图仪、激光打印机、大容量的外部存储器等，从而提高了网络的经济性。软件或数据的共享避免了软件建设上的重复劳动和重复投资，以及数据的重复存储，也便于集中管理。通过 Internet 可以检索许多联机数据库，查看到世界上许多著名图书馆的馆藏书目等，就是数据资源共享的一个例子。

（2）信息传输。信息传输是计算机网络的基本功能之一。在网络中，通过通信线路可实现主机与主机、主机与终端之间各种信息的快速传输和交换，使分布在各地的用户信息得到统一、集中的控制和管理。例如，用电子邮件快速传递票据、账单、信函、公文、语音和图像等多媒体信息，为用户提供"远程会议"、"远程教学"、"远程医疗"等服务。

（3）分布式处理。分布式处理可把复杂的任务划分成若干部分，由网络上各计算机分别承担其中一部分任务，同时运行，共同完成，大大加强了整个系统的效能。

2. 网络的硬件组成

计算机网络的硬件包括计算机设备和网络连接设备。计算机设备包括服务器、工作站、共享设备等。网络连接设备包括用于网内连接的网络适配器（网卡）、中继器、集线器，用于连接网络设备的传输介质，用于网间连接的网桥、路由器、网关等。

（1）传输介质。数据传输系统中发送装置和接收装置的物理媒体。常用的传输介质类型有同轴电缆、双绞线、光纤电缆、微波和无线传送（如卫星通信、红外线、激光、微波等）。

（2）网络中的计算机设备。

①网络服务器：运行网络操作系统，为网上用户提供通信控制、管理和共享资源，是一台专用或多用途的计算机。网络服务器可以连接多种设备，如硬盘、打印机、调制解调器等，供各工作站上的用户使用，实现设备、资源共享。网络软件、公共数据库等一般也是安装在网络服务器上。

②工作站：连入网络，具有独立运行功能并且接受网络服务器控制和管理，共享网络资源的计算机。工作站通过网卡和通信电缆连接到网络服务器上，每台工作站保持微型计算机的原有功能。工作站通过网络对网络服务器进行访问，从网络服务器中取得程序和数据后，在工作站上执行；对数据进行加工处理后，又将处理结果存回到网络服务器中。网络上的所有工作站都能共享网络服务器上的程序和数据信息。

③共享设备：供网络用户共享使用的打印机、磁盘和光盘等公用设备。

（3）网络连接设备。

①网络适配器（网卡）：又称网络接口卡（NIC），简称网卡，是计算机之间直接或间接通过传输介质进行通信的接口，负责将各个节点上的设备连接到网络上。网卡负责执行网络协议、实现物理层信号的转换等功能，是网络系统中的通信控制器。网络服务器和每个工作站上都至少安装有一块网络适配卡，通过网卡与公共的通信电缆相连接。

②集线器（Hub）：连接网上的各个节点。集线器分普通型（共享）和交换型，其中，交

换型的传输效率比较高。

③中继器（Repeater）：又称转发器，负责把网络段上衰减的信号加以放大和整形，使之成为标准信号传送到另一个网络段上，并将两个网络段连接成一个网络。

④网桥（Bridge）：用于两个同类型的局域网之间的连接，分为内桥、外桥和远程桥三种类型。内桥是服务器的一部分，通过服务器中不同网卡将局域网连接起来。外桥安装在某个工作站上，实现两个相似的或不同的独立网络之间的连接。外桥可以是专用的，也可以是非专用的。两个或两个以上远距离网络可以通过远程桥互连成为广域网，这种互连通常用调制解调器和电话线实现。

提示：同类网络即网络操作系统相同的网络。两个网络的网卡、传输介质和拓扑结构可以不同，只要操作系统相同，就可以通过网桥连接起来。

⑤路由器（Router）：用于两个以上同类型网络之间的连接。除具有网桥的功能之外，还增加了路径选择（选址）功能，可根据网络上信息拥挤的程度，自动地选择适当的线路传输信息。

⑥网关（Gateway）：用于不同网络操作系统的局域网之间的互连。网关提供一个协议到另一个协议之间的转换功能，使得互连着的网络可以方便地进行通信。网关的结构和技术都比路由器更复杂。通常采用一台微机作为网关使用。

⑦调制解调器（Modem）：用于远程网的互连，其作用是进行传输信号的转换，弥补通信线路质量的不足，如消除通信线路损耗失真和时延失真对数据传输的影响等。

【知识拓展】

1．计算机网络的分类

（1）计算机网络的分类方法有多种，常见的根据计算机网络覆盖的地理范围和传输距离，可以将计算机网络划分为广域网（Wide Area Network，即 WAN）、城域网（Metropolitan Area Network，即 MAN）和局域网（Local Area Network，即 LAN）。

①广域网（WAN）又称远程网，是由各种网络连接而成、地理覆盖范围从几十公里到几千公里的跨区域通信网络，能够实现一个区域、一个国家或更大范围内的信息交换及资源共享。例如国际性的 Internet 网络，广域网的通信设备通常使用公共网络的通信设备、地面无线电通信和卫星通信等设施。

②局域网（LAN），组成网络的各计算机地理分布范围较窄，一般用微型计算机通过高速通信线路相连。局域网简单、灵活、组建方便，其作用范围通常在有限的地理范围内，如在一座办公大楼内、大学校园内、几栋大楼之间或工厂的厂区内等，联网计算机之间的距离一般在几米至几公里范围内。通信线路一般为电话线、同轴电缆、双绞线和光纤电缆等。

③城域网（MAN）又称都市网，作用范围介于广域网和局域网之间，其地理范围可从几十公里到上百公里，通常覆盖一个城市或地区。

（2）按网络的使用范围来划分，可将计算机网络分为公用网和专用网。公用网是由国家电信部门组建、控制和管理，为全社会提供服务的公共数据网络，凡愿意按规定交纳费用的都可以使用。专用网则是由某部门或公司组建、控制和管理，为特殊业务需要而组建的网络，不允许其他部门或单位使用。

2．计算机网络的物理构成

计算机网络是由计算机通过通信线路互连而成的网络系统，用户通过终端访问网络。一个计算机网络是由通信子网和资源子网构成。通信子网由传输介质和通信设备组成，主要功能是进行数据传输、数据交换和通信控制。资源子网由多台地理位置不同的计算机系统及终端设备组成，有些网络还有大容量的硬盘、高速打印机和绘图仪等供网络用户共享的外部设备，这些设备统称为网络的结点，主要功能是提供网中共享硬件、软件和数据库等资源，并进行数据处理。通信子网把资源子网中的各种资源连接起来，以实现资源子网中各种资源之间的信息交流和资源共享。

3. 网络的拓扑结构

计算机网络是由一组节点（Node）和连接节点的链路组成。连接到网络上的计算机、大容量的磁盘、高速打印机等部件都可以看作是网络上的一个节点，又称为工作站。网络的拓扑结构是指各节点在网络上的连接形式。

局域网的拓扑结构是网络节点的位置和互连的几何布局，即连接到网络上的工作站（又称节点）互连的几何构形。局域网的拓扑结构分为星型、环型、总线型、树型和混合型等，有些特殊的网络也采用全互连结构。

4. 网络的体系结构

计算机网络是由多种计算机和各类终端通过通信线路连接起来的复杂系统，网络的通信必须按照双方事先约定的规则进行。这些规则规定了传输数据的格式和有关的同步问题。网络协议是计算机网络中通信各方事先约定的通信规则的集合。为了降低协议设计的复杂性，大多数网络按层的方式来组织。不同类型的网络，其层的数量、各层的内容和功能都不完全相同。

层和协议的集合称为网络的体系结构。网络的体系结构是对构成计算机网络的各个组成部分以及计算机网络本身所必须实现的功能的一组定义、规定和说明。

国际标准化组织 ISO（International Standard Organization）制定的"开放式系统互连"OSI（Open System Interconnection）参考模型定义了异种机连网标准的框架结构，并且得到了世界的公认。在"开放式系统互连"中，"系统"是指计算机、终端、外部设备、传输设备、操作人员以及相应操作软件；"开放"是指按照参考模型建立的任意两系统之间的连接和操作。当一个系统能够按照 OSI 模式与另外一个系统进行通信时，就称该系统是开放系统。

"开放式系统互连"参考模型 OSI 将网络通信功能分成七个层次，每一层各自执行自己承担的任务，层与层之间相互沟通。每层之间均有相应的通信协议（同层协议）；相邻层之间的通信约束称为接口。这个协议为计算机网络产品的厂家提供了生产标准，大大地促进了网络技术的发展。

目前比较流行的网络协议有 Novell NetWare 使用的 IPX、Internet 使用的 TCP/IP 以及 Windows 使用的 NetBEUI 等。

5. 网络操作系统

网络操作系统如同 Windows 系统在微机上的角色一样，是整个网络的核心。网络操作系统在用户和网络资源之间形成一个操作管理机构，这个管理机构应该是计算机软件和通信协议的综合，并与单机操作系统提供同等的服务能力。

网络操作系统具有单机操作和网络管理的双重功能。在启动网络操作系统之前，网络系统中各个独立的系统互不干扰，能够独立进行工作。网络操作系统启动后，网络系统中各相对独立的系统之间需要通信时，网络操作系统可提供多用户系统的功能。

按照网络操作系统的功能，网络可有三种体系结构：

（1）对等型网络（Peer-to-Peer）结构：网络上各台主机地位完全相同，网络中不存在处于管理或者服务核心的主机，计算机之间没有客户机（Client）和服务器（Server）的区别。一台计算机既可以作为服务器，又可以作为客户机。例如，当用户 A 需要从其他计算机获取信息时，用户 A 的计算机就成为网络客户机；如果是其他用户访问用户 A 的计算机，则用户 A 的计算机就成为服务器。每个用户可以决定其计算机上的哪些资源将在网络上共享，对资源访问的控制由资源所在网络节点上的设置决定，网络上的共享资源是分散控制的。用户 B 能否访问用户 A 的计算机的资源，完全由用户 A 对所在的计算机的设置来决定，反之亦然。前提是 A 与 B 都必须是相同的操作系统（例如 Windows XP）。

（2）专用服务器（Server-Based）结构：基本上需要一台专用的文件服务器，所有工作站都以该服务器为中心，即网络上的工作站进行文件传输时，需要通过服务器，无法在工作站之间直接传输。所有文件的读取、消息的传送等，都在服务器的控制下进行。这是一种集中管理、分散处理的模式。

（3）客户机/服务器（Client/Server）结构：将需要处理的工作分配给客户机端（Client）和服务器（Server）处理。客户机或服务器没有一定的界限，必要时两者角色可以互换。客户机和服务器完全按其所扮演的角色而定。其中，客户机是提出服务请求的一方，只要是主动提出服务的一方即为客户机；服务器是提供服务的一方，只要答应需求方的请求而提供服务即为服务器。工作站端（Client）可能是一台微机或工作站，直接与使用者打交道，可以执行命令或运行 Windows XP 等软件系统。其中，专用服务器结构和客户机/服务器结构统称为基于服务器结构。

【思考与练习】

1. 发送电子邮件

应用电子邮箱发送普通电子邮件的步骤：

（1）登录 126 网站，申请免费邮箱账号，具体操作请见网站介绍。

（2）登录 www.126.com 网站，打开自己的邮箱。

（3）给自己写一封信，单击"发送"按钮，发送邮件；如果邮件发送成功，显示"邮件发送成功"界面。

（4）等待片刻，观察收件箱中是否有新邮件，打开并阅读收到的邮件。

2. 使用即时通信软件 QQ 发送附件

（1）申请 QQ 账号并登录。

（2）进入与好友聊天的界面，在工具栏中单击"传送文件"图标，弹出"打开"对话框；选择准备传送的文件，单击"打开"按钮，即可将选择的文件发送到对方的聊天界面上。

（3）接收方单击"接收"链接按钮，将接收到的文件保存到 QQ 软件安装目录中的"MyRecvFiles"文件夹中。若单击"另存为"链接按钮，可手动选择保存路径。

（4）若接收方单击"谢绝"链接按钮，则拒绝接收该文件。

任务 2　接入 Internet 的方式

【任务描述】

本任务以 ADSL 接入方式为例，学习接入 Internet 的方式。

【案例】　建立 ADSL 连接，使个人计算机连接到 Internet。

【方法与步骤】

本案例采用外置型网卡接口。

（1）将电话线连接滤波器（即话音分离器）与 ADSL Modem 之间用一条两芯电话线连接，ADSL Modem 与计算机网卡之间用一条网线连通，即可完成硬件安装，如图 6-1 所示。

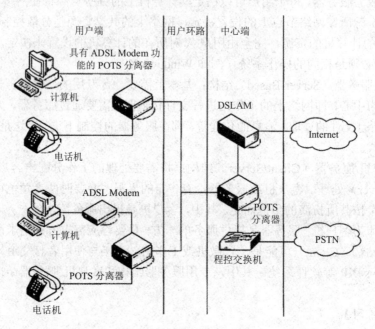

图 6-1　ADSL 用户端连接

（2）创建一个 ADSL 连接。

使用 PPPoE（Point-to-Point Protocol over Ethernet，以太网上的点对点协议）虚拟拨号软件，如 EnterNet、WinPoET 和 RasPPPoE 等。Windows XP 集成了 PPPoE 协议支持，用户不需要安装任何其他 PPPoE 拨号软件，直接使用 Windows XP 的连接向导即可建立自己的 ADSL 虚拟拨号连接。

（3）安装网卡驱动程序后，打开"网络连接"窗口，在左窗格的"网络任务"下选择"创建一个新的连接"，弹出"欢迎使用新建连接向导"对话框。

（4）依次单击"下一步"按钮，在弹出的对话框中选择"连接到 Internet"单选按钮、"手动设置我的连接"单选按钮、"要求用户名和密码的宽带连接来连接"单选按钮（见图 6-2）；输入"ISP 名称"（如"ADSL"）；输入自己的 ADSL 账号（用户名）和密码（可以选择该连接是为任何用户使用或仅为自己使用，见图 6-3）；直到完成 ADSL 虚拟拨号的设置。

（5）完成 ADSL 设置后，在"网络连接"窗口将增加一个名为"ADSL"的连接图标。右击该图标，在弹出的快捷菜单（见图 6-4）选择"属性"选项，即可对该连接进行设置，通常采用默认设置。

（6）在"网络连接"窗口中双击 ADSL 连接图标，或在快捷菜单中选择"连接"选项，弹出"连接 ADSL"对话框，如图 6-5 所示。输入用户名和密码后，单击"连接"按钮，进行虚拟拨号和连接；成功连接后，屏幕右下角有两部电脑连接的图标（见图 6-5 右下角）。

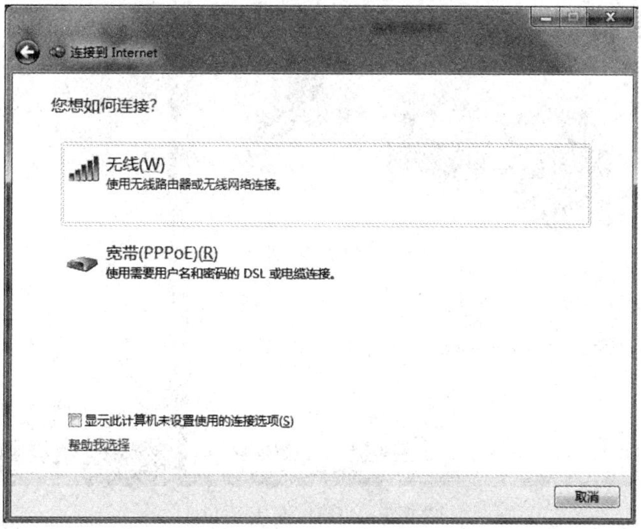

图 6-2 ADSL 连接（1）

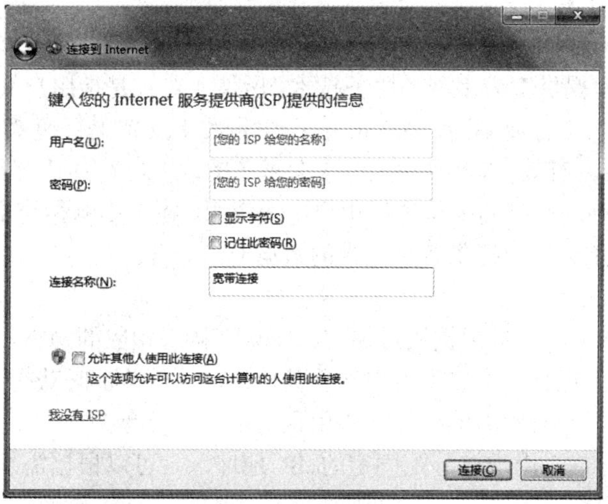

图 6-3 ADSL 连接（2）

图 6-4 ADSL 连接（3）

图 6-5　ADSL 连接（4）

虚拟拨号用户只需通过十几秒的认证即可上网，而且对用户打电话没有任何影响。

【相关知识与技能】

ADSL（Asymmetric Digital Subscriber Line）又称"非对称数字用户环路"，通过标准铜芯电话线为家庭、办公室提供宽带上网的服务技术。所谓非对称是指用户线的上行速率与下行速率不同，上行速率低，下行速率高，ADSL 在一对铜线上支持上行速率 512Kb/s～1Mb/s，下行速率 1Mb/s～8Mb/s，有效传输距离在 3～5 公里范围以内，特别适合传输多媒体信息业务。

ADSL 接入充分利用现有的大量电话用户电缆资源，在不影响传统电话业务的同时，实现在同一对用户电话线上为用户提供各种宽带的数据通信业务。

1. ADSL 的接入方式

（1）虚拟拨号入网方式：根据用户名与口令认证接入相应的网络，并没有真正的拨电话号码。用户在计算机上运行一个专用客户端软件，通过身份验证时获得一个动态的 IP 而联通网络。用户可以随时断开与网络的连接，费用也与电话服务无关。

（2）专线入网方式：用户被分配固定的 IP 地址，且可以根据需求不定量的增加。用户24 小时在线。

虚拟拨号用户与专线用户的物理连接结构与 ADSL 一样。区别：虚拟拨号用户每次上网前需要通过用户名和口令的验证；专线用户只需一次设置 IP 地址、子网掩码、DNS 与网关，即可一直在线。

2. 虚拟拨号用户连接 ADSL 的安装配置方法

ADSL Modem 按连接方式有两种类型：内置型和外置型。

外置型分网卡和 USB 接口两种。内置型价格便宜，由于安装在机箱内主板上，容易受电磁干扰，性能不是很好，而且占用系统资源，对配置不高的用户反而影响整个系统速度。

USB 接口的外置 ADSL Modem 不需要另外装网卡，同样占用系统资源。因此，建议选用外置型网卡接口的 ADSL Modem。

【知识拓展】

使用 Internet 上的资源，首先要将自己的计算机连接到 Internet 上。所谓连接到 Internet，实际上是将自己的计算机与已经在 Internet 上的某台主机或网络建立连接。用户与 Internet 建立连接前，需要向 ISP（Internet 服务提供商）提出申请，办理相关的入网手续。ISP 向用户分配相应的 IP 地址（局域网上网）或拨号账号和密码（电话拨号上网）等信息，用户根据这些信息可以将自己的计算机连接进入 Internet。

以下是几种常见的接入 Internet 方式：

（1）电话拨号入网。用电话线和调制解调器通过拨号连接到 Internet 主机或通信服务器上，客户机作为 Internet 物理上的一部分，拥有自己的计算机名和 IP 地址。一般来说，通过 Modem 拨号上网获得的 IP 地址是动态变化的，即系统根据资源的占用情况动态地分配地址。

（2）局域网入网。用户计算机通过网卡和专门的通信线路（如电缆、光纤）连到某个已与 Internet 相连的局域网（如校园网）上。该方式的特点是不需要拨号、线路可靠、误码率低、数据传输速度快等，适用于大业务量的网络用户使用。

（3）宽带 ADSL 入网。利用现有电话线路实现高速、宽带上网。这种上网方式中，上行、下行的速率不一致，又称非对称数字用户环路。采用 ADSL 接入方式时，用户进入 Internet 前必须先在用户端安装 ADSL Modem 和以太网卡。

（4）有线电视入网。有线电视线路的频带一般为 Modem 的 100～1000 倍。有线电视上网是利用有线电视线路作为连接 Internet 的媒介，通过 Cable Modem（电缆调制解调器）设备上网，远比拨号上网的速度快。利用有线电视上网的方式对有线电视网的要求非常高。一般情况下，有线电视的信号传输方向是下行的，但访问 Internet 时信号的传输方向是双向，既有下行，也有下行，必须将有线电视改造为双向通信才能满足上网的要求。

用有线电视入网的方式时，连接进入 Internet 前必须先在用户端安装 Cable Modem 和以太网卡。

（5）光纤入网。光纤直接连接到用户桌面，提供光纤全业务上网服务，速率超过 100Mb/s，但费用昂贵。随着通信技术的发展和光纤设备价格的下降，光纤上网方式将成为未来的发展趋势。

（6）无线入网。用户终端网络交换结点采用无线手段的接入技术。进入 21 世纪后，无线接入 Internet 已经逐渐成为接入方式的一个热点。

任务 3　Internet 地址

【任务描述】

局域网用户要访问 Internet 时，必须正确配置 TCP/IP 的相关参数。本任务通过案例简单理解 TCP/IP 协议的基本概念。

【案例】　假设某单位局域网的路由器和交换机已配置好，所有线缆已经连接好。要求接入计算机的 IP 地址为：192.168.100.22，子网掩码为 255.255.255.0，默认网关为 192.168.100.1，首选 DNS 为 202.96.128.166，备用 DNS 为 202.96.128.68。如何设置 TCP/IP 协议。

【方法与步骤】

（1）右击"网上邻居"图标，在弹出的快捷菜单中选择"属性"选项，打开"网络连接"窗口，如图 6-6 所示。

（2）右击"本地连接"图标，在弹出的快捷菜单中选择"属性"选项，弹出"本地连接属性"对话框，如图 6-7 所示。

图 6-6　"网络连接"窗口

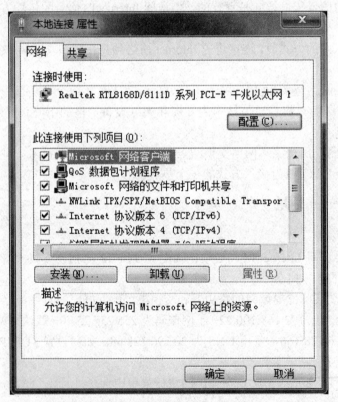

图 6-7　"本地连接属性"对话框

（3）在"此连接使用下列项目"栏目中选择"Internet 协议（TCP/IP）"项，单击"属性"按钮，弹出"Internet 协议（TCP/IP）属性"对话框，选择"常规"选项卡，如图 6-8 所示。

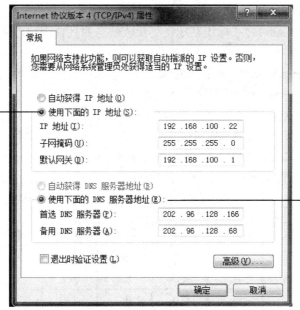

如果网络支持动态主机配置协议（DHCP）提供 IP 地址和子网掩码，单击"自动获得 IP 地址"按钮。如果要手工输入 IP 地址，单击"使用下面的 IP 地址"按钮

如果用户可以从所在网络的服务器那里获得一个 DNS 服务器地址，选择"自动获得 DNS 服务器地址"单选按钮。否则通过手工输入 DNS 服务器的地址

图 6-8 "Internet 协议（TCP/IP）属性"窗口

（4）选择手工输入 IP 地址，在"IP 地址"文本框中输入 IP 地址"192.168.100.22"；在"子网掩码"文本框中输入"255.255.255.0"；在"默认网关"文本框中输入"192.168.100.1"；在"首选 DNS 服务器"文本框中输入"202.96.128.166"；在"备用 DNS 服务器"文本框中输入"202.96.128.68"。

（5）完成 TCP/IP 设置后，单击"确定"按钮，使设置生效。

【相关知识与技能】

Internet 是一个世界范围的网络，可以把世界各地的计算机连接在一起，进行数据传输和通信。实际上，Internet 是一个网间网，把世界各地已有的各种网络（如计算机网、数据通信网和公用电话交换网等）互连起来，组成一个跨越国界的世界范围的庞大的互连网，实现资源共享、相互通信等目的。

Internet 代表着现代计算机网络体系结构发展的一个重要方面。Internet 允许任何个人计算机通过调制解调器或计算机局域网连到 Internet 上，成为 Internet 的一部分，使用其资源。

Internet 采用 TCP/IP 协议。TCP/IP 协议是 Internet 的信息交换、规则和规范的集合体。与 Internet 上其他用户和计算机进行通信，或寻找 Internet 中的各种资源时，都必须知道地址。TCP/IP 协议提供了一套地址方案（域名服务系统），用以标识网络上的每一个站点，并以一系列网络服务（如电子邮件、远程登录等）来完成其功能。

当网中的某用户需要与另一个用户发送信息时，该信息首先被送到发送者对应的 Internet 主机，该主机处于 Internet 中的某个特定网络。此时，信息就沿该网络传送。当传送到互连设备上时，通过互连设备送至与收件计算机所处方向大致一致的相邻网络，信息最终送到收件计算机所在的网络并为收件用户所接收。

1. 域名服务系统 DNS

TCP/IP 协议提供了域名服务系统 DNS（Domain Name System），使得 Internet 上每一台独立主机都有唯一的地址与之对应。

TCP/IP 协议约定的 Internet 标准地址形式：用户名 ID@域名。其中：

（1）用户名 ID（User Id）：标识某地址处接收信息的具体用户，通常采用真实姓名的简写形式或入网名。

（2）域名（Domain Name）：标识 Internet 上一个具体的计算机系统，标明用户所属的机构或计算机网络，通常就是用户所在的主机名或地址。

在结构上，域名由被句点"."分隔的两个或两个以上的子域名（Sub-Domain）组成，从右到左，子域名分别表示不同国家或地区的名称、组织类型、组织名称、分组织名称、计算机名称等。一般而言，最右边的子域名被称为顶级域名（Top Level Domain Name），既可以是表明不同国家或地区的地理性顶级域名，也可以是表明不同组织类型的组织性顶级域名。其中：

①地理性顶级域名：以两个字母的缩写形式来完全地表达某个国家或地区，例如：

域名	国家	域名	国家	域名	国家	域名	国家
cn	中国	ca	加拿大	de	德国	se	瑞典
kr	韩国	us	美国	dh	瑞士	sg	新加坡
nz	新西兰	uk	英国	fr	法国	nl	荷兰
Au	澳大利亚	jp	日本	fi	芬兰	no	挪威

由于 Internet 起源于美国，由美国扩展到全球，因此，Internet 顶级域名的默认值是美国。当一个 Internet 标准地址的顶级域名不是地理性顶级域名时，该地址所标识的主机很可能位于美国国内。

②组织性顶级域名：表明对该 Internet 主机负有责任的组织类型，例如：

com 商业组织　　　edu 教育机构　　　　gov 政府机构　　　mil 军队

int 国际性组织　　　net 网络技术组织　　　org 非盈利组织

例如：标准地址xiaohuali@scut.edu.cn表明用户 xiaohuali 所使用的主机是中国教育科研网内华南理工大学的计算机。

注意：Internet 标准地址中不能有空格存在；Internet 标准地址一般不区分大小写字母，但为避免不必要的麻烦，最好全部采用小写字母的形式；用户名 ID 与域名的组合必须保持唯一性，才能保持 Internet 标准地址的唯一性。

实际上，Internet 标准地址就是网络用户的 E-mail 地址。

2．IP 地址

IP 地址是 Internet 上的通信地址，是计算机、服务器、路由器的端口地址，每一个 IP 地址在全球是唯一的，是运行 TCP/IP 协议的唯一标识。

IP 地址采用 4 个字节（32 位二进制数字）表示，每个字节对应一个小于 256 的十进制数，字节之间用句点"."分隔，如 128.5.1.0 与 202.114.200.253 等。当用户发出请求时，TCP/IP 协议提供的域名服务系统 DNS 能够将用户的域名转换成 IP 地址，或将 IP 地址翻译成域名。

在 Internet 中，每台连接到 Internet 的计算机都必须有一个唯一的地址，凡是能够用 Internet 域名地址的地方，都能使用 IP 地址。在某些情况下，若用域名地址发出请求不成功时，改用 IP 地址可能会成功。因此，Internet 的用户最好能将与自己有关的域名地址和 IP 地址同时进行记忆。

IP 地址包括两部分内容，一部分为网络标识，另一部分为主机标识。根据网络规模和应用的不同，IP 地址又分为五类：A 类、B 类、C 类、D 类和 E 类。常用的是 A、B、C 三类。A 类地址中第一字节表示网络地址，后三个字节表示网内计算机地址；B 类地址中前两个字节表示网络地址，后两个字节表示网内计算机地址；C 类地址中前三个字节表示网络地址，后一个字节表示网内计算机地址。表 6-1 为 IP 地址的分类和应用范围。

表 6-1　IP 地址的分类和应用范围

分类	IP 地址的取值范围	网络个数	主机个数	应用
A	1.X.Y.Z ～ 126.X.Y.Z	126	1700 万左右	大型网络
B	128.X.Y.Z ～191.X.Y.Z	16384	65000	中型网络
C	192.X.Y.Z ～223.X.Y.Z	大约 200 万个	254	小型网络
D	223.X.Y.Z ～239.X.Y.Z			备用
E	240.X.Y.Z ～239.X.Y.Z			试验用

通常，用户使用的 IP 地址可以分为动态 IP 地址和静态 IP 地址两类。

当用户计算机与 Internet 连接后，就成为 Internet 上的一台主机，网络会分配一个 IP 地址给这台计算机，而这个 IP 地址是根据当时所连接的网络服务器的情况分配的。即用户在某一时刻连网时，网络临时分配一个地址，在上网期间，用户的 IP 地址是不变的；用户下一次再连网时，又分配另一个地址（并不影响用户的上网）。当用户下网后，所用的 IP 地址可能分配给另一个用户。这样一来，可以节省网络资源，提高网络的利用率。因此，一般的拨号上网用户都是动态地址。这对于信息的存取是没有影响的。

对于信息服务的提供者来说，必须告诉访问者一个唯一的 IP 地址，这时就需要使用静态地址。这时，用户既可以访问 Internet 资源，也可以利用 Internet 发布信息。

为确保 IP 地址在 Internet 网上的唯一性，IP 地址统一由美国的国防数据网络信息中心 DDN NIC 分配。对于美国以外的国家和地区，DDN NIC 又授权给世界各大区的网络信息中心分配。目前全世界共有三个中心：

（1）欧洲网络中心 RIPE-NIC：负责管理欧洲地区地址；

（2）网络中心 INT-NIC：负责管理美洲及非亚太地区地址；

（3）亚太网络中心 AP-NIC：负责管理亚太地区地址。

ChinaNET 的 IP 地址由中国原邮电部经 Sprint 公司向 AP-NIC 申请并由邮电部数据通信局分配、管理。

3. E-mail 地址

用户拥有的电子邮件地址称为 E-mail 地址，该地址具有以下统一格式：

用户名@主机域名

其中，用户名是向网络管理机构注册时获得的，"@" 符号后面是用户所使用计算机主机的域名。例如，xiaohuali@scut.edu.cn 是中国教育科研网华南理工大学网络中心主机上的用户 xiaohuali 的 E-mail 地址。其中，用户名区分大小写，主机域名不区分大小写。网管中心只要保证用户名不同，就能保证每个 E-mail 地址在整个 Internet 中的唯一性。另外，E-mail 地址的使用不要求用户与注册的主机域名在同一地区。

【知识拓展】

1. Internet 起源与发展

Internet 的英文原意是"互连各个网络"（Interconnect Networks），简称"互连网"。1997年7月18日全国科学技术名词审定委员会推荐名为"因特网"。

Internet 起源于 20 世纪 60 年代的美国。自 Internet 建立后，进入 Internet 的人员、计算机和网络的数量迅速增长，以 Internet 为中心的互连网络逐渐向世界扩展。Internet 已经成为政府、学术、工业、商业、社会团体和个人等各界共用的国际互连网络，而且正以前所未有的速度发展。

Internet 能够迅速发展到全球的根本原因，在于其所拥有的巨大的信息资源。Internet 除了在教育科研方面得到广泛深入的应用外，在商业服务方面也迅速发展起来。作为信息和通信的资源，在人们的日常工作和日常生活中也日益发挥着重要的作用。

我国在八十年代末也开始了与 Internet 的连接，1994 年建立了以.cn 为我国最高域名的服务器，从 1994 年开始建设教育科研网 CERNET，至今已把大部分高校接入 CERNET 网；中国科学院建立了 CASNET，连接各个研究所；ChinaNET 向社会提供 Internet 服务等。

Internet 提供的主要服务包括：电子邮件、远程登录、远程文件传输、网上新闻（Usenet）、电子公告牌系统（BBS）、 信息浏览（包括万维网 WWW、广域信息服务系统 WAIS、菜单式信息查询服务 Gopher 和文档查询 Archie 等）。Internet 上的服务全部是基于 TCP/IP 协议，并且是客户机/服务器体系结构的，因而每一种服务都存在提供这种服务的服务器软件（Server）及其相应的面向用户的客户机软件（Client）。

2. 企业网 Intranet

Intranet 是 Internet 的发展，是利用 Internet 各项技术建立起来的企业内部信息网络。简单地说，Intranet 是建立在企业内部的 Internet，是 Internet 技术在企业内部的实现，为企业提供了一种能充分利用通信线路经济而有效地建立企业内连网的方案。

Intranet 采用 Internet 和 WWW 的标准和基础设施，但通过防火墙（Firewall）与 Internet 相隔离。Intranet 针对企业内部信息系统结构而建立，其服务对象原则上是企业内部员工，以此联系公司内部各部门，促进公司内部的沟通，提高工作效率，增强公司竞争力。企业的员工能方便地进入 Intranet，而未经授权的用户则不能闯入。

Intranet 与 Internet 的最大区别是安全性。Intranet 不是抛弃原有的系统，而是扩展现有的网络设施。各公司只要采用 TCP/IP 协议的网络，加上 Web 服务器软件、浏览器软件、公共网关接口（CGI）、防火墙（Firewall）等，就能建立 Intranet 与 Internet 的连接。

Intranet 的典型应用领域包括：企业内部公共信息的发布，技术部门的信息发布和技术交流，财务等方面的信息发布；提供共享目录访问；提供企业内部通信、电子邮件和软件发布等。

6.2 Internet 的基本操作

任务 4 信息浏览与搜索

【任务描述】

建立与 Internet 的连接后，用户可以用 Web 浏览器检索 Internet 上的资源。目前已推出的浏览器有上百种，其中最为流行的有 Internet Explorer（简称 IE）、Netscape Novigator、Opera 等，操作方法大同小异。用户可以通过 Internet 在网上搜索自己需要的信息和从网上下载一些资源至本地硬盘上。本任务以 IE 浏览器为例，学习在 Internet 上进行信息浏览与搜索的方法与技能。

【案例】 用 IE 浏览器进行信息浏览与搜索。

【方法与步骤】

（1）启动 IE 浏览器。

（2）在 IE 浏览器的"地址栏"中输入http://www.baidu.com并按回车键。显示百度网主页，在文本框中输入关键字"迅雷"，如图 6-9 所示，单击"百度一下"按钮，弹出搜索结果页面，如图 6-10 所示。

图 6-9 "百度"搜索引擎

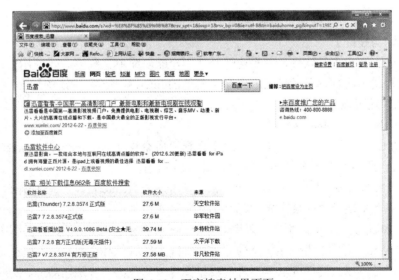

图 6-10 百度搜索结果页面

（3）单击"迅雷看看……"这条信息，打开迅雷主页，如图 6-11 所示。

图 6-11　迅雷看看主页

（4）单击"迅雷"主页中的"本地下载"链接，弹出"文件下载－安全警告"对话框，如图 6-12 所示。

图 6-12　"文件下载－安全警告"对话框

（5）单击"保存"按钮，弹出"另存为"对话框，选择该软件的保存位置，单击"保存"按钮开始下载。

（6）软件下载完毕，弹出"下载完毕"对话框，这时软件已成功下载到本地计算机上。

【相关知识与技能】

浏览器是一种客户工具软件，主要功能是使用户能以简单直观的方式使用 Internet 上的各种计算机上的超文本信息、交互式应用程序及其他的 Internet 服务。用户不仅可以通过浏览器访问 Web 页面，还可以收发电子函件、阅读新闻或从 FTP 服务器下载文件。

1. 用 IE 浏览器浏览 Internet

（1）启动 IE 浏览器：在"开始"菜单中选择"所有程序→Internet Explorer"。

启动 IE 后，用户将看到浏览器窗口，如图 6-13 所示。

注意：第一次启动 IE 时，如果用户计算机还没有连接到 Internet，系统将弹出"新建连接"对话框，可以在其中选择"连接"或"脱机工作"方式。

（2）浏览 Web 页面。单击主页（即启动 Internet Explorer 时显示的网页）中的任何链接，即可开始浏览 Web。将鼠标指针移过网页上的项目，可以识别该项目是否为链接。如果指针变成手形，表明是链接。链接可以是图片、三维图像或彩色文本（通常带下划线）。

图 6-13 微软中国 Web 站点主页

若需要转到某个网页，在地址栏中键入 Internet 地址，例如 "www.microsoft.com"，然后单击"转到"按钮，或直接按回车键。

用户在地址栏中键入 Web 地址时，弹出相似地址的列表供选择（假设用户曾经浏览过 Web 页面）。如果 Web 地址有误，Internet Explorer 自动搜索类似的地址，以找出匹配的地址。

（3）用搜索功能快速查找内容。

方法一：在 IE 工具栏中单击"搜索"按钮，在浏览器页面浏览区左侧弹出"浏览助理"对话框；在文本框中键入要查找的内容后，单击"搜索"按钮，如图 6-14 所示。

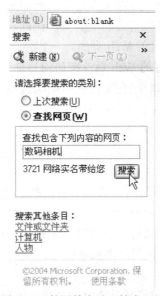

图 6-14 使用搜索助理搜索 Web

方法二：在地址栏中键入要查找的内容并按回车键，如图 6-15 所示。

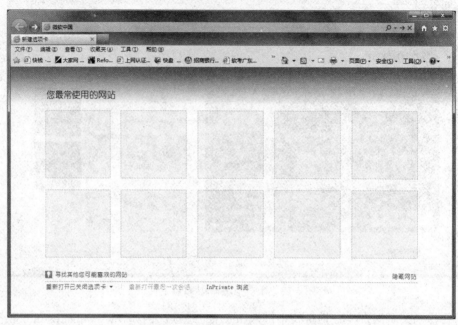

图 6-15 在地址栏中键入搜索内容

2. 查找并返回到最近访问的 Web 页

如果用户想查找并返回过去访问过的 Web 站点和页面，无论是当天还是几周前的页面，可通过 IE 的历史记录列表来实现。历史记录列表记录了用户访问过的每个页面，以便在以后返回该页面。

（1）返回到刚刚访问过的 Web 页面。

通过"后退"或"前进"按钮，可直接查看当前页面之前 9 个页面中的一个。

方法：单击"后退"或"前进"右边的小箭头，在列表中单击所需的页面。

（2）查找当天或几周前访问过的 Web 页面。

IE 自动记录当天和过去访问过的 Web 页，按访问日期（天）在"历史记录"栏的文件夹中组织这些页面。在一天中按字母顺序在文件夹中组织这些 Web 站点，并将该站点上访问过的页面放在该文件夹中。

在历史文件夹中查找页面：在 IE 工具栏上单击"历史"按钮，在屏幕左侧打开"历史记录"栏；单击要搜索的时段，单击 Web 站点文件夹以打开一个页面列表，再单击指向该页面的链接即可。

注意：IE 默认存储 20 天里访问的页面，若要更改，可在菜单栏上选择"工具→Internet 选项"选项，弹出"Internet 选项"对话框，在"常规"选项卡的"历史记录"下面进行更改。若在脱机连接状态下查看以前访问过的页面内容，需要在"Internet 临时文件"下单击"设置"按钮，在弹出的"设置"对话框中选择"不检查"。

3. 更改主页

如果每次浏览 Web 页时都要访问某个特定的站点，可将其设置为主页。这样，每次启动 IE 或在工具栏上单击"主页"按钮时，即打开该页面。

方法：转到要设置为主页的 Web 页面，在菜单栏中选择"工具→Internet 选项"选项，弹出"Internet 选项"对话框；在"常规"选项卡中单击"使用当前页"按钮，如图 6-16 所示。

4．在计算机上保存网页

如果要把浏览的 Web 页面长期保存在自己的计算机中，以便在脱机连接状态下也能查看，可以选择保存网页。

保存当前浏览 Web 页面的方法：在菜单栏上选择"文件→另存为"选项，弹出"保存网页"对话框，双击用于保存网页的文件夹，在"文件名"文本框中键入网页名字。

图 6-16 "Internet 选项"对话框

（1）若要保存显示该网页时所需的全部文件（包括图像、框架和样式表），则在"保存类型"中选择"网页，全部"，按原始格式保存所有文件。

（2）若只保存当前 HTML 页，则在"保存类型"中选择"网页，仅 HTML"，保存网页信息，但不保存图像、声音或其他文件。

（3）若只保存当前网页的文本，则在"保存类型"中选择"文本文件"，以纯文本格式保存网页信息。

5．保存网页中的图片或文本

用户查看网页时，如果想把其中的一些文本、图形保存下来以备以后参考，可以先选择要复制的文本，然后菜单栏上选择"编辑→复制"选项，将选择的文本复制到剪贴板上，然后将其粘贴到所编辑的文档中。

用 IE 的"图像工具栏"可以方便地处理网页中的图像：将鼠标指针移到图片上，在图像的左上角出现"图像工具栏"。

可以在"图像工具栏"上选择保存图像的磁盘（与右击图像并选择"另存为"选项一样）；可以直接打印图像，也可以将图像以电子函件的方式发送；还可以用工具栏的按钮直接打开"图片收藏"文件夹，在该文件夹中查看和管理图片。

【知识拓展】

1．WWW 的基本概念

WWW 是 World Wide Web 的缩写，又称 Web 网或万维网，是一种建立在 Internet 上的全球性的、交互的、动态的、多平台的、分布式的信息浏览系统，也是 Internet 上被广泛应用的一种信息服务。在 WWW 上可以看见来自世界各地的信息，信息的内容可以是文本的，也可以是图形、图像、声音等多媒体信息，这些信息都以超文本方式链接组织在一起，供用户浏览、阅读和使用。

WWW 服务采用的是客户机/服务器工作模式，客户机是浏览器，服务器是 Web 服务器，它以超文本标记语言（HTML）和超文本传输协议（HTTP）为基础，将网络上信息资源以页面的形式存储在 Web 服务器上，这些页面采用超文本模式对信息进行组织与管理，页面之间通过超链接连接起来。

2．超文本和超媒体（HyperText & Hyper Media）

用户阅读超文本文档时，从其中一个位置跳到另一个位置，或从一个文档跳到另一个文档，可以按非顺序的方式进行。即不必从头到尾逐章逐节获取信息，可以在文档里跳来跳去。这是由于超文本里包含着可用作链接的一些文字、短语或图标，用户只需要在其上用鼠标轻轻一点，就能立即跳转到相应的位置。这些文字和短语一般有下划线或以不同颜色标示，当鼠标指向它们时，鼠标将变为手形。

超媒体是超文本的扩展，是超文本与多媒体的组合。在超媒体中，不仅可以链接到文本，还可以链接到其他媒体，如声音、图形图像和影视动画等。因此，超媒体把单调的文本文档变成了生动活泼、丰富有趣的多媒体文档。

3．超文本传输协议 HTTP（HyperText Transfer Protocol）

HTTP 是 WWW 服务器使用的主要协议，使用在用户浏览器和 WWW 服务器之间传送超文本的协议。HTTP 协议由两部分组成：从浏览器到服务器的请求集和从服务器到浏览器的应答集。HTTP 协议是一种面向对象的协议，为了保证客户机与 WWW 服务器之间通信不会产生二义性，HTTP 精确定义了请求报文和响应报文的格式。

请求报文：从客户向 WWW 服务器发送请求报文。

响应报文：从 WWW 服务器到客户的回答。

4．超文本标记语言 HTML（HyperText Markup Language）

要使 Internet 上的用户在任何一台计算机上都能看到任何一个 WWW 服务器上的页面，必须解决页面制作的标准化问题。超文本标记语言 HTML 就是一种制作 WWW 的标准语言，该语言消除了不同计算机之间信息交流的障碍。

HTML 是一种描述性语言，定义了许多命令，即"标签（Tag）"，用来标记要显示的文字、表格、图像、动画、声音、链接等。用 HTML 描述的文档是普通文本（ASCII）文件，可以用任意文本编辑器（如"记事本"）创建，但文件的扩展名应是.htm 或.html。当用户用浏览器从 WWW 服务器读取某个页面的 HTML 文档后，按照 HTML 文档中的各种标签，根据浏览器所使用的显示器的尺寸和分辨率大小，重新进行排版后将读取的页面在用户的显示器上呈现出来。

5．网页（Web Page）

WWW 以 Web 信息页的形式提供服务。Web 信息页称为网页，是基于超文本技术的一种文档。网页既可以用超文本标记语言 HTML 书写，也可以用网页编辑软件制作。常用的网页制作软件有 FrontPage 和 Dreamweaver 等。当客户端与 WWW 服务器建立连接后，用户浏览的是从 WWW 服务器中返回的一张张网页；用户浏览某个网站时，浏览器首先显示的网页称为主页（HomePage）。

6．统一资源定位符 URL（Uniform Resource Locator）

统一资源定位符 URL 是描述 Internet 上网页和其他资源的地址的一种标识方法。Internet 上的任何一种资源都可以用 URL 进行标识，这些"资源"是指在 Internet 上可以被访问的任何对象，包括文件目录、文件、图像、声音、电子函件地址等，以及与 Internet 相连的任何形式的数据。

Internet 上的任何一种资源在整个 Internet 的范围内具有唯一的标识符 URL，就像 Internet 上的每一台主机都有一个 IP 地址一样。因此，习惯上把 URL 称为 Web 地址，也称为"网址"。URL 由三部分组成：协议类型，主机域名和路径及文件名。

例如，http://www.scut.edu.cn/index.html 是华南理工大学的主页地址。其中，"http"代表超文本传输协议；": //"是分隔符；"www."代表一个 Web（万维网）服务器；"scut.edu.cn"是华南理工大学 Web 服务器的域名地址；"index.html"是主页文件名。

URL 相当于文件名在网络范围的扩展，指出了资源在 Internet 的位置，给出了寻找该资源的路径；由于 Internet 上的资源多种多样，相应对不同资源的访问方式也不同（如通过 WWW、FTP 等），因此，URL 还指出访问某个资源时使用的访问方式。

URL 可以访问的资源还有 FTP、Telnet、Gopher 等，表 6-2 列出了 URL 地址表示的资源类型。

表 6-2　URL 地址表示的资源类型

URL 资源名	功能
HTTP	多媒体资源，由 Web 访问
FTP	与 Anonymous 文件服务器连接
Telnet	与主机建立远程登录连接
Mailto	提供 E-mail 功能
WAIS	广域信息服务
News	新闻阅读与专题讨论
Gopher	通过 Gopher 访问

7. 端口

端口是服务器应用程序使用的一个通道。如果把一台服务器比作一栋房子，端口就是这栋房子的一扇门，每一个运行的服务程序都将占用一个端口，不同的服务占用不同的端口。例如，WWW 服务占用的端口通常是 80，而 FTP 服务占用的端口通常是 21。

8. Web 服务的工作原理

WWW 由遍布在 Internet 中的一些专用计算机（又称为 Web 服务器）所组成。Web 服务器上运行的是 WWW 服务程序，存储着各种类型的信息，可以满足用户的请求。

Web 服务的工作原理是：用户在客户机通过浏览器向 Web 服务器发出请求，Web 服务器会响应客户的请求，在 Web 服务器上进行查找，并将查找到的信息资源以页面的形式传送到客户机的浏览器上，如图 6-17 所示。

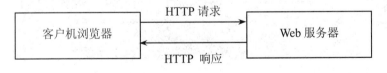

图 6-17　Web 服务的工作原理图

【思考与实训】

1．使用 Internet Explorer 浏览以下 WWW 站点的主页：

中国教育和科研网 CERNet（http://www.edu.cn/）

北京大学（http://www.pku.edu.cn/）

清华大学（http://www.tsinghua.edu.cn/）

人民日报（http://www.peopledaily.com.cn/）

163 网站（http://www.163.net/）

广东省人民政府公众网（http://www.gd.gov.cn/）

美国白宫（http://www.whitehouse.gov/）

美国微软公司（http://www.microsoft.com/）

2．分别采用"脱机工作"浏览方式和"历史"记录来查看最近下载的站点主页。

3．在"收藏夹"中新建文件夹"高校"，并将北京大学、清华大学的主页地址放入"高校"文件夹，然后使用"收藏夹"浏览北京大学、清华大学的主页。

任务 5　文件下载与上传

【任务描述】

对很多人来说，上网的主要目的之一就是在 Internet 上浏览网页，查找资料，并根据需要把远程计算机中的相关资料文件复制到自己的计算机中使用（称为下载）；同样，用户也可以将自己的文件资料复制到 Internet 的某台主机中（称为上传）。本任务学习文件下载与上传的方法与技能。

【案例】　利用 Internet 提供的 FTP 服务实现文件的下载和上传。

【方法与步骤】

1．文件的下载

（1）直接从网页下载。有些网页建立了软件下载的超链接，用户可以直接通过超链接进行下载，即内嵌的 FTP 服务。

①若网页上有提示可下载的软件的链接（鼠标指向该软件下载链接时，状态栏中显示该软件所在的位置），如图 6-18 所示。

图 6-18　在网页中直接下载

②单击该软件下载的链接，弹出"文件下载"对话框，如图 6-19 所示，选择下载方式。

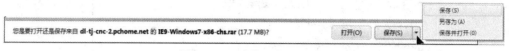

图 6-19 "文件下载"对话框

③单击"保存"保存，弹出"另存为"对话框；输入保存位置和文件名后，单击"保存"按钮，IE 下载文件并按指定的文件夹、名字保存，如图 6-20 所示。需要时再运行或复制到其他的计算机中使用。

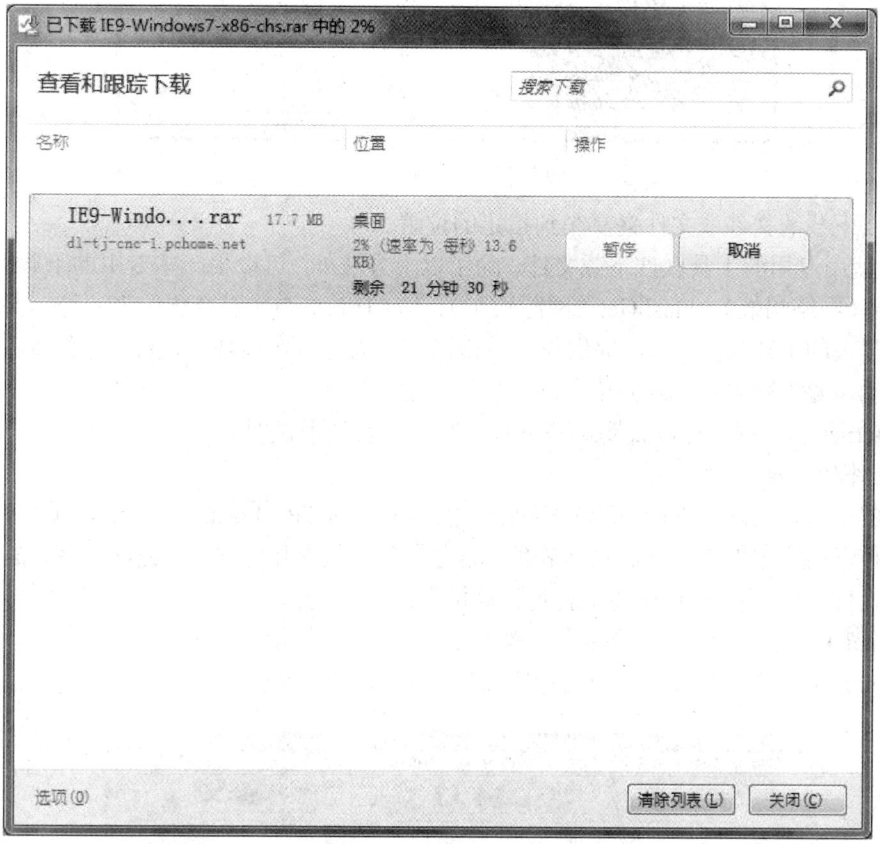

图 6-20 下载文件并保存到指定的位置

如果用户计算机中安装了能够处理该文件的程序，也可选择"运行"，浏览器下载该文件并寻找一个能够打开该文件的程序运行该文件。例如，下载一个压缩文件（如.rar 或.zip 等），Internet Explorer 将寻找一个解压缩程序，如 WinRAR 或 WinZip 并打开该文件。

（2）访问 FTP 站点，从 FTP 站点下载文件。如果知道 FTP 服务器名称及其在服务器中的位置，可以通过浏览器访问 FTP 站点下载文件。如果用户能直接访问 FTP 站点，可以像在本地的计算机上一样对 FTP 服务器上的文件和文件夹进行复制操作（即下载）。

①打开浏览器，在地址栏中键入要连接的 FTP 站点的地址，如 ftp://ftp.scut.edu.cn。
②按回车键后，进入 FTP 站点，如图 6-21 所示。

图 6-21　访问 FTP 站点

③把要下载的文件或文件夹复制到指定的位置。

（3）使用专用的工具软件下载文件。除了以上方法外，可以用一些专用的下载工具软件，如 NetAnts（网络蚂蚁）、FlashGet（网际快车）、Net Transport（影音传送带）等。这些下载工具除具有强大的下载功能外，还提供与下载密切相关的许多实用功能，如下载任务管理、定时下载、自动拨号上网以及下载完毕自动关机等功能。

在 Internet 上，用户可以找到这些下载工具软件及使用说明。

2. 文件的上传

文件的上传通常通过 FTP 工具软件来实现，如 CuteFTP、FlashFTP、WS-FTP 等。用户可以到各大搜索引擎中搜索并下载这些软件，这些软件一般是压缩文件，先解压缩，然后执行其中的安装文件，即可将 FTP 软件安装到计算机上。

用 CuteFTP 进行文件上传的操作步骤如下：

动 CuteFTP，打开 CuteFTP 应用程序窗口，如图 6-22 所示。

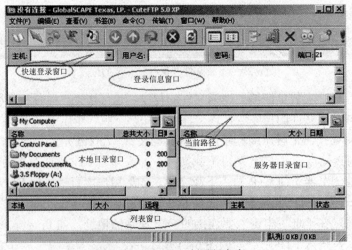

图 6-22　CuteFTP 应用程序窗口

程序窗口分 4 个工作区：

①本地目录窗口：默认显示整个磁盘目录，可以通过下拉菜单选择已经完成的网站的本地目录，以准备开始上传。

②服务器目录窗口：显示 FTP 服务器上的目录信息，在列表中可以看到的包括文件名称、大小、类型、最后更改日期等。窗口上面显示的是当前所在位置路径。

③登录信息窗口：FTP 命令行状态显示区，通过登录信息能够了解当前的操作进度、执行情况等，例如：登录、切换目录、文件传输大小、是否成功等重要信息，以便确定下一步的具体操作。

④列表窗口：显示"队列"的处理状态，可以看到准备上传的目录或文件放到队列列表中。配合"Schedule"（时间表）的使用，还能达到自动上传的目的。

3. 创建 FTP 站点

（1）在菜单栏上选择"文件→站点管理器"选项，打开"站点设置"窗口，如图 6-23 所示。该窗口中可以看到新建、向导、导入、编辑、帮助、连接和退出按钮。

- "新建"按钮：创建/添加一个新的站点。
- "向导"按钮：指导用户创建新的站点。
- "导入"按钮：允许直接从 CuteFTP、WS-FTP、FTP Explorer、LeapFTP、Bullet Proof 等 FTP 软件导入站点数据库，不需要逐个设置站点。
- "编辑"按钮：对已经建立站点的一些功能的设置。

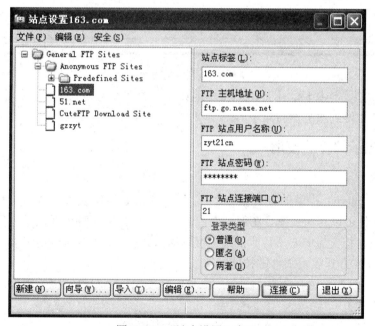

图 6-23 "站点设置"窗口

（2）对于每一个站点，需要设置以下信息：

- 站点标签：可以输入一个便于记忆的站点名字。
- FTP 主机地址：FTP 服务器的主机地址，用户只要填写服务器的域名即可。
- FTP 站点用户名称：填写用户在网上申请空间注册时填写的用户名。

● FTP 站点密码：填写用户在网上申请空间注册时填写的密码。

● FTP 站点连接端口：CuteFTP 软件根据用户选择自动更改相应的端口地址，一般包括 FTP（21）、HTTP（80）两种。

（3）所有设置完成后，单击"连接"按钮，建立与站点的连接，如图 6-24 所示。

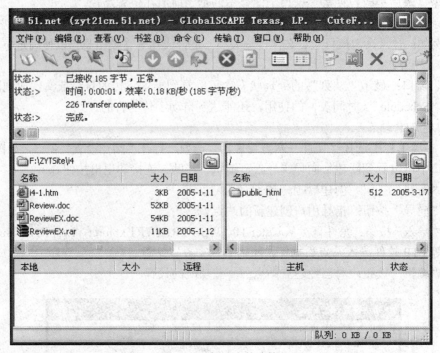

图 6-24　与站点的连接

（4）上传文件。连接后，用户可以将本地计算机的文件上传到远程服务器上。操作方法：用鼠标直接拖动文件到服务器目录下。

任务 6　电子邮件的使用

【任务描述】

电子邮件是 Internet 提供的主要服务之一，是一种通过网络实现异地传送和接入消息的通信方式。电子邮件可以传送文本、图像、声音、视频、动画等各种形式的数据信息，已成为人们在日常生活中互相交流的必不可少的通信交流方式之一。本任务通过案例学习电子邮件的使用方法，掌握 Web 方式收发邮件的技能。

【案例】　在网上申请一个电子邮箱的账号，并使用该信箱收发电子邮件。

【方法与步骤】

（1）双击桌面上的 Internet Explorer 图标，启动 IE 浏览器。

（2）在 IE 浏览器的"地址栏"中输入http://www.163.com并按回车键。打开网易网站首页，如图 6-25 所示。

（3）在首页单击"注册免费邮箱"按钮，弹出"注册新用户"窗口，如图 6-26 所示。

图 6-25　网易网站首页

图 6-26　"注册新用户"窗口

（4）按提示填写相应的注册信息（假设用户名为 refordvsboa），最后单击"创建账号"按钮，完成邮箱注册。

（5）登录邮箱：打开网易网站首页（见图 6-25），在账号栏中输入 refordvsboa，在密码栏中输入密码，单击"登录"按钮，进入 refordvsboa@163.com 邮箱，如图 6-27 所示。在邮箱中可进行写邮件、发邮件、收邮件、回复邮件等操作。

图 6-27　网易电子邮箱界面

（6）写新邮件并发送邮件：单击"写信"，打开如图 6-28 所示窗口。在"收件人"文本框中输入收件人的邮件地址，在"主题"中输入邮件主题，一般主题要明确本邮件要告知对方的内容，以利于接收方管理与识别邮件；在"内容"文本框中输入邮件的内容。如果信件是Word 文档、照片、视频、音乐、压缩包等文件，可以单击"添加附件"按钮，根据提示找到文件位置，选中文件添加即可。最后，单击"发送"按钮，完成撰写并发送邮件。

图 6-28　写邮件窗口

提示：如果要发给多个人，可以在收件人中输入多个邮箱地址，中间用";"号分隔；或单击"添加抄送"按钮，弹出文本框后输入其他电子邮件地址。

（7）收信、阅读、回复及转发邮件：在图 6-42 所示窗口的左侧，"收件箱（1）"加粗表示有未读邮件，"（1）"表示收件箱中有一封未读邮件；窗口的右侧显示收件箱中的邮件标题，如果邮件未读，邮件标题加粗表示，如图 6-29 所示。

图 6-29　收件箱窗口

①阅读邮件：在窗口右侧单击某邮件，即可显示该邮件内容。若标题后有图标 ✎，表示邮件中带有附件。单击该邮件，如图 6-30 所示，可清晰表示邮件的内容、发件人、时间等。

图 6-30　阅读邮件窗口

②回复邮件：单击"回复"按钮，在文本框中输入回复内容，单击"发送"按钮，即可回复邮件。

③转发邮件：单击"转发"按钮，切换到转发邮件的窗口，根据提示输入"收件人"邮箱地址、发送内容或附件，单击"发送"按钮，即可转发邮件。

【相关知识与技能】

电子邮件是通过 Internet 邮寄的电子信件，可以传送文本、图像、声音、视频、动画等各种形式的数据信息，已成为人们在日常生活中互相交流的必不可少的通信交流方式之一。电子邮件已成为目前 Internet 中应用最广泛的服务。

1. 电子邮件地址

要发送一个电子邮件，首先要知道对方的电子邮件地址。为了发送和接收电子邮件，大多数的 Internet 用户都必须向 ISP 申请一个电子信箱，该电子信箱即为他的电子邮件地址。电子邮件地址的格式是固定的。

Internet 电子邮件地址的格式：username@hostname.domain。

其中，username 代表用户名或用户账号，一般是代表用户的特定意义的符号；@是电子邮件地址中账号名与主机域名之间的分隔符；hostname.domain 代表网络域名，可以是一台邮件服务器，也可以是某个域名系统中一个域名。例如，wuhg@sohu.com。

2. 电子邮件的协议

与其他 Internet 服务一样，电子邮件也采用相应的通信协议来发送、接收电子邮件，电子邮件采用的协议有以下几种：

（1）SMTP：即简单邮件传输协议，用以确保电子邮件以标准格式进行选址与传输，发送电子邮件时使用该协议。SMTP 协议安装在邮件服务器上。

（2）POP：即邮局协议，用户从邮件服务器上接收电子邮件时使用的协议之一，现在一般都使用 POP3 协议。使用 POP 协议接收电子邮件时，可以选择邮件下载到客户机后是否还在服务器上保留，默认情况下是不保留。

（3）IMAP：即 Internet 信息访问协议，提供一个在远程服务器上管理邮件的手段，现在 IMAP4 是最高版本。使用 IMAP 时，服务器保留邮件，用户可以在服务器上阅读、保留、删除邮件，而不需要将邮件下载到计算机上，用户也可以在任何地方上网进行邮件管理。

3. 发送和接收电子邮件

目前电子邮件的发送和接收有两种方式：Web 方式和电子邮件的客户程序方式。

用 Web 方式收、发电子邮件时，先用自己的账号和密码登录到提供电子邮件服务的站点，再通过站点收、发电子邮件。目前国内有很多提供免费和收费电子邮件服务的站点，就是采用这种方式收发电子邮件。

用电子邮件的客户程序方式来收发电子邮件时，先在收发电子邮件的客户机上安装电子邮件的客户程序（如 Outlook Express、FoxMail 等），

4. 用 Web 界面收发电子邮件

（1）在提供邮件服务站点的 Web 界面上输入电子邮件账号名和密码，如图 6-31 所示，其主要功能包括"收件箱"、"写信"、"文件夹"、"地址簿"等。

（2）单击"收信"按钮，接收电子邮件。

（3）单击"写信"按钮，发送新的电子邮件。

图 6-31 提供邮件服务站点的 Web 界面

发信前，在"收件人"栏填入收件人的电子邮件地址，在"抄送"栏填入要抄送的电子邮件地址，多个电子邮件地址之间用"；"隔开；在"标题"栏填入电子邮件的标题，在内容栏填入电子邮件的内容。如要同时传送文件，可使用附件功能。

（4）双击"文件夹"按钮，可查看该邮箱的详细信息，并可对该邮箱进行管理，内有"收件箱"、"草稿箱"、"已发送"等多个文件夹。

【知识拓展】

目前，很多 Internet 网站都提供免费的博客空间服务，个人申请成功后，可以将一些个人的资料上传至博客空间，方便信息交流。

以下简单介绍免费博客空间的申请及使用：

（1）在"网易"的主页上单击"博客"链接，弹出"博客登录"对话框，如图 6-32 所示。

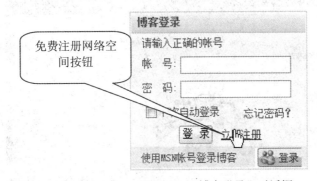

图 6-32 "博客登录"对话框

（2）单击"立即注册"按钮，弹出"注册"窗口，如图 6-33 所示。

（3）填写相关注册信息后，单击"下一步"按钮，弹出"网易博客激活"窗口，单击"激活博客"按钮，完成博客申请过程。

欢迎注册网易通行证

* 常用邮件地址：	refordvsboa@163.com　　　或注册网易邮箱作为通行证
	输入一个你已拥有的邮件地址，以通过验证完成注册。格式如name@example.com
* 设置密码：	●●●●●●●●　　●
	6到16个字符，区分大小写。
* 确认密码：	●●●●●●●●　　●
	再次输入你设置的密码。
* 密码保护问题：	请选择...　　　　　▼　　●
	密码保护问题用于帮助你找回登录密码。
* 你的答案：	
	4到30个字符，区分大小写，一个汉字占两个字符。
* 验证码：	ntsck
	不区分大小写。看不清楚可以换一个

立即注册

图 6-33　"注册"窗口

（4）成功注册博客后，返回"博客登录"对话框（见图 6-32），输入账号和密码，单击"登录"按钮，进入个人博客页面，如图 6-34 所示。

图 6-34　个人博客界面

（5）单击博客主页上的"日志"链接，弹出"日志"管理窗口，如图 6-35 所示。

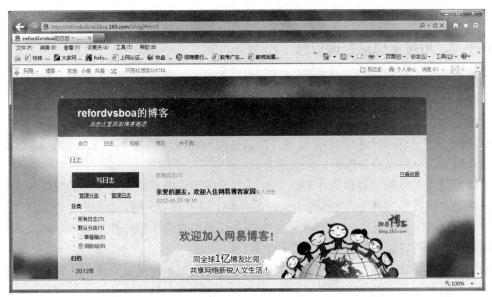

图 6-35 "日志"管理窗口

（6）单击"写日志"按钮，弹出"写日志"窗口，如图 6-36 所示。

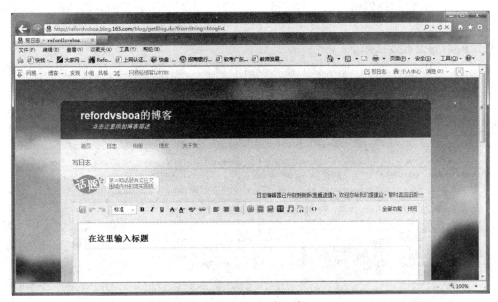

图 6-36 "写日志"窗口

（7）在弹出的界面中书写网络日志，单击"发表日志"按钮可以把写好的网络日志发表到博客上。

（8）同理，可以把自己喜欢的相片和音乐也发表到博客上。

【思考与实训】

1. 发送两个 E-mail 给你的同学，其中一个 E-mail 带有附件，同时接收你的同学发给你的邮件。

2. 利用"通讯簿"添加若干新的"联系人"，建立一个名为"同学"的"组"，并从"通讯簿"中选择成员，然后发送一个 E-mail 给"同学"组中所有成员。

任务 7　用搜索引擎查询信息

【任务描述】

本任务学习用搜索引擎查询信息的方法。

【相关知识与技能】

Internet 是一个全球性巨大的互联网，信息资源遍布世界的各个站点，搜索引擎可以帮助用户在浩瀚的信息海洋中查询感兴趣的信息。

搜索引擎是某些站点提供的用于网上查询的程序。这些网站通过复杂的网络搜索系统，将互联网上大量网站的页面收集到一起，经过分类处理并保存。用户查询时，该系统根据收集的信息对用户请求做出反应。Internet 上有许多站点提供搜索引擎，像 Yahoo、Infoseek、百度等，都是网上很著名、功能很完善的搜索站点。

利用搜索引擎进行网上搜索时，可以选择两种方法：一种是目录搜索，提供分类搜索；另一种是关键词搜索，提供按关键词搜索。

1．目录搜索

目录搜索是将各种各样的信息按大类、子类、子类的子类等树形结构组织成供用户搜索的类目和子目录，直到找到相关信息的网址。这种方法类似于图书馆的分类结构，查询步骤清晰直观、结果准确。

目录搜索的搜索方法如下：

（1）打开 IE 浏览器，在地址栏中输入搜索引擎的网站，例如，搜狐网站搜索引擎的网址是 http://www.sohu.com，建立与搜狐网站搜索引擎的连接，如图 6-37 所示。

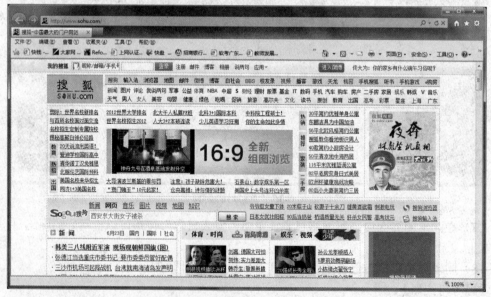

图 6-37　建立与搜狐网站搜索引擎的连接

（2）在网页下方列出的内容即分类目录，如选择"教育"项，则进入"教育"的一级目录中，如图 6-38 所示。

图 6-38　进入"教育"的一级目录

（3）在一级目录中还细分了各类大学，如果需要查找更具体的信息，可以再选择列出的子项，直到找到符合条件的信息。

2．关键词搜索

用户按一定规则输入关键字、词组、句子等，搜索引擎在相应的索引数据库中查找相关信息，同时将输入的关键字与数据库中存储的信息进行匹配，直到找到相关信息，并把结果返回给用户。

下面以著名的搜索引擎"百度"为例，介绍关键词的搜索方法。

（1）打开 IE 浏览器，在地址栏中输入百度搜索引擎的网站地址：http://www.baidu.com，建立与百度网站搜索引擎的连接，如图 6-39 所示。

图 6-39　建立与百度网站搜索引擎的连接

（2）在搜索引擎的关键词输入框内输入要查找信息的关键词，例如"计算机网络技术"，单击"百度一下"按钮，等待片刻，百度搜索引擎把找到的信息按关键词出现的频率排列出来，如图 6-40 所示。单击显示的信息即可进入相应的网站。

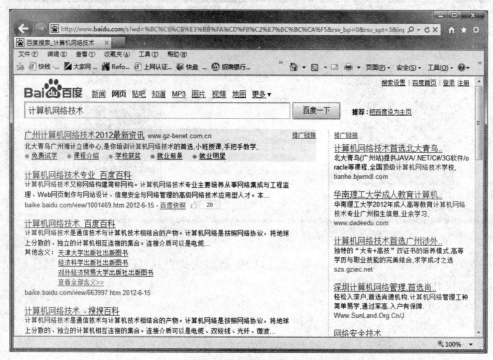

图 6-40　搜索引擎把找到的信息按关键词出现频率排列

习　　题

一、简答题

1．什么是计算机网络？

2．远程网和局域网各有什么特点？

3．什么是网络的拓扑结构？常见的网络拓扑结构有哪几种？

4．网络有哪些基本组成部件？各部件的作用是什么？

5．网络中常用的传输介质有哪几种？各有什么特点？

6．什么是网络协议？其作用是什么？

7．局域网有哪几种连接方式？

8．什么是 TCP/IP？什么是 IP 地址？

9．ISP 的含义是什么？

10．什么是 WWW？有哪些主要应用？

11．如何在 Internet 上查找自己所需的信息？

12．叙述 Internet 中域名与 E-mail 地址形式？

13．使用 IE 6.0 的电子邮件功能需要进行哪些基本设置？

二、上机操作题

1．根据 ISP 提供的账号，创建一个 ADSL 连接，并设置为"Internet 连接共享"。通过与其相连的另一台计算机检验设置的正确性。

2．使用浏览器访问 ftp://ftp.scut.edu.cn，并从中下载文件。

3．在 Internet 中申请免费空间，使用 FTP 程序上传文件。

4．按 ISP 提供的账号，设置邮件服务器。

5．用 Word 编辑一个较小的文档，然后作为附件给自己发送一个邮件。

6．用 Windows 7 的"画图"工具画一张图片，将这张图片发送给自己，然后将该图片转发给其他人。

7．练习用 IE 漫游 WWW。

8．从网上搜索介绍使用 Windows 7 实现 Internet 连接共享的文章，并下载其中一篇保存，保存的类型为"网页、全部（*.htm;*.html）"。

第7章 多媒体软件应用

"多媒体"一词译自英文"Multimedia"，集文本、声音、图像、视频和动画等为一体。多媒体软件工具包括字处理软件、绘图软件、图像处理软件、动画制作软件、声音编辑软件以及视频编辑软件等。

随着计算机技术的迅速发展以及多媒体技术的广泛应用，计算机不仅是人们工作、学习的重要工具，而且也让人们享受到计算机带来的数字化生活和娱乐的乐趣。进入 20 世纪 90 年代后，多媒体技术得到了飞速发展，在教育、商业、文化娱乐、工程设计、通信等领域的广泛应用，不仅为人们描绘了一个多姿多彩的视听世界，也使得人们的工作和生活方式发生了巨大的改变。

本章学习多媒体技术的基本概念和图形图像处理软件 Photoshop CS 的应用，为进一步学习和应用多媒体技术打下基础。

任务 1 初步认识多媒体技术

【任务描述】

多媒体技术是当今计算机软件发展的一个热点。本任务初步认识多媒体与多媒体技术的概念。

【相关知识与技能】

多媒体技术使得计算机可以同时交互地接收、处理并输出声音、图形、图像、文本、音频信号、视频信号等信息，给人们的工作、生活和娱乐等带来了极大的方便和乐趣。

1. 媒体

媒体（Media）在计算机领域中有两种含义：一是指用以存储信息的载体，如磁盘、光盘、磁带和半导体存储器等存储设备；二是指表示信息的载体（或称信息的表现形式），如文本、声音、图形、图像、视频、动画等多种表示形式，可向人们传递各种信息。多媒体技术中的媒体是指后者。

2. 多媒体

多媒体（Multimedia）是指使用计算机技术将文字、声音、图形、图像等信息媒体集成到同一个数字化环境中，形成一种人机交互、数字化的信息综合媒体。多媒体是多种信息的集成应用，其基本元素主要有文本、图形、图像、动画、音频、视频等。

3. 多媒体技术

多媒体技术是一种基于计算机技术处理多种信息媒体的综合技术，包括数字化信息的处理技术、多媒体计算机系统技术、多媒体数据库技术、多媒体通信技术和多媒体人机界面技术等。多媒体技术具有集成性、交互性、数字化、可控制性、实时性、非线性等特点，多媒体技术的应用产生了许多新的应用领域。

多媒体的关键技术包括数据压缩技术、大规模集成电路（VLSI）制造技术、CD-ROM 大容量光盘存储器、实时多任务操作系统等。

【知识拓展】

多媒体计算机除了计算机本身必备的硬件组成部件（如 CPU、主板、内存条、硬盘等）外，还有用于处理、存储多媒体数据的一些专用设备。

1. 音频卡（声卡）

多媒体计算机的标准配件之一，主要作用是对声音信息进行获取、编辑、播放等处理，为 CD、合成器等音乐设备提供数字接口和集成能力。按音频信号处理器位数来分类，如 16 位声卡、32 位声卡和 64 位声卡等。

2. 视频卡

多媒体计算机的标准配件之一，主要作用是对视频信号进行捕获、存储、播放等处理，为电视、摄像机等视频设备提供接口和集成能力。

3. 光盘和光盘驱动器

CD-ROM 是目前多媒体计算机中使用较多的一种光盘，其性能指标有数据的传输速率和内部缓冲存储器的大小及效率等。

随着计算机技术的迅速发展以及多媒体技术的广泛应用，计算机不仅是人们工作、学习的重要工具，而且也让人们享受到计算机带来的数字化生活和娱乐的乐趣，如听歌、看电影。Windows 7 提供了强大的多媒体功能。

任务 2 图形与图像技术基础

【任务描述】

本任务初步学习图形图像技术基础知识。

【相关知识与技能】

1. 图形与图像处理技术

图形和图像是两个不同的概念。图形指可以用数学方程描述的平面或立体透视图；图像指通过实际拍摄或卫星遥感获得的，或印刷、绘制得到的画面。

计算机图形技术用计算机通过算法和程序在显示设备上构造图形。图形可以描绘现实世界中已存在的物体，或描绘某种想象，或虚拟对象，其研究对象是一种用数学方法表示的矢量图文件。

计算机图像技术是对景物或图像的分析技术，是计算机图形处理的逆过程，包括图像增强、模式识别、景物分析、计算机视觉等，研究如何从图像中提取二维或三维物体的模型。

计算机图形技术与图像技术都是用计算机处理图形和图像，但属于不同的技术领域。由于计算机技术、多媒体技术、计算机造型与动画技术等的迅速发展，两者之间的结合日渐密切并互相渗透。

例如，可以用计算机将图形与图像结合起来，构造出效果逼真的造型或动画；将图形交叉技术与图像处理技术结合，建立实用的交互图像处理系统等。

2. 矢量图与位图

（1）矢量图：指用数学方程或形式描述的画面。画矢量图时，需要用到大量的数学方程式，由轮廓线经过填充而得到。矢量图处理技术的关键，是如何用数学及算法描述图形，并将其在光栅图形显示器上显示出来。

（2）位图（点阵图）：由许多像素点组成的画面，其像素排列的形状为矩形。每个像素被分配一个特定的位置和颜色值。用户对点阵图进行处理时，编辑像素，而不是对象或形状。

矢量图由线条的集合体创建，可节省存储空间；位图由排列成图样的单个像素组成。两种格式中，位图易于产生更加微妙的阴影和底纹，但需要更多的内存和更长的处理时间。矢量图可以提供比较鲜明的线条，且需要较少的资源。

放大位图的效果是增加像素，会使线条和形状显得参差不齐。如果从较远的位置观看，位图的颜色和形状是连续的。缩小点阵图尺寸时，通过减少像素使整个图像变小，将引起原图变形。

3. 分辨率

分辨率是指单位区域内包含的像素数目。常用的分辨率有图像分辨率、显示分辨率、输出分辨率和位分辨率 4 种。有两种分辨率的单位，即"（pixel percent inch）"（像素/英寸）和"pixel/cm"（像素/厘米），其中，前一个单位较为通用，简写为 ppi。

（1）像素尺寸。像素尺寸是位图图像高度和宽度的像素数目。屏幕上图像的显示尺寸由图像的像素尺寸加上显示器的大小和设置确定，图像的文件大小与其像素尺寸成正比。例如，若图像需要在 13 英寸显示器上显示，则图像大小可能要限制为最大 640×480 像素。

（2）图像分辨率。图像分辨率是指图像中每单位长度所包含的像素的数目，用图像的横向像素和纵向像素表示，常以像素/英寸（ppi）为单位。例如，水平有 800 个像素，纵向有 640 个像素的一幅图像，其分辨率是 800×640。分辨率影响到图像的质量和清晰度。图像分辨率越高，图像质量越好，图像越清晰。但是，过高的分辨率会使图像文件过大，对设备要求也越高。

图像的尺寸同时由 Width、Height 和 Resolution 三个值确定。例如，宽和高都为 10 英寸，分辨率为 72ppi 的图像，在屏幕上显示时要占用 720×720 像素。

确定图像的分辨率时，应考虑图像最终发布媒介。以下是几种常用的图像分辨率：

- 发布用于网页上的图像分辨率：72ppi 或 96ppi。
- 报纸图像通常设置的分辨率：120ppi 或 150ppi。
- 打印的图形分辨率：150ppi。
- 彩版印刷通常设置的图像分辨率：300ppi。
- 大型灯箱图形的图像分辨率一般：不低于 30ppi。
- 一些特大的墙面广告等有时可设定在：小于 30ppi。

（3）显示器分辨率（屏幕分辨率）。显示器分辨率即显示器上每单位长度显示的像素数，通常以点/英寸（dpi）为度量单位。显示器分辨率取决于显示器大小加上其像素设置。

（4）打印机分辨率。打印机分辨率即图像中每单位打印长度显示的点数。打印机的分辨率通常以 dpi（每英寸中包含的点数）表示。目前市场上的 24 针针式打印机的分辨率大多为

180dpi，喷墨或激光打印机的分辨率可达 300dpi、600dpi，甚至高达 1400dpi。如果要打印这么高的分辨率，必须使用特殊的打印纸张。

（5）扫描仪分辨率。扫描仪分辨率指扫描仪的解析极限。表示的方法和打印机分辨率类似，一般也以 dpi 表示。这里的点是指样点，与打印机的输出点不同。

（6）位分辨率。位分辨率又称位深，用来衡量每个像素所保存的颜色信息的位元数。例如，一个 24 位的 RGB 图像，表示其三原色 R、G、B 均使用 8 位，三色之和为 24 位。在 RGB 图像中，每一个像素均记录 R、G、B 三原色值。因此，每一个像素所保存的位元数为 24 位。

4. 常见色彩模式

颜色模式决定显示和打印文档的色彩模型。每种模式都有其特点和适用范围，用户可以根据需要和制作要求确定色彩模式，各种色彩模式可以相互转换。本任务简单介绍常用的几种色彩模式。

（1）RGB 色彩模式。自然界中绝大部分的可见光谱可以通过红、绿、蓝三色光按不同比例和强度的混合来表示。在颜色重叠的位置，产生青色、洋红和黄色。

三基色原理：自然界中的任意一种颜色都可以由红（Red）、绿（Green）蓝（Blue）三种颜色按一定比例组成。

RGB 色彩模式（三基色颜色模式）可以合成高达 1670 万种颜色，通常称为真彩色。RGB 模型又称为加色模型，适用于光照、视频和显示器。

RGB 图像是三通道图像，每个颜色通道的颜色值由 8 位数据表示，因而包含 24（8 位×3 通道）位/像素。

在 RGB 图像中，每个像素含有 0～255 的红色、0～255 的绿色与 0～255 的蓝色，当所有三个颜色都是 255 时，该像素为白色；当所有三个颜色都为 0 时，该像素为黑色；当所有三个颜色相等，且取值在 0～255 之间时，该像素为灰色。

由于计算机屏幕显示的色彩由 RGB（红、绿、蓝）三种色光合成，该模式又称为加色模式。可以用加色法来计算混合后的色彩，色光越多，越接近白色。

（2）CMYK 模式。在图像印刷中采用的色彩模式。当光线照射到某个物体上时，该物体吸收一部分光线，并反射其余的光线，反射的光是人眼看到的物体颜色。这是一种减色色彩模式，与加色模式刚好相对。按照这种模式，演变出适用于印刷的 CMYK 模式。

CMYK 模式由用于打印分色的四种颜色：青（Cyan）、洋红（Magenta）、黄（Yellow）、黑色（Black）组成。其中，Black 以"K"表示（避免与 Blue 混淆）。CMYK 模式即减色模式，由于青、洋红、黄分别是光谱色中红、绿、蓝的补色，从而模拟出白光被物体吸收部分色光后的反射光。

CMYK 模式图像是四通道图像，包含 32（8×4）位/像素。绝大数情况下，CMYK 图像用 Photoshop 与其他类型的程序从 RGB 图像转换而来。

注意：打印机只能识别 CMYK 模式，如果需要打印一幅其他模式的图像，应先转换为 CMYK 模式的图像。

（3）HSB 模式。颜色模式可用颜色的色相（Hub）、饱和度（Saturation）与亮度（Brightness）三个属性来描述，称为 HSB 模式。这种色彩模式十分直观且方便。

色相是用普通的颜色名称（如橙色、紫色和粉红色）描述颜色的类别，若以一个圆柱形的立体图表示 HSB 颜色模式，则色相用圆柱体圆周上的位置表示，遵循红－橙－黄－绿－蓝一青一紫一黑一红的色序循环。饱和度以距中心的距离来描述，中心点的饱和度为 0%，表示中性灰色。圆柱体水平方向的薄片表示亮度值，圆柱体的底部亮度最暗（100%），顶部亮度最亮（0%）。圆柱体的每一个水平薄片表示在某一特定亮度百分比时的色环。

在 HSB 模式中，色相主要用于调整颜色，取值范围为 0 度到 360 度；彩度指颜色的深度，取值范围为 0%（灰色）～100%（纯色）。例如，同样是红色，由于浓度的不同而分为深红或浅红。亮度指颜色明暗程度，取值范围为 0%（黑色）～100%（白色）。

（4）索引颜色模式。在索引色彩图像中，图像像素点的色彩不是直接通过颜色系统描述，而是指向一个索引表，由索引表描述颜色信息。该模式下的图像只有一个颜色通道，该通道中保存 8 位（或更少）颜色信息，因而图像只有 256 种颜色。

索引颜色模式广泛应用于因特网的图像传送和网页制作中。由于颜色信息只占用一个通道，与三通道相比，可节省大量存储空间。

这种模式只提供有限的编辑，如果需要进一步编辑，应临时转换为 RGB 模式。

注意：若要将多于 256 种颜色的图像转换为索引颜色模式，最好将原始颜色文件进行备份，以免在转换的过程中将颜色丢失。

（5）灰度模式。灰度（Grayscale）模式是一种灰度图，又称 8 比特深度图。图像由 8 位/像素的信息组成，并使用 256 级的灰色模拟颜色的层次。用户可以将一个位图模式的黑白图像或其他模式的彩色图像转换成灰度模式。

灰度模式只有一个黑色通道，通道中记录 8 位灰度信息，因而该模式下的文件是一幅共有 256 级灰度的图像。

从彩色模式转换为灰度模式时，将会丢失所有的彩色信息，只根据彩色图像的亮度产生相应的灰度图像。将灰度图像转换为 RGB 或 CMYK 彩色图像时，灰度像素被转换为相应颜色空间的颜色值。

在 RGB 模式中，通过混合相等的红、绿、蓝产生灰度。例如，230 的红色、230 的绿色与 230 的蓝色，表示 10% 的灰色。

在 CMYK 模中，灰度值通过混合青、品红、黄、黑来创建。例如，45% 的青色、32% 的黄与 10% 的黑色混合，可创建出 50% 的灰度。

（6）位图模式。位图（Bitmap）模式是一种特殊的灰阶模式，该模式下的像素颜色只有黑和白两种，即只有一位。因此，这种模式记录的图像占用存储空间最小。

对于线画原稿，为保持其线条的锐化度，通常被扫描成位图像。在"Bitmap"模式时，许多图像编辑功能都将失效，用户可以在转换成位图模式前的灰度模式中编辑图像。

5．图形系统的组成

计算机图形系统包括硬件系统与相应的软件系统。硬件系统主要包括计算机主机、图形显示器、鼠标与键盘等。根据需要，还可以包括图形输入板、绘图机、图形打印机等设备。目前，数码相机、数码摄像机等也是常见的图形输入设备。

软件系统主要包括操作系统、图形软件，以及其他相关软件与高级语言开发环境等。

6．常见图像存储格式

图像文件格式指用计算机表示、存储图像的方法，可以分为矢量格式与位图格式。图像文件格式的形成与图像的存储方式、存储技术等有关，一般可通过文件的扩展名来区分各种格式的图像文件，如 JPG、TIF 等。

不同文件格式有其各自的特点和用途，选择输出图像文件格式时，应注意考虑图像的应用目的和图像文件格式对图像数据类型的要求。

（1）BMP（*.BMP）格式：Microsoft 和 IBM 公司开发的位图文件格式，支持 1 位、4 位、8 位和 24 位颜色。BMP 格式支持 RGB、索引颜色、灰度和位图颜色模式。彩色图像存储为 BMP 格式时，每一个像素占用的位数可以是 1、4、6、32 位，对应的颜色数也随之从黑白到真彩色。灰度图像在 BMP 文件中以索引图像格式存储。

（2）PSD 和 PDD（*.PSD、*.PDD）格式：Photoshop 专用的文件格式，支持 Photoshop 中所有的图像类型，能够保存图像数据的每个细小部分。理论上，该文件格式能保存的通道数和图层数不受限制。

（3）JPEG（Joint Photographic Experts Group，联合图片专家组）格式：一种有损压缩图像格式，支持 24 位颜色。JPEG 格式（*.JPG）是一个较大压缩的文件格式，其压缩率是目前图像格式中最高的（可以在保存文件时选择）。JPEG 图像在打开时自动解压缩。JPEG 格式可以用较少的磁盘空间存储质量较好的图像，已为大多数软件所支持。使用该格式后，图像显示会稍微有些变化，但打印效果还是可以的。由于压缩时存在一定程度的失真，制作印刷品时最好不要选择该格式。JPEG 格式支持 RGB、CMYK 和灰度颜色模式，主要用于图像预览和制作 HTML 网页。

（4）TIFF（Tag Image File Format，标记图像文件格式）格式：Aldus 公司开发的位图文件格式，支持 24 位颜色，是广泛应用于各平台与应用程序之间进行保存与交换图像信息的文件格式。TIFF 格式（*. TIFF）是一种灵活的位图图像格式，几乎所有的扫描仪和多数图像软件都支持这一格式。该格式有非压缩和压缩方式之分，与 EPS、BMP 等格式相比，其图像信息最紧凑。TIFF 文件的结构比其他格式较大而且复杂，因此，文件相对较大。

（5）TGA（*.TGA）格式：是 Truevision 公司开发的位图文件格式，支持 32 位颜色，目前广泛应用于绘图、图形和图像应用程序、静态视频编辑等方面。MS-DOS、Windows、UNIX 和 Atari 等平台及许多应用程序均支持该格式。

（6）PCX（*.PCX）格式：用于 Windows 中画笔的位图文件格式，支持 24 位颜色，在扫描仪、页面设计程序包和各种绘画程序中早已成为标准的格式。由于该格式比较简单，特别适合保存索引和线画高模图像，缺点是只有一个颜色通道。

（7）GIF 格式：图形交换格式，由 CompuServer 公司开发的经过压缩的格式。占用磁盘空间较少，仅支持 256 色，用于高对比度的图像。在 WWW 和其他网上服务的 HTML（超文本标记语言）文档中，GIF 文件格式普遍用于显示索引色彩图形和图像。

（8）PICT（*.PIC、*.PCT）格式：广泛用于 Macintosh 图形和页面版程序中，作为应用程序间的中间文件。PICT 格式能够对具有大块颜色的图像进行有效压缩。该格式支持 RGB、索引颜色、灰度和位图模式，在 RGB 模式下还支持 Alpha 通道。

（9）其他图像文件格式：除以上文件格式外，图像文件常用的文件格式还有 PCD 格式、MAC 格式、CAL 格式、IMG 格式、CT 格式、EPS 格式、PXR 格式等。

任务3 Photoshop CS 的应用案例

【任务描述】

Photoshop 是 Adobe 公司开发的图像处理软件，无论是平面广告设计、室内装潢，还是处理个人照片，Photoshop 都已经成为不可或缺的工具。近年来，随着数码相机的普及，Photoshop 越来越受大家的喜爱及广泛使用。Photoshop 虽然功能强大，但是也易学易用，适应于不同水平的用户。本任务通过案例学习 Photoshop CS 的使用。

【案例】　新年海报的制作。

【方法与步骤】

为了营造一个喜庆的气氛，本案例采用了几个喜庆元素：灯笼、烟花、福娃、富贵花、金元宝等，整个海报以红色为基本色调。选取与设计思想一致的元素是很重要的，它关系到设计制作的最终效果，并且好的元素可以使设计事半功倍。

本案例应用工具有移动工具 、魔棒工具 、套索工具 、渐变填充 、文字工具 T. 等，命令有图层样式、变换中的水平翻转、旋转、缩放、自由变换、滤镜中的镜头光晕等。

1. 制作海报背景

（1）在菜单栏上选择"文件→新建"选项，弹出打开"新建"对话框。设置文件名为"新年海报"，图像宽度为 1024 像素，高度为 768 像素，"分辨率"为 72，"颜色模式"为 RGB 颜色，单击"确定"按钮，如图 7-1 所示。

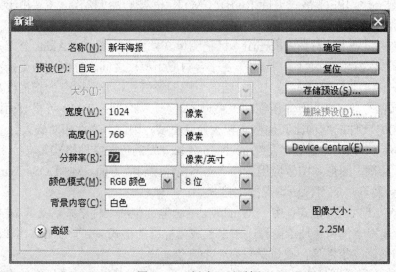

图 7-1　"新建"对话框

（2）在工具箱中选择"渐变工具"（见图 7-2 中的❶处），在工具选项栏中设置为"径向渐变"（见图 7-2 中的❷处），单击"点按可编辑渐变"（见图 7-2 中的❸处），弹出"渐变编辑器"对话框，如图 7-3 所示。单击图中的❶处，此时"颜色"（见图 7-3 中的❷处）为可设置。

（3）单击"颜色"（见图 7-3 中的❷处），弹出"选择色标颜色:"对话框，如图 7-4 所示，设置色彩 RGB 分别为 223、46、59。单击"确定"按钮，回到图 7-3。

（4）单击图 7-3 中的❸处，再次单击"颜色"（见图 7-3 中的❷处），弹出"选择色标颜色"对话框，设置色彩 RGB 分别为 232、19、19。单击"确定"按钮，返回图 7-3。单击"新建"按钮（见图 7-3 中的❹处），生成一个新的渐变填充样式，如图 7-5 所示。

（5）在"新年海报"工作区的中心点向右下角拖出一条直线，将得到图 7-6 所示效果。

图 7-2 选择"渐变工具"

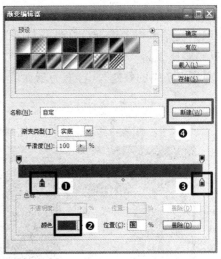

图 7-3 "渐变编辑器"对话框

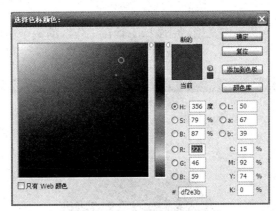

图 7-4 "选择色标颜色:"对话框

图 7-5 新的渐变填充样式

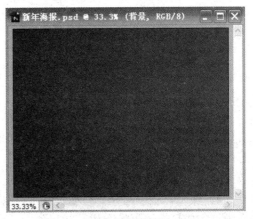

图 7-6 渐变效果

2. 图像的合成

（1）在菜单栏上选择"文件→打开"选项，找到并打开素材文件"灯笼.psd"。在工具箱中选择"魔棒工具"（见图 7-7 中的❶处），工具选项栏显示魔棒工具的属性；选择"添加到选区"（见图 7-7 中的❷处），容差为默认值"32"。

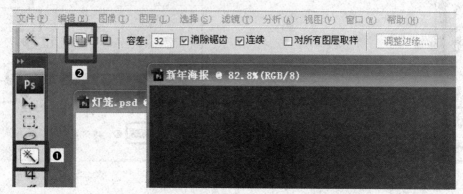

图 7-7 选择"魔棒工具"

（2）"灯笼.psd"为当前工作文档，用魔棒工具在工作区的两个空白处单击，效果如图 7-8 所示。

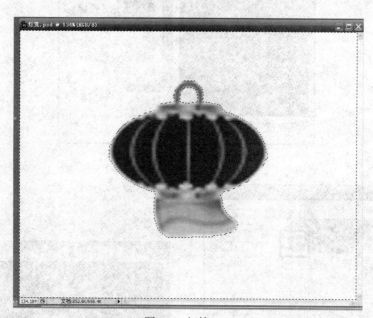

图 7-8 灯笼.psd

（3）在菜单栏上选择"选择（S）→反向（I）"选项，实现对灯笼的抠图选择。在灯笼选区内单击鼠标右键，在弹出的快捷菜单中选择"羽化…"选项，如图 7-9 所示。在弹出的"羽化选区"对话框中设置"羽化半径"为"3"像素，如图 7-10 所示，实现抠像后灯笼边角的柔和效果。

（4）在工具栏中选择"移动工具"（见图 7-11），用鼠标将灯笼拖动到"新年海报.psd"文件中，完成灯笼的抠像合成，效果如图 7-12 所示。

图 7-9 灯笼的快捷菜单

图 7-10 "羽化选区"对话框

图 7-11 移动工具

图 7-12 拖动灯笼的效果

　　提示：将"灯笼.psd"作为当前文档，在菜单栏中选择"编辑→拷贝"选项，复制灯笼；使"新年海报.psd"成为当前文档，在菜单栏中选择"编辑→粘贴"选项，也可以完成同样的操作。

　　（5）将"新年海报.psd"作为活动文档，在菜单栏上选择"编辑→变换→缩放"选项，按住 Shift 键的同时拖动鼠标，对灯笼进行等比缩小操作。用移动工具将灯笼移动到右上角，效果如图 7-13 所示。

　　（6）在图层面板的"图层 1"上单击鼠标右键，在弹出的快捷菜单中选择"图层属性……"，弹出"图层属性"对话框，将名称改为"灯笼一"，如图 7-14 所示，单击"确定"按钮。

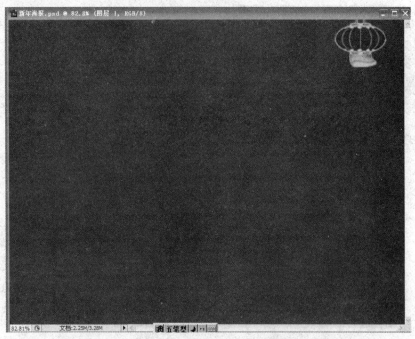

图 7-13　将灯笼移动到右上角

图 7-14　"图层属性"对话框

（7）选择"灯笼一"，使其成为当前活动图层。在菜单栏上选择"图层→新建→通过拷贝的图层"选项，复制"灯笼一 副本"，并用前一个步骤的方法将其改名为"灯笼二"，如图 7-15 所示。

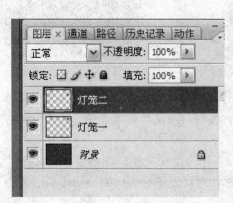

图 7-15　"图层"面板

（8）选择"灯笼二"，使其成为当前活动图层。在菜单栏上选择"编辑→变换→旋转"选项，对当前灯笼进行旋转操作，效果如图 7-16 所示。

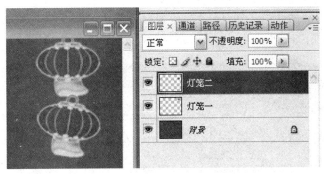

图 7-16 "灯笼二"旋转的效果

（9）在图层面板拖动"灯笼二"到"灯笼一"下面，效果如图 7-17 所示。

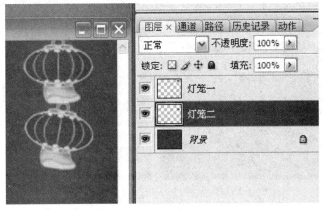

图 7-17 将"灯笼二"拖动到"灯笼一"下面

（10）重复（7）、（8）、（9）步骤，拷贝新建图层"灯笼三"、"灯笼四"，并作相应的旋转及位置摆放，效果如图 7-18 所示。

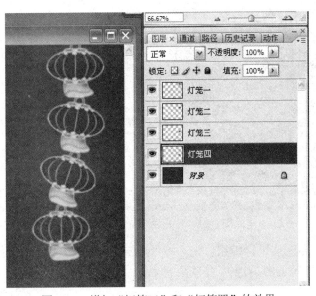

图 7-18 增加"灯笼三"和"灯笼四"的效果

（11）在菜单栏上选择"文件→打开…"选项，打开素材文件"花纹.psd"。选择"花纹"图层（见图 7-19），用"移动工具"将花纹素材拖入"新年海报.psd"中，效果如图 7-20 所示。

图 7-19 选择"花纹"图层

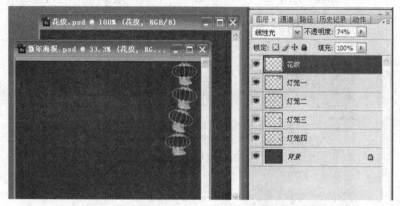

图 7-20 将花纹素材拖入"新年海报"中的效果

（12）选择"新年海报"为当前活动文档，将"花纹"图层拖动到"背景"图层上方。在菜单栏上选择"编辑→变换→缩放"选项，对花纹进行放大操作，使花纹与背景一样大，效果如图 7-21 所示。

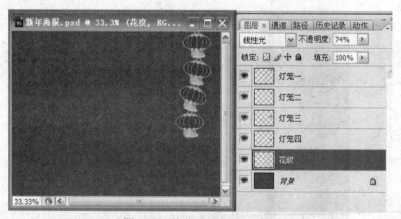

图 7-21 使花纹与背景一样大

（13）对四个灯笼图层进行编组。先选择"灯笼一"，再按住 Shift 键依次选择"灯笼二"、"灯笼三"、"灯笼四"（见图 7-22）。在菜单栏上选择"图层→图层编组"选项，效果如图 7-23 所示。

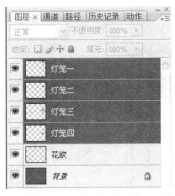

图7-22 对四个灯笼编组

图7-23 编组后的效果

（14）"组1"图层改名为"灯笼"，如图7-24所示。

图7-24 "组1"图层改名为"灯笼"

（15）采用同样方法，打开素材文件"烟花.psd"，用"移动工具"将其拖入"新年海报.psd"。在菜单栏上选择"编辑→自由变换"选项，对其进行缩放及旋转操作。用"移动工具"将其移到右上角，效果如图7-25所示。

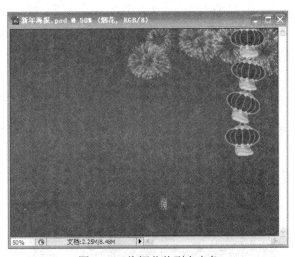

图7-25 将烟花移到右上角

（16）选中"烟花"图层，在菜单栏上选择"图层→新建→通过拷贝的图层"选项，生成"烟花 副本"图层，将其改名为"烟花2"，如图7-26所示。

图 7-26　生成图层"烟花 2"

（17）用"移动工具"将"烟花 2"中的内容移动到左上角。在菜单栏上选择"编辑→变换→水平翻转"选项，将其水平翻转，效果如图 7-27 所示。

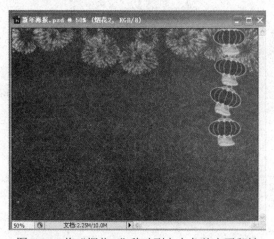

图 7-27　将"烟花 2"移动到左上角并水平翻转

（18）打开素材文件"珠宝.psd"，将其拖入"新年海报.psd"中进行图像合成，如图 7-28 所示。将图层改名为"珠宝"。

图 7-28　合成后的图像

（19）对"珠宝"素材进行修饰处理，删除多余的内容。选择"珠宝"图层为当前活动图层，使用工具箱中的"套索工具"（见图 7-29）圈选多余的内容，如图 7-30 所示；按 Del 键清除选中的内容，效果如图 7-31 所示。在菜单栏上选择"选择→取消选择"选项，取消选择。

图 7-29　套索工具　　　　　　　　　　　　　图 7-30　圈选多余的内容

图 7-31　清除选中的内容

（20）用同样的方法，依次将素材文件"花.psd"、"福娃.psd"拖入"新年海报.psd"中进行图像合成，更改所在图层名为"花"、"福娃"。两素材的摆放位置及大小如图 7-32 所示。

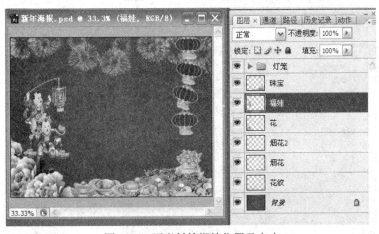

图 7-32　两素材的摆放位置及大小

3. 图层样式的使用

（1）选择"福娃"图层，使其成为当前活动图层。在菜单栏中选择"图层→图层样式→混合选项…"选项，弹出"图层样式"对话框，如图 7-33 所示。

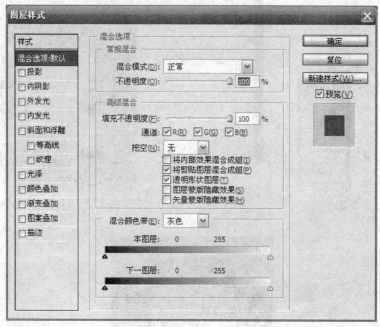

图 7-33 "图层样式"对话框

（2）在"图层样式"对话框中选中"投影"复选框并单击；在"图层样式"对话框的右边出现"投影"的属性。设置"角度"：120，"距离"：5，"扩展"：8，"大小"：0，其他采用默认值，如图 7-34 所示。单击"确定"按钮，使设置生效。效果如图 7-35 所示。

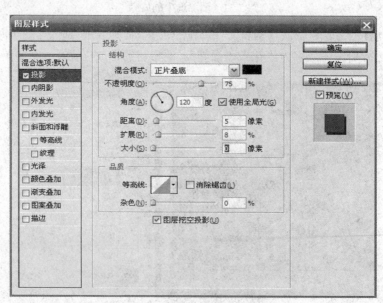

图 7-34 设置"投影"属性

图 7-35 设置"投影"属性的效果图

（3）按照上面的方法。将"花"图层作为当前活动图层，在菜单栏中选择"图层→图层样式→混合选项…"选项；在"图层样式"中选择"外发光"选项；在"外发光"属性中设置"扩展"：13，"大小"：56，如图 7-36 所示。

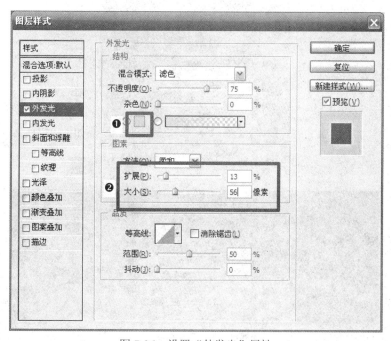

图 7-36 设置"外发光"属性

（4）在图 7-36 中单击❶处，弹出"拾色器"对话框，设置 RGB 为：244，244，37，如图 7-37 所示。单击"确定"按钮，使设置生效，效果如图 7-38 所示。

（5）将"花"图层置为当前活动图层，单击鼠标右键，在弹出的快捷菜单中选择"拷贝图层样式"选项；将"珠宝"图层设置为当前活动图层，单击鼠标右键，在弹出的快捷菜单中选择"粘贴图层样式"选项，效果如图 7-39 所示。

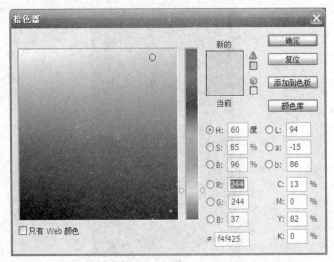

图 7-37　"拾色器"对话框

图 7-38　设置"外发光"属性的效果图

图 7-39　设置效果图

（6）展开"灯笼"组图层，将"灯笼一"图层作为当前活动图层，在菜单栏中选择"图层→图层样式→混合选项…"选项；在"图层样式"中选择"外发光"选项，在"外发光"属性中（见图 7-36）设置"扩展"：0，"大小"：18。单击图 7-36 中❶处，弹出"拾色器"对话框（见图 7-37），RGB 设置为：255，255，255。单击"确定"按钮，使设置生效，效果如图 7-40 所示。

图 7-40　"灯笼一"的设置效果

（7）拷贝"灯笼一"图层样式，分别粘贴到"灯笼二"、"灯笼三"、"灯笼四"，效果如图 7-41 所示。

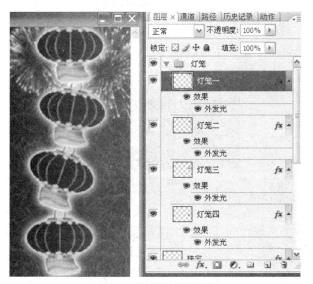

图 7-41　拷贝样式的效果

4. 文字制作及滤镜的使用

（1）在工具栏中选择"横排文字工具"（见图 7-42）。

图 7-42　横排文字工具

（2）在文字选项栏（见图 7-43）中单击❶，弹出"选择文本颜色"对话框，参数设置如图 7-44 所示。单击"确定"按钮，使设置生效。

图 7-43　文字选项栏

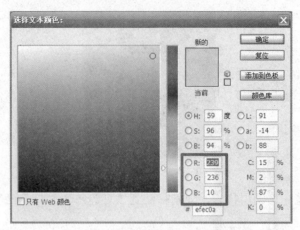

图 7-44　"选择文本颜色:"对话框

（3）在"灯笼一"处输入"恭"字，在工具选项栏中单击"√"按钮（见图 7-45 中❶处），确认输入。若输入错误，可单击图中❷处删除。

图 7-45　工具选项栏

（4）重复步骤（3），分别在"灯笼二"、"灯笼三"、"灯笼四"处输入"贺"、"新"、"禧"。在菜单栏上选择"编辑→变换→旋转"选项以及"移动工具"，对字的位置进行调整，效果如图 7-46 所示。将"恭"、"贺"、"新"、"禧"四个图层进行"图层编组"，如图 7-47 所示。

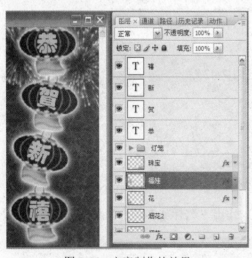

图 7-46　文字制作的效果

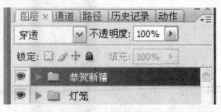

图 7-47　图层编组

（5）在工具栏中选择"横排文字工具"，在文字选项栏中设置如图 7-48 所示，文本颜色设置同步骤（2）。

图 7-48　在文字选项栏中设置

（6）分别输入"新"、"年"，用"移动工具"将文字放在合适的位置，如图 7-49 所示。

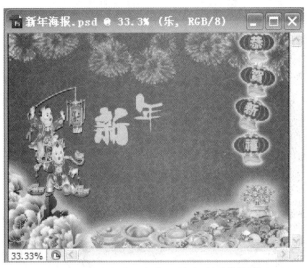

图 7-49　将文字"新年"放在合适的位置

（7）在工具栏中选择"横排文字工具"，在文字选项栏中设置如图 7-50 所示，文本颜色设置同步骤（2）。输入"快"字；将文字大小参数设为 250 点，输入"乐"字，用"移动工具"移至合适位置，效果如图 7-51 所示。

图 7-50　在文字选项栏中的设置

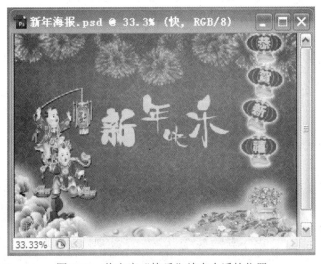

图 7-51　将文字"快乐"放在合适的位置

（8）在工具栏中选择"横排文字工具"，在文字选项栏中设置如图 7-52 所示，文本颜色设置同步骤（2），输入文字"Happy New Year"，如图 7-53 所示。

图 7-52　在文字选项栏中的设置

图 7-53　文字"Happy New Year"的效果

（9）在菜单栏中选择"图层→栅格化→所有图层"选项。将文字图层进行栅格化操作，准备执行滤镜操作。

（10）选择"新"图层，将其作为当前活动图层。在菜单栏上选择"滤镜→渲染→镜头光晕…"选项，弹出"镜头光晕"对话框。"光晕中心"的设置：在对话框中"新"的合适位置单击定位，参数设置如图 7-54 所示。单击"确定"按钮，效果如图 7-55 所示。

图 7-54　"光晕中心"的设置

图 7-55　"镜头光晕"设置的效果

（11）重复步骤（10），分别在"年"、"快"、"乐"合适位置执行"镜头光晕"滤镜，效果如图 7-56 所示。

图 7-56　"镜头光晕"滤镜的效果

提示：滤镜是 Photoshop 中功能最丰富、效果最奇特的工具之一。滤镜是通过不同的方式改变像素数据，以达到对图像进行抽象、艺术化的特殊处理效果。但 Photoshop 软件本身的滤镜并不多，许多的特效要通过外部滤镜才能实现。滤镜应当安装到 Photoshop 的 plus-ins 目录下，否则将无法直接运行滤镜。

【相关知识与技能】

Photoshop CS 的启动：在"开始"菜单中选择"程序→Adobe Photoshop CS"选项，启动 Photoshop CS。第一次启动会提示设置颜色，单击"好"按钮即可。如果提示下载更新，则选择"否"按钮。

启动 Photoshop CS 后，打开系统窗口，如图 7-57 所示。这个窗口是创作的基础。

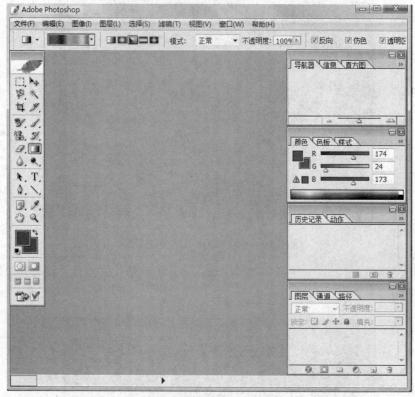

图 7-57　Photoshop CS 窗口

　　Photoshop 的窗口主要由菜单栏、工具箱、属性栏（选项栏）、面板、状态栏和工作区组成。其中，菜单栏、属性栏和状态栏在主窗口上，工具箱、面板是浮动的相对独立的窗口（又称浮动面板），工作区（图像）窗口是主窗口的子窗口，其组成和操作方法与 Windows 其他应用程序的文档窗口是一致的。

习　题

一、简答题

1. 简单说明多媒体、多媒体技术的含义。
2. 多媒体设备除了计算机系统外，一般还有哪些设备？
3. 试说明计算机图形与图像处理的含义。
4. 试说明图像分辨率的概念、类型及其描述的方式。
5. 什么是加色三原色和减色三原色？
6. 常见的色彩模式有哪些？各适用于哪些场合？
7. 常见的图像的存储格式有哪些？各有什么特点？
8. 简述计算机图形图像处理系统的组成。

二、上机操作题

1．在 Photoshop 中新建一个名称为"MyPicture"，图像大小为 540 像素×360 像素，分辨率为 36 像素/厘米，RGB 模式，白色背景的图像窗口，将该窗口放大为 100%，并在画布的正中间画一条直线，然后在直线的上方位置输入一行文字"Photoshop 学习体会"，最后把它保存在你的文件夹中。

2．学校开学准备迎接新生入学，请用 Photoshop CS 设计一张海报。

附录 A ASCII 码表

低位	高位	0 000	1 001	2 010	3 011	4 100	5 101	6 110	7 111
0	0000	NUL	DLE	SP	0	@	P	`	p
1	0001	SOH	DC1	!	1	A	Q	a	q
2	0010	STX	DC2	"	2	B	R	b	r
3	0011	ETX	DC3	#	3	C	S	c	s
4	0100	EOT	DC4	$	4	D	T	d	t
5	0101	ENQ	NAK	%	5	E	U	e	u
6	0110	ACK	SYN	&	6	F	V	f	v
7	0111	BEL	ETB	'	7	G	W	g	w
8	1000	BS	CAN	(	8	H	X	h	x
9	1001	HT	EM	)	9	I	Y	i	y
A	1010	LF	SUB	*	:	J	Z	j	z
B	1011	VT	ESC	+	;	K	[	k	{
C	1100	FF	FS	,	<	L	\	l	|
D	1101	CR	GS	-	=	M	]	m	}
E	1110	SO	RS	.	>	N	↑	n	~
F	1111	SI	US	/	?	O	↓	o	DEL

附录 B　Excel 中数字格式符号的功能与作用

1. 数字格式符号

符号	功能	作用
0	数字预留位置	确定十进制小数的数字显示位置
#	数字预留位置	按小数点右边的 0 的个数对数字进行四舍五入处理，显示开头和结尾的 0
?	数字预留位置	与 0 相同，但不显示开头和结尾的 0
*	填充标记符	与 0 相同，但允许插入空格来对齐数字位，而且要除去无意义的 0，用星号后的字符填满单元格的剩余部分
,	千位分隔符	标记出千位的位置
.	小数点	标记出小数点的位置
_（下划线）	对齐	留出等于下一个字符的宽度；对齐封闭在括号内的负数并使小数点保持对齐
%	百分号	显示百分号，把数字作为百分数
-	连字符	连接两部分字符（也可用作负号）
/	分数分隔符	指示分数
\	文字标记符	其后紧接文字字符
" "	文字标记符	引述文字
@	格式化代码	标示用户输入文字显示的位置
E	科学计数标记符	以指数格式显示数字
[颜色]	颜色标记	用标记出的颜色显示字符

2. 日期和时间的格式符号

符号	示例	含义
yy	98	代表年份（00～99），不足两位数在前面补 0
yyyy	1998	代表年份（1900～9999），四位数
m	9	代表月，不足两位数前面不用补 0
mm	09	代表月，不足两位数在前面补 0
mmm	Sep	代表月，缩写为三个字符
mmmm	September	代表月，全名
mmmm	S	代表月，缩写为月份的第一个字母
d	8	代表日期，不足两位数前面不用补 0
dd	08	代表日期，不足两位数在前面补 0
ddd	Sun	代表星期，缩写为三个字符

续表

符号	示例	含义
dddd	Sunday	代表星期，全名
h	6	代表小时（0～23），不足两位数前面不用补 0
hh	06	代表小时（0～23），不足两位数在前面补 0
m	1	代表分钟（00～59），不足两位数前面不用补 0
mm	01	代表分钟（00～59），不足两位数在前面补 0
s	2	代表秒（00～59），不足两位数前面不用补 0
ss	02	代表秒（00～59），不足两位数在前面补 0
am/pm	AM	代表上午、下午，用于 12 小时格式

3. 常用数字格式示例

格式	数值	显示
G/通用格式	1999.1231	1999.12
0	1999.1231	1999
0.00	1999.1231	1999.12
"#,##0"	1999.1231	"1999"
"#,##0.00"	1999.1231	"1,999.12"
0%	1999.1231	1999.12%
0.00%	1999.1231	199912.31%
0.00E+00	1999.1231	2.00E+03
##0.0E+0	1999.1231	2.0E+3
#?/?	1999.1231	1999 1/8
#??/??	1999.1231	1999 8/65
yyyy-m-d	12-31-99	1999-12-31
h:mm	2:32:40 PM	14:32
d-mmm-yy	1999-12-31	31-Dec-99
mm:ss	2:32:40 PM	32:40
h:mm:ss AM/PM	23:10:00	11:10:00 PM
货币	19991231	￥19,991,231.00
会计专用	19991231	￥19,991,231.00
科学计数	19991231	2.00E+07

附录 C　Excel 常用函数简介

Excel 函数分为 12 类：常用函数、全部、财务、日期与时间、数学与三角函数、统计、查找与引用、数据库、文字、逻辑、信息、用户自定义等。以下是常用函数的简单说明。

1. 数学与三角函数

函数格式	函数功能
ABS(X)	返回参数 X（实数）的绝对值
INT(X)	返回参数 X（实数）的最小整数值
PI( )	返回值为 3.14159265358979，是数学上的圆周率π值，精度为 15 位
RAND( )	返回一个大于等于 0，小于 1 的均匀分布随机数。每次计算时都返回一个新随机数
ROUND(X,位数)	按指定位数，将参数 X 进行四舍五入
SUM(X1,X2,...)	返回参数表中所有数值的和

2. 文本（字符串）函数

函数格式	函数功能
LEFT(文字串,长度)	从一个文字串的最左端开始，返回指定长度的文字串
LEFTB(文字串,长度)	从一个文字串的最左端开始，返回指定长度的文字串；将单字节字符视为 1，双字节字符视为 2；若将一个双字节字符分为两半时，以 ASCII 码空格字符取代原字符
LEN(文字串)	返回一个文字串的字符长度（包括空格）
LENB(文字串)	返回一个文字串的长度，将单字节字符视为 1，将双字节字符（如汉字）视为 2
MID(文字串,开始位置,长度)	从文字中指定起点位置开始，返回指定字符长度的文字串
MIDB(文字串,开始位置,长度)	从文字中指定起点位置开始，返回指定字符长度的文字串；将单字节字符视为 1，将双字节字符视为 2；若将一个双字节字符分为两半时，以 ASCII 码空格字符取代原字符
RIGHT(文字串,长度)	从一个文字串的最右端开始，返回指定字符长度的文字串
RIGHTB(文字串,长度)	从一个文字串的最右端开始，返回指定字符长度的文字串；将单字节字符视为 1，双字节字符视为 2；若将一个双字节字符分为两半时，以 ASCII 码空格字符取代原字符
LOWER(文字串)	将一个文字串中所有的大写字母转换为小写字母
UPPER(文字串)	将一个文字串中所有的小写字母转换为大写字母
TRIM(文字串)	删除文字串中的多余空格，使词与词之间只保留一个空格
VALUE(文本格式数字)	将文本格式数字转换为数值

3. 统计函数

函数格式	函数功能
AVERAGE(X1,X2,...)	返回参数（一系列数）的算术平均值
COUNT(X1,X2,...)	返回参数组中数字的个数
MAX(X1,X2,...)	返回参数清单中的最大值
MIN(X1,X2,...)	返回参数清单中的最小值

4. 逻辑函数

函数格式	函数功能
IF(逻辑值或表达式,条件为 True 时返回值,条件为 False 时返回值)	按条件测试的真（True）/假（False），返回不同的值

5. 日期和时间函数

函数格式	函数功能
DATE(年,月,日)	返回一个特定日期的序列数
DATEVALUE(日期文字串)	返回"日期文字串"所表示的日期的序列数
DAY(日期序列数)	返回对应于"日期序列数"的日期，用 1～31 的整数表示
MONTH(日期序列数)	返回对应于"日期序列数"的月份值，是介于 1（一月）和 12（十二月）之间的整数
YEAR(日期序列数)	返回对应于序列数的年份值，是介于 1900～2078 之间的整数
NOW( )	返回当前日期和时间的序列数（1～65380，对应于 1990 年 1 月 1 日到 2078 年 12 月 31 日）
TIME(时,分,秒)	返回一个代表时间的序列数（0～0.99999999），对应 0:00:00(12:00:00 A.M.）到 23:59:59（11:59:59 P.M.）的时间

6. 查找与引用函数

函数格式	函数功能
CHOOSE(索引值,参数 1,参数 2,...)	根据"索引值"从参数清单（最多 29 个值）中返回一个值

7. 财务函数

函数格式	函数功能
PMT(利率,期数,现值,将来值,类型)	返回基于固定付款和固定利率的现值的每期付款额
PV(利率,期数,偿还额,将来值,类型)	返回某项投资的年金现额。年金现额是未来各期年金现在价值的总和，即向他人贷款金额
FV(利率,期数,偿还额,现值,类型)	在已知各期付款、利率和期数的情况下，返回某项投资的未来值
NPV(利率,净现金流量 1,净现金流量 2,净现金流量 3,...,净现金流量 29)	在已知系列期间，根据现金流量和利率，返回某项投资的净现值

续表

函数格式	函数功能
IRR(净现金流量数组值,推测值)	返回某一由数值表示的连续现金流量的内部报酬率。内部报酬率也是评估项目的重要经济指标
RATE(期数,偿还额,现值,将来值,类型,推测值)	返回年金每期的利率

8. 数据库函数

函数格式	函数功能
DAVERAGE(数据库单元格区域,字段,包含条件的单元格区域)	返回满足条件的数据库记录中给定字段的平均值
DCOUNT(数据库单元格区域,字段,包含条件的单元格区域)	返回数据库记录中给定字段包含满足条件的数字的单元格个数
DMAX(数据库单元格区域,字段,包含条件的单元格区域)	返回数据库满足条件的记录中给定字段的最大值
DMIN(数据库单元格区域,字段,包含条件的单元格区域)	返回数据库满足条件的记录中给定字段的最小值
DSUM(数据库单元格区域,字段,包含条件的单元格区域)	返回数据库满足条件的记录中给定字段值的和

9. 信息函数

用来测试和处理工作表中有关单元格格式、位置、内容、当前操作环境、数据类型等信息，从略。

参考文献

[1] 柳青等. 计算机导论（基于 Windows 7+Office 2010）. 北京：中国水利水电出版社，2012.

[2] 柳青等. 计算机应用基础（Windows XP+Office 2003）. 第 2 版. 北京：高等教育出版社，2011.

[3] 柳青等. 计算机应用基础（修订版 XP 平台）. 北京：高等教育出版社，2008.

[4] 柳青等. 计算机操作员教程. 北京：高等教育出版社，2010.

[5] 柳青等. 计算机应用基础（Windows XP+Office 2003）. 北京：高等教育出版社，2006.

[6] 柳青等. 计算机导论. 北京：中国水利水电出版社，2008.

[7] 柳青. 计算机应用基础（Windows 2000+Office 2000+WPS 2003）. 北京：高等教育出版社，2005.

[8] 柳青. 计算机应用基础（Windows 98+Office 2000）. 北京：高等教育出版社，2000.

[9] 柳青. 计算机文化基础教程. 北京：中国科学技术出版社，2004.

[10] 柳青等. 图形图像处理技术. 第 2 版. 北京：高等教育出版社，2010.

[11] 何文华等. 计算机应用基础实例教程. 北京：中国水利水电出版社，2008.

[12] 沈大林. 中文 Windows XP 案例教程. 北京：中国铁道出版社，2006.

[13] 沈大林. 中文 Word 2002 案例教程. 北京：中国铁道出版社，2006.

[14] 沈大林. 中文 Excel 2002 案例教程. 北京：中国铁道出版社，2006.

[15] 沈大林. 计算机网络基础案例教程. 北京：中国铁道出版社，2006.